高职高专印刷与包装类专业系列教材

印刷色彩

朱元泓　　贺文琼　　许向阳　编著

刘浩学　　主审

U0219772

中国轻工业出版社

图书在版编目（CIP）数据

印刷色彩 / 朱元泓等编著. —北京：中国轻工业出版社，2024.1

全国高职高专印刷与包装类专业"十二五"规划教材

ISBN 978-7-5019-9104-4

Ⅰ. ①印… Ⅱ. ①朱… Ⅲ. ①印刷色彩学—高等职业教育—教材 Ⅳ. ①TS801.3

中国版本图书馆CIP数据核字（2012）第291682号

责任编辑：杜宇芳　　责任终审：劳国强　　封面设计：锋尚设计
版式设计：宋振全　　责任校对：燕　杰　　责任监印：张　可

出版发行：中国轻工业出版社（北京鲁谷东街5号，邮编：100040）
印　　　刷：艺堂印刷（天津）有限公司
经　　　销：各地新华书店
版　　　次：2024年1月第1版第6次印刷
开　　　本：787×1092　1/16　印张：13.5
字　　　数：312千字
书　　　号：ISBN 978-7-5019-9104-4　定价：69.80元
邮购电话：010-85119873
发行电话：010-85119832　010-85119912
网　　　址：http://www.chlip.com.cn
Email：club@chlip.com.cn

　　随着经济社会的迅速发展和就业市场的快速变化，高等职业院校的人才培养模式也必须随之改变。社会经济发展到一定程度，需要提升产品质量来提高产品的竞争力，必须有高技能人才作基础。我国正处于经济起飞阶段，社会企业需要大量高技能人才。然而，从近年来社会企业的用人反馈意见表明，毕业生能力结构单一、职业变更适应力不强、发展后劲不足。为了改变这种现状，深圳职业技术学院把人才培养的总体要求调整为："通过三年的学习，力图把学生培养成较好适应产业转型升级和持续发展要求，服务于生产、建设、管理第一线的复合式创新型高素质高技能应用型人才"。本书的编写以此为宗旨，力图为印刷企业和色彩相关行业的第一线培养色彩知识应用与色彩测量技术应用的高技能人才。

　　本书以印刷、包装行业生产实际所需的色彩知识和色彩运用技能为出发点组织内容。全书分成八章，第一章至第五章是色彩运用的基础，是其他章节不可缺少的预备知识。本书通过"项目型练习"帮助读者理解抽象的知识，掌握较枯燥的理论基础，并将主要色彩基本知识串通，体现色彩基本知识在设计与印刷生产过程中的实际使用。第六章、第七章、第八章是色彩基本知识在印刷和包装行业的实际应用部分。第六章颜色测量仪器的使用方法，主要讨论颜色测量仪器的基本构成、使用方法、测量条件和仪器校准。第七章彩色印刷的颜色测量，主要讨论印刷纸张、油墨和彩色印刷品的质量检测评价标准与方法。第八章色彩管理，主要讨论输入、显示和输出设备的颜色管理过程，即设备特性文件生成与应用过程。这些内容通过"项目型练习"与印刷生产实际工作和标准紧密结合，是现代印刷生产必不可少的知识。

　　本书从形式和结构上适合于高等职业和高等专科院校的印刷色彩的教学。每章附有"项目型练习"和涵盖本章主要内容的"知识型练习"。项目来源于印前、印刷实际生产需要掌握的色彩知识或技能；知识点是为完成各项目所需的印前、印刷工作应知的基本要点。如果培养印刷企业生产一线的操作员，建议实施"项目化"教学，选择性完成本书所列"项目型练习"中的部分项目，并且可删除个别项目内容，即可达到所需的"能力目标"。如果要按照复合式创新型高素质高技能应用型人才的培养目标教学，应围绕"项目"组织教学，并且需要加深和拓展各"项目"内容，建议不要删除本书项目及其内容，以通过全面学习内容的学习、例题的讲解并完成"知识性练习"达到"知识目标"。

　　本书在预备知识部分（第一章至第五章）的编写中力图做到阐述浅显，适合自学。必备的数学公式尽量做到以中学水平即能理解的形式书写表达，对那些难以理解的内容给出实例并给予详细的阐述。因此，本书中引喻较多、例题插图丰富、阐述详细。为了提高读者兴趣，部分章节留有由读者自己继续完成的练习。每章后面都附有"知识型练习"，以供读者检测和巩固学习内容和知识点。"项目型练习"中的各项目标题简单明确，都给出明确的训练目标、具体而实用的训练要求、完成项目的清晰提示或详尽步骤。在开设了开放式印刷色彩实训室的学校和企业，学生按照各个项目给予的提示和步骤，完全可以自行完成各个项目，从而达到实际能力训练的目标，项目型练习完成的质量用以衡量读者的"能力目标"。各章之后都附有丰富的"知识型练习"，以每章内容出现的先后顺序安排，便于边学习边检查效果是否达到本书的"知识目标"。前五章只有填空题、单选题、多选题三种类型，后三章还包含问答题和选择题。

　　本书第一章至第五章由朱元泓教授编写，第六章和第七章由许向阳老师执笔，第八章由贺文琼教授完成。朱元泓、贺文琼二位老师为近十届学生主讲"印刷色彩"课程，还为多家企业的职工主讲"印刷色彩"培训课程。许向阳老师也已主讲"印刷色彩"达五届，为两家企业培训职工主讲"印刷色彩"培训课程。三位老师及其所在的"印刷色彩"课程小组的其他老师长期为企业检测和鉴定彩色印刷品和印刷材料的质量，出具检测鉴定报告，拥有丰富的"印刷色彩"教学经验和色彩知识实际应用技能。

　　本书虽然由以上三位老师执笔完成，但是，深圳职业技术学院"印刷色彩"课程小组的其他老师，特别是张旭亮和何颂华老师也为此付出了汗水，本书饱含着这些老师多年来的教学经验和资料，为此首先要感谢这些老师的无私奉献。本书的结构设计和项目选择来源于企业专家的宝贵经验和建议，在此感谢深圳职业技术学院的众多校外协同创新企业的支持，特别感谢海德堡印刷设备（深圳）有限公司、中华商务联合印刷（广东）有限公司、深圳华特容器有限公司、深圳报业集团印务总公司、劲嘉彩印集团股份有限公司、深圳市科精诚网印机械制造有限公司、上海泛彩图像设备有限公司等公司的管理人员和技术人员。通过对这些企业的走访、调研并综合分析他们的意见才最终确定本书的结构形式，即"知识目标＋能力目标＝学习内容"并通过"项目型练习"的训练达到和检查"能力目标"，通过"知识型练习"的训练达到和检查"知识目标"的结构形式。本书的完成还要感谢国内外印刷与色彩学同行，他们的著作是本书的知识宝库，本书已将这些著作录入"参考资料"之中。本书的完成更要感谢深圳职业技术学院和媒体与传播学院的领导，他们制定的人才培养目标确立了本书编写的方向。感谢赖运花老师在本书打印过程中给予的帮助和支持。

编　者
2012年9月

目 录

| 第二章 | 视觉特性

| 第三章 | 几个重要的色序系统

第八章 │ 色彩管理

参考文献

第一章
光源和物体呈色

 知识目标

1. 理解光源的光谱特性。
2. 懂得物体的呈色特性。
3. 熟记光谱波长与颜色的对应关系。
4. 颜色形成四大要素。

能力目标

1. 能使用分光光度仪测量光谱反射率和反射密度。
2. 能根据光谱能量分布识别光源的光色。
3. 能根据光谱反射曲线识别物体的颜色。

学习内容

1. 颜色形成的四大要素。
2. 光源的相对光谱辐射功率分布。
3. 光源的色温。
4. CIE 标准照明体。
5. 透明体呈色原因和光谱透射率。
6. 反射体呈色原因和光谱反射率。
7. 透射和反射密度。

重点：光源的特性、标准照明体、光谱光视效率、透射和反射密度。

难点：相对光谱辐射功率分布和光谱光视效率。

　　我们每天都要与颜色打交道，欣赏大自然的五彩缤纷，分辨交通信号灯的颜色：红、黄、绿。颜色对每个人都不陌生，那么颜色究竟是如何形成的呢？人眼看到颜色实际上是一种颜色感觉，图 1-1 所示是人类颜色感觉形成的过程，该过程由光源、物体、人的眼睛和大脑四大要素构成。光源发射的光照射在物体表面，从物体表面反射的光经过人眼后，再传输到大脑，人的大脑就有了物体的颜色感觉。观察如下一些现象，假如我们被封闭在一个地下岩洞内，或者晚上关闭在黑暗小房间内，我们还能看见所穿衣服是什么颜色吗？对一个有视力障碍的人，他会对颜色物体的分辨会出现什么问题呢？前一例说明了无光就无色的道理。彩色物体是客观存在的，但是当没有光的照射时，它就不会显现自己的本色。后一例说明，眼睛对物体颜色感觉的重要性，视力有障碍者不能正确辨认物体的颜色。所以，光源、物体和观察者三者之中的任何一个有变化，都将使颜色辨认结果产生很大变化。可以理解为颜色是光与眼睛互相作用后在大脑中的感觉或者说是眼睛受到外界光的刺激而在大脑中形成的感觉，即：

图 1-1　产生颜色感觉的过程

$$颜色 = 光 \times 眼睛$$

眼睛受到的刺激可以是光源发射出的光刺激，可以是光源照射到反射物体后的反射光刺激，也可以是光源照射透明物体后的透射光刺激，这些光刺激都属于物理过程。对反射光刺激和透射光刺激而言，上式中的光就是光源照射到物体后的结果，这样物体颜色就可表示如下：

$$颜色 = 光源 \times 物体 \times 眼睛$$

符号"×"在这里有"作用于"或"照射"的意思，以后我们会知道它的确表示相乘。颜色感觉是眼睛受到的光刺激在大脑中形成的感觉，也是一种心理反应。现代颜色表示系统就是建立在颜色心理和物理基础之上的。

第一节　可见光及其组成

一、可见光谱

　　光的本质是一种电磁波，可见光是进入人眼后能够引起颜色感觉的电磁波，只是整个电磁辐射范围内很窄的一部分，如图 1-2 所示，只有波的长度在 380~780nm（nm 是 namometer 的简写，中文读作"纳米"，是电磁波的长度单位，$1nm=10^{-9}m$）的电磁波辐射才能引起人类的颜色视觉，位于这个范围内的电磁波辐射称为可见电磁波或可见光。在可见光范围内，不同波长的光，其颜色不相同，波长与颜色之间有大致的对应关系（表 1-1）。波长在 400nm 左右的光是紫色，随着波长向长波方向移动，分别呈现的颜色是蓝色、青色、绿色、黄色、橙色和红色。波长大于 780nm 的电磁波辐射已经处于红光的外端，所以称为红外线；而小于 380nm 的电磁波辐射，处于紫色光的外端，称为紫外线。红外线和紫外线不能被人眼所感觉，可是对人眼有作用，丰富的紫外线或红外线对人眼

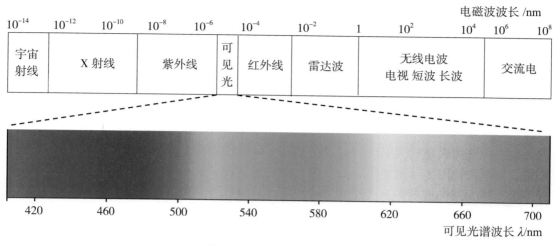

图1-2　电磁波与可见光谱

有损伤，应注意适当的保护。

表1-1			波长与颜色的对应				
颜色	紫色	蓝色	青色	绿色	黄色	橙色	红色
λ/nm	380~420	420~470	470~500	500~570	570~600	600~630	630~780

　　含有单一波长的光称为单色光，含有多种不同波长的光称为复色光，而含有所有可见电磁波的光称为白光。太阳、白炽灯和日光灯所发出的光都是复色光。单色光和复色光以及白光都可以由其他单色光混合而成。例如，将绿光和蓝光按一定比例混合能得到一种青色光，它能与波长为510nm的单色光给人眼的颜色感觉完全相同。白光可以由从380~780nm的辐射能相等的单色光组成，也可由等量的红光、绿光、蓝光三种单色光混合而成，也可由红光和青光混合而成。

　　任何复色光都是由单色光组成的。我们可以把白光分解为单色光（图1-3），将一束白光通过三棱镜后再投射到屏幕上，屏幕上将出现一条色带（也叫色谱），按红、橙、黄、绿、青、蓝、紫的顺序排列，该过程称为色散。通过棱镜色散，将白光分解为单色光，这种单色光即使再一次使用棱镜也不能分解为其他色光，所以也可把单色光看成是只包含一种不能再分解为其他颜色的光。

　　观察经过色散的彩色光谱色带，我们还会发现整个光谱色带主要有三种颜色，即红色、绿色和蓝色。波长小于500nm的色光都具有蓝色视觉，波长

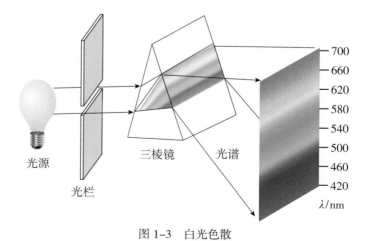

图1-3　白光色散

位于 500nm 和 600nm 之间的色光都是绿色视觉，波长大于 600nm 的可见光都具有红色视觉。所以我们通常把整个可见光波长范围分成三个区，蓝光区的波长范围 380~500nm、绿光区波长范围 500~600nm、红光区波长范围 600~780nm，这也是把红光、绿光和蓝光作为色光混合三原色的原因之一。

二、光谱类型

按照光谱的表观形式不同，可以把光谱分成连续光谱、线状光谱、带状光谱和混合光谱。如上所述图 1-2 的光谱按红、橙、黄、绿、青、蓝、紫的顺序排列紧密，中间没有界限，380~780nm 的所有可见光都能看见，这种光谱叫做连续光谱。除了太阳发射连续光谱外，白炽灯、卤钨灯、氙灯也能发射连续光谱。线光谱是指由明显分隔的可见细线构成的光谱，带宽一般小于 1nm。例如高压汞灯的光谱就只在 404nm、436nm、546nm 和 577nm 等波长处有几条彩色直线，如图 1-4（a）所示。带状光谱是指由带宽为几个纳米至几十个纳米的谱带构成的光谱，例如节能灯中稀土三基色蓝粉和绿粉的发光光谱就是属于带状光谱，如图 1-4（b）所示。混合光谱由以上任意中两种或三种光谱混合而成。

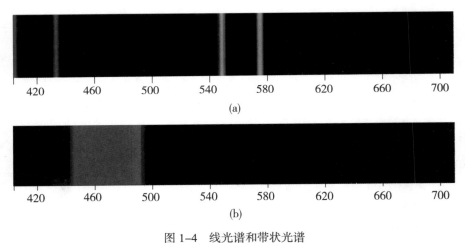

图 1-4　线光谱和带状光谱

（a）高压汞灯的线光谱　　（b）稀土三基色蓝粉的带状光谱

第二节　光源的光谱能量分布

一、光源

人类的活动大部分都是在白天进行的，我们已经习惯了直接或间接在太阳光下观察物体和从事活动，太阳也是我们从事颜色活动的发光物体。把像太阳这样能自身发光的物体叫做光源，太阳等恒星、蜡烛、萤火虫、煤炭等这样的物体都能自身发光，而且没有人工的特意制作，把这类光源称为自然光源。

人类也要在黑夜和室内从事许多活动，这就必须得借助像日光灯、白炽灯这样的照明光源从事活动，这些由人工制作的光源，统称为人造光源。人造光源的种类繁多，除了日光灯、白炽灯、LED 灯等这样的光源之外，还有汞灯、氙灯、钠灯、激光等都属于人造光源。

无论是自然光源还是人造光源都可以分为两类：一类称为热光源，这类光源通过对某种材料加热而发光。自然光源（图 1-5）中的太阳表面温度高达 5500℃，蜡烛发光是通过 300~500℃高温使蜡烛融化燃烧而发光，煤的表面需加热到至少 400~700℃才能燃烧发光，这些都属于自然热光源。在人造光源（图 1-6）中，白炽灯和溴钨灯中用于发光的物质是钨丝，需要很高的电流通过使其灼热到 2500℃才能正常发光，金属卤素灯中使汞和稀有金属的卤化物混合蒸气产生电弧放电发光的温度在 1200℃左右，还有像氙灯等其他气体放电灯也属于人造热光源。另一类是冷光源，只需要很低的温度就能发光。如日光灯、LED 发光二极管则是人造冷光源，它们发光时，其表面温度只有 30~40℃。像萤火虫、水母则是自然冷光源，他们在很低温度下也能自行发光。

图 1-5 太阳、恒星、蜡烛、萤火虫等自然光源

图 1-6 人造光源：荧光灯、白炽灯、LED 灯、高压汞灯

二、相对光谱能量分布

光源发出的光由多个不同波长的光组合而成，而且各个波长的辐射能量也不相同，将图 1-3 中白光色散后的光路中加上狭缝，狭缝很窄只让一种波长的光通过，在狭缝后再加上一个光电接收器，将通过狭缝的单色光的辐射能转变成电能形式记录下来，通过移动狭缝，就可将从短波光到长波光的各个单色光的辐射能全部记录下来（表 1-2）。光源的光谱辐射能量按波长的分布，称为光谱能量分布。以波长 λ 作为横坐标、以每一波长的辐射能量 $E(\lambda)$ 作为纵坐标就可以绘制成光谱能量分布曲线（图 1-7）。光源的光

谱能量分布可以用任意的值表示，但是对标准光源通常规定取波长 λ=560nm 的辐射能量为 1 或 100，其他波长的辐射能量与波长为 560nm 的辐射能进行比较，即

$$S(\lambda_i) = \frac{E(\lambda_i)}{E(\lambda_{560})}$$

通过这样归一化后的光源的光谱能量称为相对光谱能量。我们也可将相对光谱能量 $S(\lambda_i)$ 作为纵坐标，波长 λ 作横坐标，表示在直角坐标系中，连接各点组成一条曲线，这种曲线就称为相对光谱能量分布曲线（图 1-8）。

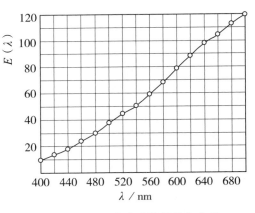

图 1-7　白炽灯的光谱能量分布曲线

表1-2				白炽灯的光谱能量分布数据					
波长 λ/nm	400	440	480	520	560	600	640	660	680	700
辐射能 $S(\lambda)$	9.8	18	30	44.4	59.1	78.6	97.8	104.5	112.5	119.6

　　如果在可见光的所有波长上都有相同的辐射能量，我们把这样光谱称为等能光谱，等能光谱的光谱分布曲线是一条平行于横轴的水平直线，这是理想的白光源。在自然界中不存在发射等能光谱的自然光源，甚至在技术上也尚未制造出也很难制造出这样的人造光源。

　　光源的相对光谱能量分布反映了光源的颜色特性，光源呈现的颜色取决于它的相对光谱能量分布中各波长的相对能量的大小，从光源光谱能量分布可以判断光源的颜色。中午日光（图 1-9）在从 380~780nm 范围内的各波长上都有较大的近似相等的辐射能，因而中午太阳光是一种连续光谱，视觉上是一种白光。氙灯也是一种发射连续光谱的光源（图 1-10），在可见光范围内的各波长上都有几乎接近的辐射能，所以氙灯的光色也是白光。白炽灯（图 1-7）虽然也在从 380~780nm 范围内的各波长都有辐射能量，但是短波长（380~500nm）的辐射能明显小于长波长（600~730nm）的辐射能量，所以白炽灯虽然是连续光谱，也属于白光，但是略带红色相的白光。高压汞灯（图 1-11）发射的是典型的线光谱的相对光谱分布曲线，在可见范围内只有在 400~600nm 波长范围内有几处的光辐射能量很高，缺少 600~700nm 之间红色光的辐射能，因此，高压汞灯虽然总的辐射能量高，但是是一种明显偏青色的光源。荧光灯常称为日光灯（图 1-12），它的相对光谱能量分布曲线是在连续光谱的基础上夹有线光谱，在 390nm、435nm、546nm 和 578nm 处有特别大的辐射能量，这几处线光谱的波长都位于蓝光和绿光区，因此荧光灯发射的是略带青色的白光。发射白光的 LED（发光二极管 Light Emitting Diode）光源是一种新型照明光源，它是将微小的半导体晶片封装在洁净的环氧树脂物中，通电后，电子经过该晶片，带负电的电子移动到带正电的空穴区域，就在电子和空穴复合而消失的同时辐射可见光。目前，已成商品的白光 LED 多是以蓝光晶片（蓝色发光二极管）加上 YAG 黄色荧光粉混合产生白光。有两种 LED 光源的光谱分布（图 1-13），一种是冷白色 LED，另一种是暖白色 LED。

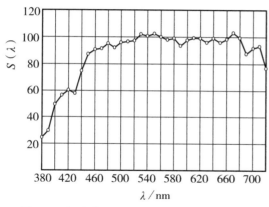

图 1-8 标准光源 D_{50} 的光谱能量分布曲线

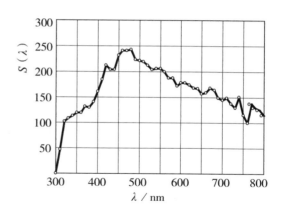

图 1-9 日光的光谱能量分布曲线

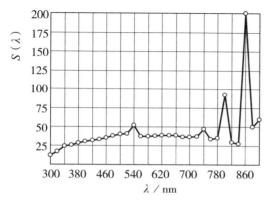

图 1-10 短弧氙灯的光谱能量分布曲线

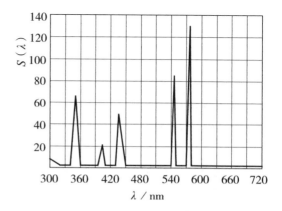

图 1-11 高压汞灯的光谱能量分布

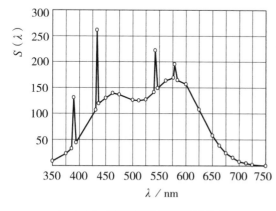

图 1-12 荧光灯的光谱能量分布

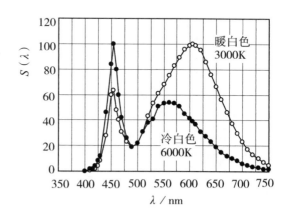

图 1-13 白光 LED 灯的光谱能量分布

我们穿着红、黄等色彩鲜艳的服装，在具有不同光谱能量分布的光源照射下会发生什么情况呢？根据有光才有色这个规律，在日光或白炽灯下，我们将看到正确的红、黄色，因为太阳光、白炽灯光是连续光谱，当然也包含丰富的红、黄色光，如果是在高压汞灯下，则红、黄色都将变成深紫色，这是因为高压汞灯，不发射红、黄色光，只有丰富的绿、蓝色光。

光源光谱的连续性在彩色复制过程中非常重要，彩色原稿扫描分色的照明，彩色印刷品的评价与测量，印刷版的拷贝，图像的记录等都需要使用光源，而且根据不同用途，对光源光谱性质的要求也不一样。所有进行彩色工作的过程，都要使用连续光谱的照明光源，如原稿的分色工作、彩色印刷品的评价等。只进行黑白单色调的工作过程可以使用线光谱工作，例：晒版根据感光材料的敏感性使用光源，感光性树脂版的晒版工作，需要使用具有丰富蓝紫光的光源，而对光谱是否连续没有要求。用于输出制版胶片的激光照排仪以及计算机直接制版机（CTP=Computer to Plate）的记录光源则是使用具有典型线状光谱的激光光源。华光牌 TP–Ⅱ型和 TP–26 型的阳图热敏版，使用 830nm 的红外激光作为记录光源；华光牌的几种光聚合型 CTP 版材使用的记录光源分别是：PPV 型使用发射 410nm 紫色光的紫激光二极管、PPA 型使用发射 488nm 蓝色光氩离子激光器、PPY 使用发射 532nm 绿色激光的 YAG 固体激光器、PPI 使用的是发射 830nm 红外线的红外激光二极管；用传统 PS 版材进行计算机直接制版（CTcP=Computer To Conventional Plate）采用的记录光源是短弧高压汞灯，发射波长为 360~450nm 的紫外线和近紫外光。

第三节　光源的色温

一、绝对黑体及其发光颜色

煤炭呈黑色，是因为它吸收了投射到其表面上的几乎所有可见光，煤炭燃烧时发热发光的能力也很强，所以煤炭成为人类极佳的燃料。大量事实证明，物体越黑，吸收可见光的本领越大，其加热后的光辐射能力也越强。在发光体中，有这样一种物体，能把投射到它表面的所有可见光全部吸收，既不反射也不透射，具有这种性质的物体称为绝对黑体。如果在绝对黑体上加用其他灯光照射，我们看不到它有亮度上和颜色上的任何变化，看到的还是只有均匀的黑色。自然界不存在这种绝对黑体，煤炭也只是一种近似绝对黑体，因为当我们用手电筒照射它时，能看见它表面的亮度的改变。人造黑体可以仿制（图 1–14），黑体的结构一般用耐火金属制成一个具有小孔的空心金属容器（黑体腔），从小孔进入空心容器的光线，将通过多次反射和多次吸收，直至能量全部吸收，所以这种金属空心容器就是一个绝对黑体。除空心黑体腔外，其组成还有对它加热的加

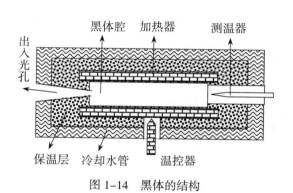

图 1–14　黑体的结构

热装置，保持黑体腔恒温的保温层，与外界隔热和使黑体冷却的冷却装置。我们的眼睛就类似于一个黑体，光线入射到很小的瞳孔上便进入一个眼球内部。炼钢炉上的小孔就是一个很好的黑体辐射源，如果我们用手电筒照射它（小孔），其亮度和颜色都不会有变化，因为小孔吸收了照射它的所有光线。

我们可以举出日常生活中的一些这样的现象，物质燃烧时所发出的光的颜色会随着燃烧温度的提高而发生变化。炒菜时使用天然气燃烧的火焰（图1–15），我们有这样的经验，蓝色火焰容易使炒锅温度升高，这也说明天然气燃烧时蓝色火焰具有比红色火焰更高的温度。我们会发现，煤炭燃烧过程中的颜色变化（图1–16），即将熄灭的煤炭温度降低所发出的光线呈红色，温度高时呈橙色，温度进一步升高呈黄色和白色，如果温度足够高时，还会发出蓝色光。

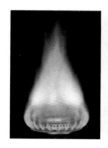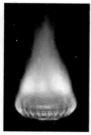

图 1–15　天然气的燃烧　　　　　　　　　图 1–16　煤炭的燃烧

绝对黑体也是这样的光源，当非金属空心容器加热时，其内部会发光，发出的光线将从小孔射出，其颜色就像煤炭燃烧时一样，随着加热温度由低到高，其发光颜色也发生变化，随着温度升高，颜色逐渐由红色变为橙色、黄色、白色、直至蓝色。绝对黑体的发光颜色不仅取决于加热温度，而且仅仅只取决于加热温度，这等同于绝对黑体辐射的光谱能量分布（图1–17）。正是因为黑体的发光颜色仅仅与它的加热温度有关，加热后辐射光谱能量的大小也仅与它的温度有关，即给予绝对黑体一个确定的加热温度，就只有一种确定的光色或只有一条确定的相对光谱能量分布与之对应，从图1–17中也很清楚看出温度与颜色的关系，每一个温度值仅仅只对应着一条确定的光谱能量分布曲线。黑体的温度越高，它辐射的光越多，而且是辐射的短波光越多，发光颜色就越偏向蓝色。对所有的热光源都是这样，加热温度低时，发射红色光，随着温度升高，发射光的颜色也逐渐由红色变成橙色、黄色、白色、直至蓝色，所以，每一个温度值只与一个确定的颜色对应（图1–18）。

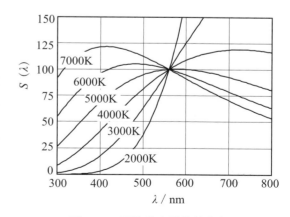

图 1–17　黑体的光谱能量分布

|1000K|2000K|4000K|5000K|5500K|6500K|7500K|9500K|10500K|

图 1-18　色温值与颜色之间的对应

二、色温

通常把黑体发出的光色用它被加热的温度值来表示。例如，它的加热温度为 2000K 时，对应的色光颜色是橙色（即 2000K 对应的光谱能量分布曲线），我们又可更准确地说成是它辐射的色光的颜色是 2000K。又如它的加热温度为 6000K 我们就说它此时辐射的色光的颜色是 6000K（虽然对应的色光是接近白色）。总之，可用黑体被加热的温度值来表示它辐射色光的颜色。对于其他光源来说，也是用一个温度值来表示它的发光颜色，不过其他光源的发光颜色都要与黑体的发光颜色比较，如果某个光源发光颜色与黑体某个温度时的发光颜色相同，就用黑体这时的温度值表示该光源的颜色。例如，某个光源的发光颜色与黑体加热到 2000K 时的发光颜色相同，就用 2000K 表示该光源的颜色。国际上约定把这个表示光源发光颜色的温度值叫做颜色温度（Color Temperature），简称为色温。色温的单位通常用开尔文（K），热力学温度与摄氏温度的换算如下：

$$K=℃+273℃$$

煤的燃烧、蜡烛的燃烧、太阳、白炽灯等热光源的发光颜色近似于黑体，它们与黑体的加热温度相同时，与黑体辐射的光谱能量分布也相同，比较图 1-7 白炽灯的光谱能量分布与图 1-17 黑体的光谱能量分布就可以说明这一点，所以热光源都有自己真正的色温。日光灯、LED 灯等冷光源并不按照黑体的光谱分布曲线辐射能量，比较 LED 灯与黑体的光谱分布曲线可见他们的差别之大，冷光源在常温下就能发光，而且发光颜色与黑体很高加热温度下的发光颜色相同，我们也采用黑体的温度作为冷光源的色温。因为冷光源的色温不是自己发光的实际温度，完全只是为了表示冷光源自己与黑体在该温度下的发光颜色相关，所以把这样的色温叫做相关色温。无论是热光源的色温，还是冷光源的相关色温，通常都称为色温，但理论上是不严格的。

蓝色的天空是只有相关色温的一个很好的例子，蓝色天空的色温可高达 16000K，而太阳的表面温度也只有约 5780K，所以天空中的蓝色绝不是因为黑体辐射而得。为什么天空是蓝色呢？在此作简单解释。在大气层中充满着空气分子，其半径比可见光的波长小很多，当日光经过大气层时肯定发生漫射，经证明，短波光蓝光比长波光红光的漫射剧烈许多，被大气粒子漫射的蓝光布满天空，所以呈现出蓝色天空。日出和日落时，表面温度还是 5780K 的太阳，它的周围却呈现橙红色，色温为 2000~3000K，此时我们看到的也不是黑体辐射，因为早晚太阳光线要在大气层中走过较长的路程，太阳辐射光中的蓝光大部分都被漫射，只剩下橙红色的光到达我们的眼睛，所以太阳在早晚呈现橙红色。

三、色温的应用

光源的色温对彩色照相、彩色显示、彩色印刷等彩色复制工作非常重要。黑白照相、黑白显示不存在色温问题，但是拍摄彩色照片、使用彩色显示器（电视和计算机显示器）都必须正确使用照明光源的色温，才能使显示器和电视画面色彩得到正确还原。传统彩色照相时，有日光型和灯光型两种照相胶卷供我们选用。日光型胶卷只有在太阳光（5000K）下拍摄，灯光型胶卷只有在白炽灯光（3200K）下拍摄，才能使被摄物体的颜色正确显现，图1-19（b）所示。如果将日光型彩色胶卷在白炽灯光下拍摄，所得到的图像将会整体偏黄色，图1-19（a）所示。如果将灯光型彩色胶卷在太阳下拍摄，所得到的图像将会整体偏蓝色，图1-19（c）所示，应该在照相机镜头前加上降低色温的滤色镜，即红橙色的滤色镜，使太阳将日光的色温降低到3200K。

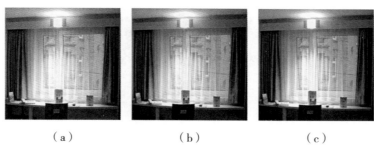

（a）　　　　　　　　（b）　　　　　　　　（c）

图1-19　日光型和灯光型胶卷错位使用的效果
（a）偏黄　（b）颜色正确　（c）偏蓝

无论在日光下还是在钨丝灯光下，一张白纸在人眼看来总是白色，这是人眼的调节功能在起作用。但是，相机本身没有这种调节本领，只能通过图像的调节才能得到这样的效果。从图1-19可以看出，正常拍摄时，图像中的白色是纯白色，其他颜色也正常。如果拍摄时的色温降低，图像中的白色和其他颜色都偏黄色。如果升高拍摄色温，图像中的白色和其他颜色则都偏蓝色。因此，必须通过在镜头前加滤色镜的方法对色温进行调节，才能得到正常拍摄下的纯白色和其他颜色。数码相机不再需要这种色温滤色镜，为了适应不同的照明光源的色温变化，数码相机一般有多种拍摄模式供选用，如：钨丝灯光白平衡、荧光灯白平衡、阳光白平衡、晴天多云白平衡、阴影（阴天）白平衡、自动白平衡、闪光灯白平衡和手动白平衡，这些拍摄模式也可叫做白平衡模式。在所有这些拍摄模式下，即在各种不同的色温下，景物中的白色都应在图像中呈现白色。数码相机的白平衡功能就是根据色温的不同，调节感光器件（CCD）的各个色彩强度，使图像景物中的白色和其他颜色都能正确还原，这种方法常常叫做"白平衡"。数码相机中的白平衡拍摄模式所对应的色温如表1-3。

表1-3　　　　　　　　　　　　　　白平衡拍摄模式及其色温值

白平衡模式名称	光源色温／K	白平衡模式色温／K	说　　明
钨丝灯	3000	8000	钨丝灯色温3000K
荧光灯	4200	6800	荧光灯色温4200K
阳光	5500	5500	标准模式

续表

白平衡模式名称	光源色温／K	白平衡模式色温／K	说　明
晴天多云	6000	5000	
阴影	7500	3500	
自动		3000~9000	相机自动检测选定色温
闪光灯	5600	5400	
手动		根据现场照明色温，摄影者自己制定一个能正确还原景物颜色的白平衡模式（色温）	
K值调整		摄影者自己从2500~10000K范围内选定一个与照明光相同的色温值。数字越高得到的图像色相越偏暖；数字越低得到的图像色相越偏冷	

如果数码相机中的白平衡模式的色温与照明光的色温不一致，照片图像的颜色就将偏离实际景物的颜色。图1-20是用数码相机在室外间接阳光下采用多种不同白平衡模式拍摄的图像。景物受到的光照是室外间接阳光色温约为5500K，图像（a）采用3000K的钨丝灯模式拍摄获得，图像（b）采用4200K的荧光灯模式拍摄获得，图像（c）采用5500K的阳光模式获得，图像（d）采用6000K的多云模式获得，图像（e）采用7500K的阴影模式拍摄获得。从这些图像我们会发现，钨丝灯的色温是3000K，为什么拍摄得到的图像偏蓝色呢？阴影天的色温是7500K为什么拍摄得到的图像偏黄色呢？实际上，照明光源与白平衡模式之间的关系是：高色温的光源对应的白平衡模式具有较低的色温值，而低色温的光源对应的白平衡模式具有较高的色温值（见表1-3）。拍摄时，数码相机选用的白平衡模式的色温与照明光的色温要先经过平衡，如果平衡后的色温接近标准模式（阳光模式5500K），景物颜色就能得到正确还原，如果平衡后的色温高于标准模式，图像颜色就将比景物颜色偏冷（偏青蓝）。如果平衡后的色温低于标准模式，图像颜色就将比景物颜色偏暖（偏红橙）。

（a）　　　　　　（b）　　　　　　（c）　　　　　　（d）　　　　　　（e）

图1-20　不同白平衡模式下拍摄的图像

（a）3000K钨丝灯　（b）4200K荧光灯　（c）5500K阳光　（d）6000K多云　（e）7500K阴影

例1-1　拍摄时的照明光色温为5500K，相机选用的白平衡模式为"钨丝灯模式"，请问经拍摄得到的图像偏青蓝还是偏红橙？

答：拍摄得到的图像偏青蓝色，如图1-20（a）。因为照明光色温为5500K，钨丝灯模式的色温为8000K，经平衡后的色温（5500K+8000K）÷2=6750K，仍然大于标准模式的色温5500K。

例1-2　拍摄时的照明光色温为5500K，相机选用的白平衡模式为"阴影模式"，请问经拍摄得到的图像偏青蓝还是偏红橙？

答：拍摄得到的图像偏红橙色，如图1-20（e）所示，因为照明光色温为5500K，阴影模式的色温为 3500K，经平衡后的色温（5500K+3500K）÷2=4500K 小于标准模式的色温 5500K。

例 1-3 如果照明光的色温为 3000K，为了得到不偏色的图像，应该选用哪种白平衡模式？

答：因为 3000K 照明光与 8000K 白平衡模式经平衡后的色温等于标准模式的色温 5500K，即（3000K+8000K）÷2=5500K，而 8000K 对应的白平衡模式是白炽灯模式，所以，选用白炽灯模式拍摄就能保证所得图像不偏色。

从以上例子中我们不难看出，为了在拍摄中得到不偏色的图像，只需选择与照明光源种类相同的拍摄模式。如果照明光源是白炽灯，拍摄模式也应选用白炽灯模式；如果在多云室外拍摄，就应使用晴天多云拍摄模式。当然，这种拍摄模式的选择方法，需要的条件是保证照明光源的单一，不能是两个不同光源或多个不同光源的混合。如果场景被多个不同类型的光源同时照明，我们就需要自己制作和使用自制白平衡模式。

第四节 标准光源

我们已经知道，不同光源的光谱能量分布各不相同，而且绝大多数光源的光谱能量分布都会随环境和时间等条件有一定的变化。太阳光从早晨到傍晚的变化很大，随着晴天、阴天、雨天、多云等天气的变化也很大，甚至随着地区不同和季节不同太阳光的变化也很大。人造光源品种繁多，即使是同一或同一类光源在不同企业的不同使用条件下发射的光线也有一定的变化，就是同一个人造光源在同一企业使用随着供电电压的变化发光颜色也有差别。在评价物体颜色（如印刷品颜色）时，必须具有统一的评价条件，仅仅将所使用的光源简单归类还不够，还应具有确定的光谱辐射能量分布。

一、标准照明体 A、B、C

大约在四十年前，白炽灯是当初的主要室内照明光源。与其他光源相比，它的标准化比较简单，只需要确定其通电电压，它的光谱辐射能量分布的变化很小。国际照明委员会 CIE（Commission International de l' Eclairage）把充气白炽灯调节到一个确定的电压，确定了白炽灯的光谱辐射能量分布，并且把这种光谱辐射能量分布叫做标准照明体 A。标准照明体 A 的标准光谱辐射能量分布如图 1-21，其色温是 2856K，

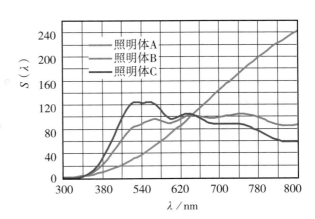

图 1-21 标准照明体 A、B、C 的光谱辐射

与温度为 2856K 绝对黑体的辐射相同。如果某个实体光源具有标准照明体 A 的光谱辐射能量分布，我们就将它叫做 A 光源。

从标准照明体 A 的标准光谱辐射能量分布 $S(\lambda)$ 可看出，与太阳光相比它的蓝紫色光辐射过低。为此，CIE 将标准白炽灯加上一个标准滤色片，得到了能描述日光特性的光谱辐射能量分布，CIE 把这种描述日光特性的标准光谱辐射能量分布叫做标准照明体 C，其色温为 6774K，代表平均日光或有云的天空光，相应的实体光源称为 C 光源。

除规定了标准照明体 A 和 C 之外，当时还定义了标准照明体 B。标准照明体 B 的特性是，光色与平均日光相同，色温为 4874K，代表中午直射阳光，不过这一标准照明体一直很少使用。

标准照明体 A、B、C 的标准光谱辐射能量分布是通过实体光源实现的，既可以把它们叫做标准照明体，也可以把它们叫做标准光源。而下面将要介绍的 D 系列标准照明体的光谱能量分布则不是通过实体光源得到的，是 CIE 根据需要而定义和规定的，这样的标准照明体只有标准的光谱能量分布，没有完全与之对应的实体光源，它们就只能叫做标准照明体，不能说它们是标准光源。这就是标准照明体和标准光源之间的区别。

二、D 系列标准照明体

与日光相比，标准照明体 C 有一个较大的缺陷，在其光谱辐射中缺少紫外辐射（不可见辐射），这是因为标准照明体 C 是在白炽灯上加罩滤色片后获得的照明光，而白炽灯本身就缺乏紫外辐射。在评价不含荧光剂的物体色时，照明光源是否含有紫外辐射并不重要。但是，如果评价的是荧光样品，比如评价光学增亮纸张，紫外辐射就将强烈影响到测试样品的颜色外貌（见后面章节）。为此，CIE 于 1963 年补充了一个标准照明体，让这个补充标准照明体能代表含有一定紫外辐射的平均日光。这个补充标准照明体的光谱辐射能量分布在 300~380nm 的不可见电磁波范围内，与标准照明体 C 有很明显的差别（图 1–22）。CIE 把这个标准照明体叫做 D_{65}，其中 65 表示该照明体的色温是 6500K。

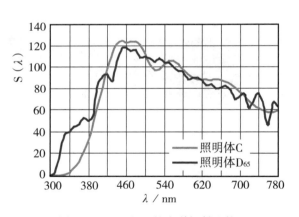

图 1–22　D_{65} 和 C 的光谱辐射比较

CIE 在定义标准照明体 D_{65} 时并不存在与之准确相符合的实体光源，也就是说 D_{65} 的确定没有准确地遵照某个实体光源的光谱辐射能量分布。这种定义标准光源的新方法使得 D_{65} 的光谱辐射能量分布很难通过实体光源准确模拟。不过，标准照明体的定义是否准确符合某个实体光源的光谱辐射并不重要，以后我们会知道在颜色测量仪器中计算颜色值时所采用的都是具有规定光谱辐射能量分布的标准照明体。这种新方法的优势在于，可以在 D_{65} 的基础上定义一系列连续变化的标准照明体，色温范围从 4000K 到 25000K，这些标准照明体都采用相同符号 D，也称 D 系列标准照明体。这个系列中色温为 4000K 的标准照明体叫做 D$_{40}$，色温为 5000K 的标准照明体叫做 D$_{50}$，如此类推。

因为 D 系列标准照明体都是模拟白天的不同时间、全球的不同地区和一年内的不同季节的近似白色的日光，所以也常把它们叫做日光标准照明体。如前所述，D 系列标准照明体没有完全相应的实体光源与之对应，只能模拟，经模拟的实体光源的效果可以通过同色异谱指数评价。

D$_{50}$ 是印前和印刷工业用以观看原稿和印刷品的标准观察灯箱的光源。与略带黄色感觉。如果印刷品用 D$_{50}$ 观察灯箱，要使得显示与印刷品之间匹配最佳，显示器最好使用 D$_{50}$ 白点。

D$_{55}$ 相当于没有太阳光直射的室内混合日光。电子闪光灯、日光胶片的白平衡点和数码相机的标准模式等一般都采用 D$_{55}$ 的色温 5500K。

表1-4 CIE标准照明体的光谱能量分布

波长 / nm	光谱能量分布						
	A	B	C	D$_{50}$	D$_{55}$	D$_{65}$	D$_{75}$
380	9.80	22.40	33.00	24.49	32.58	49.98	66.70
390	12.09	31.30	47.40	29.87	38.09	54.65	69.96
400	14.71	41.30	63.30	49.31	60.95	82.75	101.93
410	17.68	52.10	80.60	56.51	68.55	91.49	111.89
420	20.99	63.20	98.10	60.03	71.58	93.43	112.80
430	24.67	73.10	112.40	57.82	67.91	86.68	103.09
440	28.70	80.80	121.50	74.82	85.61	104.86	121.20
450	33.09	85.40	124.00	87.25	97.99	117.01	133.01
460	37.81	88.30	123.10	90.61	100.46	117.81	132.36
470	42.87	92.00	123.80	91.37	99.91	114.86	127.32
480	48.24	95.20	123.90	95.11	102.74	115.92	126.80
490	53.91	96.50	120.70	91.96	98.08	108.81	117.78
500	59.86	94.20	112.10	95.72	100.68	109.35	116.59
510	66.06	90.70	102.30	96.61	100.70	107.8	113.70
520	72.50	89.50	96.90	97.13	99.99	104.79	108.66
530	79.13	92.20	98.00	102.10	104.21	107.69	110.44
540	85.95	96.90	102.10	100.75	102.10	104.41	106.29
550	92.91	101.00	105.20	102.32	102.97	104.05	104.96
560	100.00	102.80	105.30	100.00	100.00	100.00	100.00
570	107.18	102.60	102.30	97.74	97.22	96.33	95.62
580	114.44	101.00	97.80	98.92	97.75	95.79	94.21
590	121.75	99.20	93.20	93.50	91.43	88.69	87.00
600	129.04	98.00	89.70	97.69	94.42	90.01	87.23
610	136.35	98.50	88.40	99.27	95.14	89.60	86.14

续表

波长 /nm	光谱能量分布						
	A	B	C	D_{50}	D_{55}	D_{65}	D_{75}
620	143.62	99.70	88.10	99.04	94.22	87.70	83.58
630	150.84	101.00	88.00	95.72	90.45	83.29	78.75
640	157.98	102.20	87.60	98.86	92.33	83.70	78.43
650	165.03	103.90	88.20	95.67	88.85	80.03	74.80
660	171.96	105.00	87.90	98.19	90.32	80.21	74.32
670	178.77	104.90	86.30	103.00	93.95	82.28	75.42
680	185.43	103.90	84.00	99.13	89.96	78.28	71.58
690	191.93	101.60	80.20	87.38	79.68	69.72	63.85
700	198.26	99.10	76.30	91.60	82.84	71.61	65.08
710	204.41	96.20	72.40	92.89	84.84	74.35	68.07
720	210.36	92.90	68.30	76.85	70.24	61.60	56.44
730	216.12	89.40	64.40	86.51	79.30	69.89	64.24

D_{65} 表示天空的平均日光，它是假设直接日光和间接蓝色天空光的混合光。与 D_{50} 比较，D_{65} 的光色略微偏蓝，是除了印刷行业外的其他领域的颜色工作光线，尤其是网络图像传播和显示，一般都应使用 D_{65}。

D_{75} 是北方日光的平均值，或者是多云天空的光线，它比直接日光更加偏蓝。

D_{93} 表示蓝色天空的光线。一般未经校正的显示器就是这个白点。D_{93} 光色太蓝，显示图像太明亮。在 Photoshop 软件中分别采用标准照明体 D_{65} 和 D_{93} 后在显示器上看到的图像有不同的色彩效果（图 1-23）。在 D_{93} 下显示的颜色更明亮更鲜艳。印刷品一般都是在室内光线下鉴赏，例如日光灯或白炽灯。如果采用 D_{93} 的显示器编辑颜色，经输出后的结果与显示的结果相比，颜色陈旧偏黄。

表 1-4 是标准照明体 A、B、C 和印刷行业使用的几个重要的日光标准照明体 D 系列的光谱辐射能量分布数据。图 1-24 是印刷行业常用的几种日光标准照明体的光谱辐射能量分布曲线。

图 1-23　不同照明光源下显示的颜色

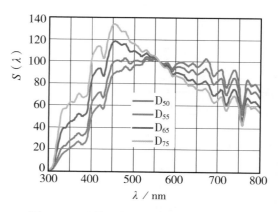

图 1-24　几种日光照明体的光谱能量分布

表1-5			D系列标准照明体的计算系数			
标准照明体	B_1	B_2	波长／nm	$M／\lambda$	$C_1／\lambda$	$C_2／\lambda$
D_{40}	−1.505	2.286	300	0.04	0.02	0.0
D_{41}	−1.464	2.46	310	6.00	4.50	2.0
D_{42}	−1.422	2.127	320	29.60	22.40	4.0
D_{43}	−1.378	1.825	330	55.30	42.00	8.5
D_{44}	−1.333	1.550	340	57.30	40.60	7.8
D_{45}	−1.286	1.302	350	61.80	41.60	6.7
D_{46}	−1.238	1.076	360	61.5	38.00	5.3
D_{47}	−1.190	0.871	370	68.80	42.40	6.1
D_{48}	−1.140	0.686	380	63.40	38.50	2.0
D_{49}	−1.090	0.518	390	65.80	35.00	1.2
D_{50}	−1.040	0.367	400	94.80	43.40	−1.1
D_{51}	−0.989	0.230	410	104.80	46.30	−0.5
D_{52}	−0.939	0.106	420	105.90	43.90	−0.7
D_{53}	−0.888	−0.005	430	96.80	37.10	−1.2
D_{54}	−0.837	−0.105	440	113.90	36.70	−2.6
D_{55}	−0.786	−0.195	450	125.60	35.90	−2.9
D_{56}	−0.736	−0.276	460	125.50	32.60	−2.8
D_{57}	−0.685	−0.348	470	121.30	27.90	−2.6
D_{58}	−0.635	−0.412	480	121.30	24.30	−2.6
D_{59}	−0.586	−0.469	490	113.50	20.10	−1.8
D_{60}	−0.536	−0.519	500	113.10	16.20	−1.5
D_{61}	−0.487	−0.563	510	110.80	13.20	−1.3
D_{62}	−0.439	−0.602	520	106.50	8.60	−1.2
D_{63}	−0.391	−0.635	530	108.80	6.10	−1.0
D_{64}	−0.343	−0.664	540	105.30	4.20	−0.5
D_{65}	−0.296	−0.688	550	104.40	1.90	−0.3
D_{66}	−0.250	−0.709	560	100.00	0.00	0.0
D_{67}	−0.204	−0.726	570	96.00	−1.60	0.2
D_{68}	−0.159	−0.739	580	95.10	−3.50	0.5
D_{69}	−0.114	−0.749	590	89.10	−3.50	2.1
D_{70}	−0.07	−0.757	600	90.50	−5.80	3.2
D_{71}	−0.026	−0.762	610	90.30	−7.20	4.1

续表

标准照明体	B_1	B_2	波长 / nm	M / λ	C_1 / λ	C_2 / λ
D_{72}	0.017	−0.765	620	88.40	−8.60	4.7
D_{73}	0.06	−0.765	630	84.00	−9.50	5.1
D_{74}	0.102	−0.763	640	85.10	−10.90	6.7
D_{75}	0.144	−0.76	650	81.90	−10.70	7.3
D_{76}	0.184	−0.755	660	82.60	−12.00	8.6
D_{77}	0.225	−0.748	670	84.90	−14.00	9.8
D_{78}	0.264	−0.74	680	81.30	−13.60	10.2
D_{79}	0.303	−0.73	690	71.90	−12.00	8.3
D_{80}	0.342	−0.72	700	74.30	−13.30	9.6
D_{81}	0.38	−0.708	710	76.40	−12.90	8.5
D_{82}	0.417	−0.695	720	63.30	−10.60	7.0
D_{83}	0.454	−0.682	730	71.70	−11.60	7.6
D_{84}	0.49	−0.667	740	77	−12.20	8.0
D_{85}	0.526	−0.652	750	65.20	−10.20	6.7
D_{90}	0.697	−0.566	760	47.70	−7.80	5.2
D_{95}	0.856	−0.471	770	68.60	−11.20	7.4

如果想使用的日光标准照明体 D 的光谱辐射能量在表 1-4 中没有列出，也可以根据表 1-5 中给定的系数计算得到，可以计算色温从 4000K 到 9500K 之间的任意一种日光标准照明体的光谱辐射能量分布。在表 1-5 中，每一个不同的日光标准照明体有两个放大倍数 B_1 和 B_2。每一个不同的波长对应有三个系数，即一个平均光谱辐射能量值 M（λ）和两个特征系数 C_1（λ）和 C_2（λ）。因此，计算日光标准照明体的光谱辐射能量时需要五个系数，即两个放大倍数 B_1 和 B_2，一个平均光谱辐射能量值 M（λ）和两个特征系数 C_1（λ）和 C_2（λ）。计算式如下：

$$S(\lambda) = M(\lambda) + B_1 \cdot C_1(\lambda) + B_2 \cdot C_2(\lambda) \tag{1-1}$$

例 1-4　在颜色计算中想使用 D_{57} 的光谱能量分布，请计算 D_{57} 在波长 400nm、500nm、600nm 上的光谱辐射能量分布。

解：因为，查表 1-4 得到 D_{57} 的两个放大倍数为：B_1=−0.685，B_2=−0.348

在 400nm 上，M（400）= 94.80，C_1（400）=43.4，和 C_2（400）=−1.1

在 500nm 上，M（500）=113.10，C_1（500）=16.20，和 C_2（500）=−1.5

在 600nm 上，M（600）=90.50，C_1（600）=−5.80，和 C_2（600）=3.2

所以，D_{57} 在波长 400nm、500nm、600nm 上的光谱辐射能量分布分别为：

S（400）= 94.8 +（−0.685）× 43.4 +（−0.348）×（−1.1）= 65.4538

$S（500）= 113.10 +（-0.685）× 16.20$
$+（-0.348）×（-1.5）= 102.525$

$S（600）= 90.50 +（-0.685）×（-5.8）$
$+（-0.348）× 3.2 = 93.3594$

例 1-5　画出 D_{57} 的光谱能量分布曲线。

解：在 Exel 软件中根据式（1-1）计算 D_{57} 在波长从 300nm 到 800nm 上的光谱能量分布，并绘制 D_{57} 照明体的光谱能量分布曲线如图 1-25。

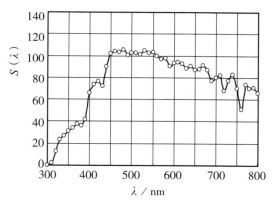

图 1-25　D_{57} 照明体的光谱能量分布

三、F 系列标准照明体

荧光灯已经代替白炽灯在日常生活中使用越来越多。F 系列的标准照明体代表各种不同的荧光灯的光谱辐射能量分布，F 是英文单词 Fluorescent 的第一个字母，所以，F 系列的标准照明体就是荧光灯的标准照明体。CIE 收录有 20 种荧光灯作为 F 系列标准照明体，但是目前实际应用的只有其中 12 种，分别用编号 F_1、F_2、F_3、F_4、F_5、F_6、F_7、F_8、F_9、F_{10}、F_{11}、F_{12} 表示。

F 系列标准照明体按荧光灯的发光光谱带类型分为三类：普通荧光照明体、宽谱带荧光照明体和三色窄带荧光照明体。普通荧光照明体规定了普通荧光灯的光谱辐射能量分布，普通荧光灯是由激活剂锑和锰激活卤磷酸钙荧光粉而发光，它们的光谱分布就是由锑和锰激发卤磷酸钙荧光粉后发出的两个独立宽带组合而成（图 1-26）。F_1、F_2、F_3、F_4、F_5、F_6 属于普通荧光照明体，它们的发光光谱类型相同（图 1-27），但是各自发光的光色有所不同，这些照明体的编号没有按照色温高低顺序编排（表 1-6）。

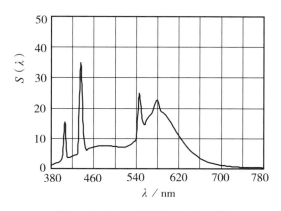

图 1-26　F_2 的光谱能量分布曲线

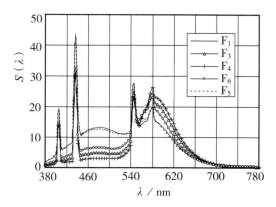

图 1-27　F 系列照明体的光谱能量分布曲线

宽带荧光照明体代表宽带荧光灯系列的光谱能量分布。宽带荧光灯使用了多种荧光粉，增强了这种光源的显色性能，光谱辐射能量分布趋近均衡（图 1-28），与普通荧光灯相比，它们由更宽的光谱分布范围。F_7、F_8、F_9 标准照明体就是这些宽带荧光灯的代表（图 1-29）。它们对应的发光色温见表 1-6。

表1-6 　　　　　　　　　　　　CIE照明体代表的光色

CIE 照明体		代表光色	相关色温/K	CIE1931 色品坐标	
				x	y
传统照明体	A	白炽灯/钨丝灯	2856	0.4475	0.4074
	B	中午日光（已废弃）	4874	0.3484	0.3516
	C	平均日光、浅蓝天空（已废弃）	6774	0.3100	0.3161
	E	等能白光	5454	1/3	1/3
D 系列（日光）照明体	D_{50}	代表日出日落时的暖白日光	5000	0.3456	0.3585
	D_{55}	代表上午和下午的日光	5500	0.3324	0.3474
	D_{65}	代表中午间接日光	6500	0.3127	0.3290
	D_{75}	阴天日光	7500	0.2990	0.3148
F（荧光）系列照明体	普通荧光 F_1	日光荧光	6430	0.3131	0.3372
	F_2	冷白荧光	4230	0.3720	0.3752
	F_3	白色荧光	3450	0.4091	0.3943
	F_4	暖白荧光	2940	0.4401	0.4032
	F_5	日光荧光	6350	0.3137	0.3453
	F_6	淡白荧光	4150	0.3779	0.3883
	宽带 F_7	D_{65} 模拟体	6500	0.3129	0.3293
	F_8	D_{50} 模拟体	5000	0.3458	0.3587
	F_9	Dulexe 冷白	4150	0.3741	0.3728
	三窄带 F_{10}	Philips TL85，Ultralume 50	5000	0.3460	0.3598
	F_{11}	Philips TL84，Ultralume 40	4000	0.3805	0.3771
	F_{12}	Philips TL83，Ultralume 30	3000	0.4369	0.4044

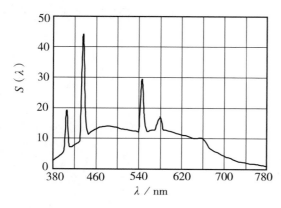

图 1-28　F_7 的光谱能量分布曲线

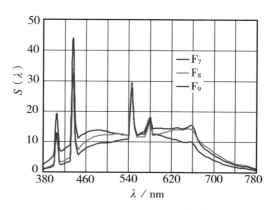

图 1-29　F_7~F_9 照明体的光谱能量分布

三色窄带荧光照明体代表窄带荧光灯的光谱能量分布。窄带荧光灯使用三种稀土荧光粉，它们分别在可见光区发射谱带很狭窄的红光、绿光和蓝光（图 1-30）。红、绿、蓝三种光混合可得到高能量的白光。生产过程中可通过改变三种荧光粉的用量比例而调节窄带荧光灯的色温。F_{10}、F_{11}、F_{12}（图 1-31）三个标准照明体就是这些窄带荧光灯的代表。在欧洲 F_{10}、F_{11}、F_{12} 这三个标准照明体又分别代表 Philips TL85、Philips TL84、Philips TL83，在美国它们又分别代表 Ultralume 50、Ultralume 40、Ultralume 30。这些光源的发光颜色偏向"暖"白色。显色性能适中，但是发光效率高。

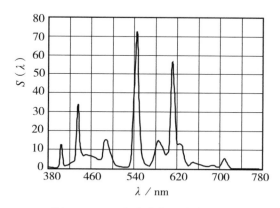

图 1-30　F_{11} 的光谱能量分布曲线

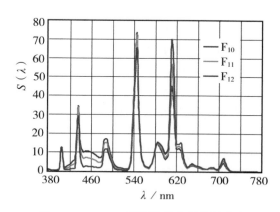

图 1-31　F_{10}~F_{12} 照明体的光谱能量分布

在 F 系列标准照明体中，F_2、F_7、F_8、F_{11} 这四种用得较多。F_2 是"冷"白色普通荧光灯的代表，常用于办公场所的照明，它的色温为 4100K，显色性稍差。F_2 有多个不同叫法，包括 F、F02、FCW、CWF、CWF2（CWF 和 FCW 都是英文 Color White Fluorecent 的简写）。F_7 代表宽带荧光灯，其色温为 6500K，显色性好，它是模拟 CIE 日光标准照明体 D_{65} 的实体光源。F_8 也是代表宽带荧光灯，发光色温 5000K，显色性好，它是模拟 CIE 日光标准照明体 D_{50} 的实体光源。F_{11} 代表三色窄带荧光灯系列，色温为 4000K，显色性适中。

第五节　物体的光谱特性

任何彩色物体在黑暗的房间里都不会显现本身的色彩，哪怕是白色的岩石，在漆黑的地下岩洞里，我们也看不见它的白色。在光线较暗的情况下，彩色物体的颜色也呈现不出来，只能看到物体的形状。这些事实都证明只有当光照射到物体表面时，物体才能呈现本身的颜色，此时，物体对入射光线产生了透射、吸收、反射、漫射、折射等许多物理现象。物体的色彩是物体表面经过对入射光的透射、吸收和反射后而形成。把物体表面对入射光的透射、吸收和反射本领叫做物体的光谱特性。

一、透射体

我们从室内可以透过玻璃窗看见室外的一切物体和颜色，这是因为太阳光照射到物体上后，从物体表面反射的光透过玻璃进入了我们的视觉所引起的结果。汽车玻璃上常要贴上一层薄膜，用此阻隔过强的太阳光线，但我们还是可看清车外的物体和颜色，只不过是到达车内的太阳光被减弱，实际上是一部分太阳光被薄膜吸收，剩下另一部分太阳光进入车内。我们穿着的白色衬衣，通过红色胶片（或红滤色片）后，我们看到的是红色衣服，是因为红色滤色片吸收了从衬衣上反射的其他色光，只有红色光透过红滤色片到达了我们的视觉。

从以上例子可知，当光照射在物体表面时，一部分光会透过物体，另一部分光被吸收，几乎没有反射光，该物体就是一种透明体（或叫透射体）。我们只能通过它的透射光线才能看见透射体表面的颜色。以上所述的玻璃、汽车玻璃膜和滤色片都属于透射体。

当白光照射到物体表面时，如果只有一部分波长的色光被吸收，这种吸收称为选择性吸收（图1-32）。一个透射体将投射到它表面的白光，有选择地吸收了红光和蓝光后，我们看到的只剩下绿光，所以该透射体是一个绿色透射体。

如果一个物体对照射在其上的白光中的各波长的色光等比例吸收，物体将呈现不同强度的灰色（图1-33）。将所有波长全部吸收，物体就呈现黑色（图1-34）。

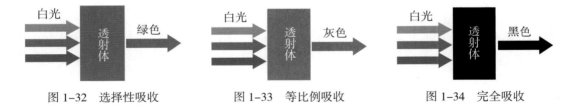

图1-32　选择性吸收　　　　图1-33　等比例吸收　　　　图1-34　完全吸收

能使入射光全部透射的完全透明物体是没有的，我们常常讲的透明体是无色的，只有很少量光被反射和吸收，而绝大部分光均透过物体。实际上很多就像图1-32和图1-33那样，都是只能让部分光透过的半透明体或者是让部分波长光透过的有色透明体。

光的透射现象可以分成三种：规则透射、漫透射和混合透射（图1-35）。

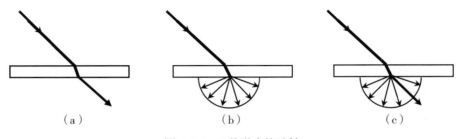

（a）　　　　　　　　　（b）　　　　　　　　　（c）

图1-35　三种形式的透射
（a）规则透射　　（b）漫透射　　（c）混合透射

当光线照射到透明材料上时，透射光的方向保持不变，就是规则透射。规则透射体的表面光滑如同镜面，普通玻璃、照相滤光镜、分色滤色片等都属于规则透射。

当光线通过表面粗糙的透射体时，透射光朝各个方向弥散，不再存在规则透射，这种透射称为漫透射。漫透射体的表面粗糙，分布着细小颗粒。磨砂玻璃、毛面胶片等的透射光就属于漫透射。漫透射性能好的材料的表面颗粒极其细微均匀，如乳白玻璃，透射光向所有方向弥散，均匀分布在整个半球空间内，在各个方向上的亮度都相同。

如果光线照射到透射材料上，既有漫透射也有较强的规则透射，这种透射称为半透射。实际上很多透射材料都应属于这一类。

二、透射率

在工作和生活中，我们都要判断或测量透射材料能透过光量的本领。例如照相时如果使用滤色片就要考虑滤色片的透光量的大小，用以确定正确曝光量。透明灰色梯尺上的各梯级就是根据透光量的大小而排列。汽车玻璃膜的透光性能也是根据测量后而分级。通常使用透射率这个概念表示透明体的透光程度，用入射光量与透过光量之比来度量。设入射光量为 Φ_o（图 1-36），透射光量为 Φ_t，则透射率 T 可表示为：

$$T = \frac{\Phi_t}{\Phi_o} \qquad (1-2)$$

式（1-2）用于度量透明体和半透明的总透射率，但是并不能表示彩色透明体的色彩。与光源的相对光谱能量分布可表示光源发光的颜色，用物体的光谱透过率分布也可以描述透明体的颜色。为了表示透明体的光谱透过率（图 1-37），我们假设已经将白光分解为单色光，入射光的波长为单色光 λ，其光量为 $\Phi_o(\lambda)$，该单色光穿过透明体后的透射光量为 $\Phi_t(\lambda)$，则透明体对波长为 λ 时的光谱透射率 $T(\lambda)$ 可表示为：

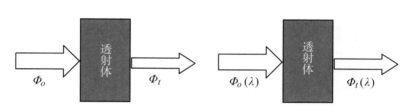

图 1-36　入射与透射　　　图 1-37　单色光入射与透射

$$T(\lambda) = \frac{\Phi_t(\lambda)}{\Phi_o(\lambda)} \qquad (1-3)$$

通过式（1-3），可以测量和计算波长从 380~780nm 可见光范围内每一个波长的光谱透射率。

例 1-6　已知某白炽灯在 640nm 处的光谱能量为 97.8，通过红滤色片后的光能量是 74.42，计算红滤色片在该波长处的光谱透射率。

解：该滤色片在 640nm 处的光谱透过率为：

$$T(640) = \frac{\Phi_t(640)}{\Phi_o(640)} = \frac{74.42}{97.8} = 0.761$$

从透射率的定义可知，它只能是一个位于 0 和 1 之间的数，即，$0 \leq T \leq 1$。因为透射率就是物体透过光量占入射光量的比例，所以透射率大小与光源的能量大小无关。透射率为 0.761，就是该物体的透光率是 76.1%，无论光源的光强度是多大，都只有 76.1% 的光量可以通过，所以该物体的透射率总是保持 0.761 不变。

物体的光谱透射率一般都用分光光度仪测得，一般测得的是相邻 5~10nm 波长光谱反射率的平均值。从光谱透射率线不仅可以知道透射体对各波长光的透过率大小，也可以分析透明体的颜色。图 1-38 的曲线在 600~730nm 范围内透射率很高，其他波长处透射率很小接近于 0，故该透明体呈现红色。图 1-39 中曲线表明，该透明体在 380~730nm 可见光范围内，透射率基本相同近于 0.5 左右，呈现为灰色。

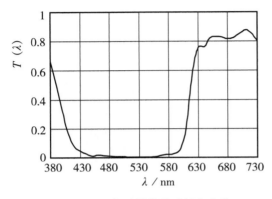

图 1-38　红色透射体的透射率曲线

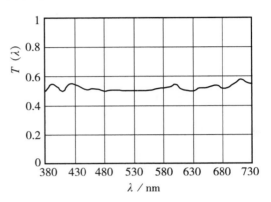

图 1-39　灰色透射体的透射率曲线

三、透射密度

例 1-7　有一张胶片它们的透射率是 0.5，求这样的两张胶片重叠后的透射率和透射率的倒数，再求三张这样的胶片重叠后的透射率和透射率的倒数。

解：

一张胶片时：透射率 T=0.5　　　　　　透射率倒数 $1/T$=1/0.5=2

两张胶片重叠：透射率 T=0.5×0.5=0.25　　透射率倒数 $1/T$= 1/0.25=4

三张胶片重叠：透射率 T=0.5×0.5×0.5=0.125　透射率倒数 $1/T$=1/0.125=8

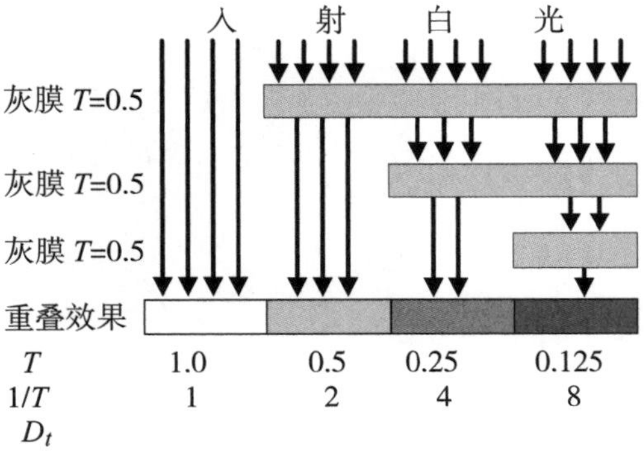

如果我们做一实验，把同一张灰色胶片裁成三片，按例 1-7 中的方式将这些胶片重叠（图 1-40），用眼睛观察胶片重叠的视觉效果，将会发现：两张胶片重叠的视觉黑度是单独两张的和，而三张胶片重叠的视觉黑度是单独三张的和，即

两张胶片的黑度 = 一张胶片的黑度 + 一张胶片的黑度；

三张胶片的黑度 = 一张胶片的黑度 + 一张胶片的黑度 + 一张胶片的黑度。

图 1-40　透射率、密度与视觉黑度的关系

从以上实验我们得出的结论是，人眼的视觉黑度具有相加效果。从例 1-7 的计算我们得出的结论则是，透射率和透射率的倒数都是相乘。因此，透射率和透射率的倒数都不能够正确反映人眼的视觉黑度。在图像工业找到了一种能正确表示图像变黑程度的量，叫做密度。密度的计算很简单，就是把透

射率的倒数取以 10 为底数的对数即可，即

$$D_t = \lg \frac{1}{T} \qquad (1\text{-}4)$$

式（1-4）中，D_t 表示透射密度，T 表示透射率。密度这个概念在图像和印刷工业使用广泛，印刷生产过程中中间产品和最终印刷的质量使用密度方法进行控制和检测。通过密度值可以表示图像的黑白浓淡层次和色彩的浓淡层次（不同饱和度）。

　　例 1-8　计算图 1-40 中的无灰膜、一张灰膜、两张灰膜重叠和三张灰膜重叠状态下的密度。

　　解：

无灰膜的密度 D_t=lg（1/1.0）= 0；

一张灰膜的密度 D_t=lg（1/0.5）≈ 0.3；

两张灰膜重叠的密度 D_t=lg（1/0.25）≈ 0.6；

三张灰膜重叠的密度 D_t=lg（1/0.125）≈ 0.9。

从例 1-8 的计算结果说明灰膜叠加时，密度值也相加，所以通过密度能正确表示视觉的相加效果，即通过密度值能正确表示图像的浓淡层次。

四、吸收率

我们已经了解物体具有对吸收入射光的本领。透射体对入射光透射一部分，另一部分入射光被吸收，因此被吸收光量就等于入射光量减去透射光量，而吸收率就等于吸收光量与入射光量之比。如果将吸收率用字母 A_t 表示，则有：

$$A_t = \frac{\varPhi_o - \varPhi_t}{\varPhi_o} = 1 - \frac{\varPhi_t}{\varPhi_o} = 1 - T \qquad (1\text{-}5)$$

从式 1-5 中可知，一个透射体的吸收率和透射率是一对以 1 为互补的互补数。例如，某物体的透光率 T=0.75，该物体的吸收率则为 A=1-0.75=0.25。物体的光谱吸收率与它的光谱透射率呈互补关系。图 1-41 表示了红滤色片的光谱吸收率与它的光谱透射率为互补数，即光谱吸收率和它的光谱透射率之和在每一个波长上都等于 1。因此想从光谱透射率曲线变为光谱吸收率曲线时，只需用 1 减去每一波长对应的光谱透射率即可，而光谱透射密度曲线是对每一波长的光谱透射率的倒数取以 10 为底的对数后描绘而得。

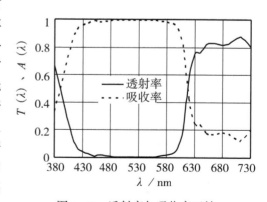

图 1-41　透射率与吸收率互补

五、反射体

除了透明、半透明这些透光物体外，我们常见的很多物体都是不透明的或不透光的，

例如，我们看不见隔着白色纸张的物体和颜色，我们也看不见隔着树叶的其他物体和颜色，隔着金属板我们也看不见任何其他物体和颜色，看书看报我们不能将照明灯放在书和报的下面，而要将灯照射在书和报的上面，这些物体受到光源的照射后，将可见光谱中某一部分的色光吸收，而将剩余的色光反射，我们将这种物体称为反射体或非透明体。

吸收和反射是反射体表面呈现色彩的原因，绿色的树叶吸收了可见光谱中 400~500nm 的蓝色光和 600~700nm 的红色光，反射了 500~600nm 的绿色光。黄色的小鸭吸收了可见光谱中 400~500nm 的蓝色光，反射了 500~700nm 的红色和绿色光。白色的纸张基本上等量地反射了可见光谱中所有波长的光，而且各波长光的反射能量都较高，所以纸给我们的视觉印象是白色。

光的反射现象也可以分成三种：规则（镜面）反射、漫反射和混合反射（图 1-42）。

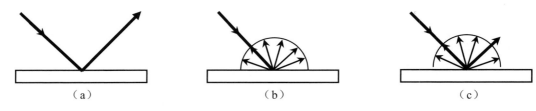

图 1-42　三种形式的反射
（a）镜面反射　　（b）漫反射　　（c）混合反射

当入射光投射到物体表面后，如果反射光线在某一方向强烈，常常出现刺眼现象，这种反射称为规则反射。规则反射时，由于光线的反射角与入射角相等而呈镜对称，所以常称为镜面反射。发生镜面反射的表面都是光滑如镜的表面，如风平浪静的水面、有光油漆的表面、印刷光油的表面、光泽纸张的表面等。如果印刷物表面涂有亮光油，我们将感觉到有刺眼的光线干扰我们的视觉，这种刺眼的光线解释镜面反射光。

当入射光投射到物体表面后，光线在半球空间内向各个方向以等能量弥散，这种反射现象称为漫反射。漫反射表面分布着细小颗粒、反射光柔和、无刺眼感觉。新闻纸、胶版纸、亚光纸这些印刷纸张是很好的漫反射体。印刷物表面对光线的漫反射有利于我们读书看报，不会有镜面反射光的干扰。

如果光线照射到物体表面上，既有漫反射也有较强的镜面反射，这种反射称为混合反射（或叫做半反射），实际上很多反射材料都应属于这一类。

六、反射率与吸收率

白纸反光很强烈，灰色纸反光较弱，黑色纸反光很微弱。很清楚，白纸反射了照到其上光量的大部分，灰色纸反射了入射到其上光量的少部分，而黑色纸反射了入射到其上光量很微小一部分。因此为了度量物体反射光量的性质，把反射光量与入射光量之比称为物体的光反射率简称反射率。不过在测量和计算物体的反射率时，所使用的入射光量不是光源本身的光量，而是光源照射在标准白板表面的反射光量（图 1-43）。亦即，物

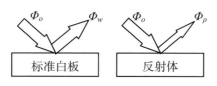

图 1-43　物体表面反射率的计算

体的反射率 ρ 是物体的反射光量 Φ_ρ 与标准白的反射光量 Φ_w 之比。

$$\rho = \frac{\Phi_\rho}{\Phi_w} \tag{1-6}$$

标准白板是一个由硫酸镁材料制作的较理想的完全白色的反射表面。光反射率表示了物体对所有可见光的总体反射性质。我们也可以描述物体对可见光谱内每一单色波长的反射率，将单色波长的光照射物体，其表面反射光量 $\Phi_\rho(\lambda)$ 与标准白的反射光量 $\Phi_w(\lambda)$ 之比称为光谱反射率，以 $\rho(\lambda)$ 表示，即

$$\rho(\lambda) = \frac{\Phi_\rho(\lambda)}{\Phi_w(\lambda)} \tag{1-7}$$

在可见光谱范围内将物体表面各单色波长的反射率相对于对应波长作图，所得到的曲线就是该物体表面的光谱反射率曲线。反射体表面的色彩可以用光谱反射率分布曲线描述。用光谱光度仪可以测得可见光谱范围内各单色波 λ（每隔 5 或 10nm）的光谱反射率。例如，四色印刷中的某种品红油墨的光谱反射率如表 1-7，其光谱反射率分布曲线如图 1-44。从该曲线分析可知，该部位吸收了入射白光光谱中的绿色光，光谱反射率小于 0.1，而蓝色光谱区和红色光谱区的反射率较高，所以该部位呈现品红色。

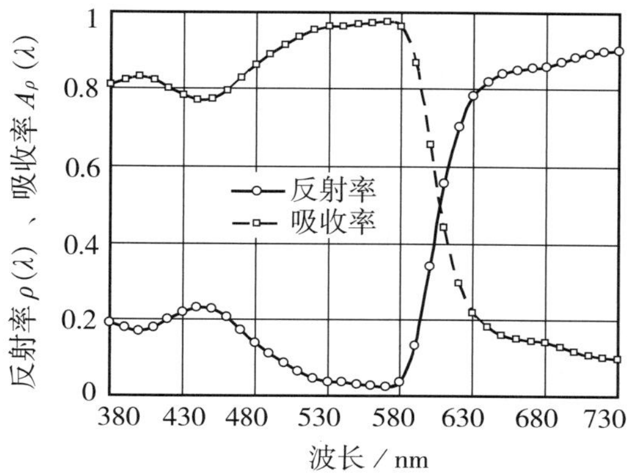

图 1-44 光谱反射与吸收曲线

对于反射体，被吸收光量就等于标准白的反射光量减去反射体的反射光量，而吸收率 A_ρ 就等于被吸收光量与入射光量之比。

$$A_\rho = \frac{\Phi_w - \Phi_\rho}{\Phi_w} = 1 - \frac{\Phi_\rho}{\Phi_w} = 1 - \rho \tag{1-8}$$

反射体的吸收率也与反射率以 1 互为补数。

表1-7　　　　　　　　　某种品红油墨的光谱反射率和吸收率数据

λ / nm	反射率	吸收率	λ / nm	反射率	吸收率	λ / nm	反射率	吸收率
380	0.190	0.810	460	0.203	0.797	540	0.036	0.964
390	0.177	0.823	470	0.170	0.830	550	0.032	0.968
400	0.167	0.833	480	0.137	0.863	560	0.026	0.974
410	0.178	0.822	490	0.109	0.891	570	0.025	0.975
420	0.198	0.802	500	0.085	0.915	580	0.038	0.962
430	0.216	0.784	510	0.064	0.936	590	0.132	0.868
440	0.230	0.770	520	0.046	0.954	600	0.341	0.659
450	0.227	0.773	530	0.038	0.962	610	0.557	0.444

续表

λ / nm	反射率	吸收率	λ / nm	反射率	吸收率	λ / nm	反射率	吸收率
620	0.704	0.296	660	0.852	0.148	700	0.884	0.117
630	0.782	0.218	670	0.855	0.145	710	0.894	0.106
640	0.820	0.180	680	0.860	0.140	720	0.901	0.100
650	0.841	0.159	690	0.871	0.129	730	0.902	0.098

虽然反射体的反射率和吸收率也能表示反射体表面颜色的浓淡层次，为了使得浓淡层次的表示符合人眼视觉的相加特性，常常使用光反射密度（简称反射密度）表示反射体表面的浓淡层次。反射密度 D_ρ 是将反射率的倒数取以 10 为底的对数表示，具体表示式如下：

$$D_\rho = \lg \frac{1}{\rho} \tag{1-9}$$

密度是反射率的倒数的函数，当反射率 ρ 为零时，密度无穷大，是理想黑体，当反射率 ρ 为 1 时，密度为零，是理想白色物体，所以密度值可以从零到无限大。但实际上没有理想黑体，也没有理想白色物体。反射密度值一般低于透射密度值，例如印刷品的最大反射密度小于 2.0，相片的密度一般小于 2.5，而彩色正片的最大密度可达 4.0 以上。

项目型练习

项目一：RGB 颜色设计

1. 要求：在 CorelDraw 或其他绘图程序中使用 RGB 模式生成如下所示的色带，颜色变化应连续。

2. 目的：熟练掌握 RGB 颜色模式的应用，通过 RGB 颜色数的比例，判断混合色的色相。

3. 提示：几个主要格的 RGB 颜色数如图 1-45，其他格的颜色数等间隔分配。

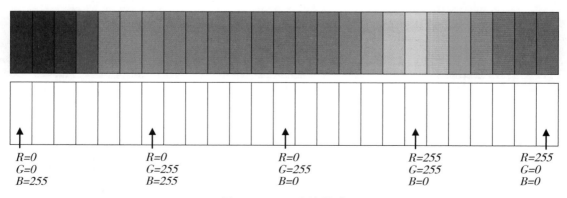

图 1-45　RGB 颜色设计

项目二：光谱反射率测量

1. 目的：初步掌握反射率和密度测量过程与条件，能通过反射率或吸收率曲线判读颜色，掌握密度和反射率相互间的换算。

2. 要求：

（1）使用分光光度仪测量四色印刷油墨青、品红、黄、黑实地的光谱反射率，绘制它们的光谱反射率曲线并指出各色油墨的光谱反射区和光谱吸收区。

（2）要求：测量一条有级灰色照相梯尺（非网目梯尺）的各级密度并把各级密度换算成反射率。

知识型练习

1. 人眼看到颜色的过程是：_____ 发出的光照射 _____，经过 _____ 对光的选择性吸收、反射或透射之后进入 _____，由 _____ 内的视细胞将光刺激转换为神经冲动，再由视神经传入 _____，由 _____ 产生该物体的颜色感觉。

2. 光源、_____、_____、_____是产生颜色视觉的四个要素。

3. 光源可以分成两大类 _____ 和 _____。

4. 下面属于自然光源的一组是 _____。
   A 氙灯、太阳、火光　　　　　B 太阳、蜡烛、煤炭　C 氙灯、日光灯、白炽灯

5. 用于辨别颜色的光源应该尽量接近 _____ 的光谱。
   A 汞灯　　　　　B 钠灯　　　　　C 高压汞灯　　　　　D 太阳

6. 人眼所能看见的电磁波称为 _____，其波长范围在 _____ 之间。

7. 红外线的波长至少大于 _____ nm，紫外线的波长至少小于 _____ nm。

8. 红光、紫光、绿光、蓝光、黄光、橙光按波长由长到短的排列是：_____、_____、_____、_____、_____、_____。

9. 单一波长的光称为 _____，由多个不同波长的光混合形成的光称为 _____。

10. 具有绿色感觉的波长应是 _____。
    A 400nm　　　　　B 430nm　　　　　C 550nm　　　　　D 700nm

11. 下面的定义 _____ 指白色感觉。
    A 单一波长的光产生的颜色感觉
    B 含有可见光内等能量的各种不同波长的光产生的颜色感觉
    C 含有可见光内多种不同波长的光产生的颜色感觉
    D 由红、绿、蓝三种波长的光产生的颜色感觉

12. 白光经色散后 _____ 排列的彩色光带称为可见光谱。
    A 按波长大小顺序　　　　　B 按颜色强弱
    C 按颜色亮度　　　　　　　D 任意

13. 不属于复色光的是 _____。
    A 太阳光　　　　　B 氙灯　　　　　C 白炽灯　　　　　D 激光

14. 光源的单色光辐射能按波长分布的规律称为 ＿＿＿＿＿ 。以 ＿＿＿＿＿ 为横坐标，＿＿＿＿＿ 纵坐标，所绘制的曲线称为光谱功率分布曲线。

15. 评价颜色应使用具有 ＿＿＿＿＿ 的光源。
    A 混合光谱　　　　　　B 带状光谱　　　　　C 连续光谱　　　　D 任意类型光谱

16. 图 1-46 中的图 ＿＿＿＿＿ 表示的色光是红色。

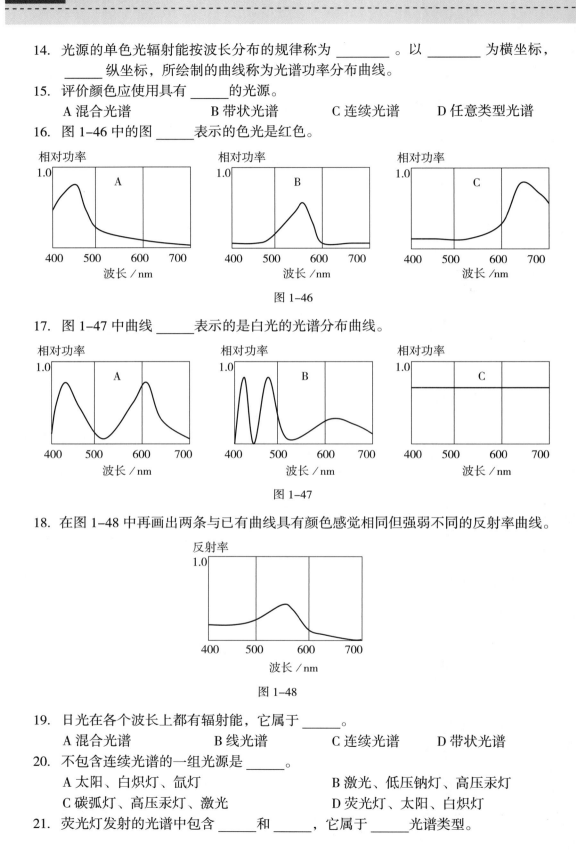

图 1-46

17. 图 1-47 中曲线 ＿＿＿＿＿ 表示的是白光的光谱分布曲线。

图 1-47

18. 在图 1-48 中再画出两条与已有曲线具有颜色感觉相同但强弱不同的反射率曲线。

图 1-48

19. 日光在各个波长上都有辐射能，它属于 ＿＿＿＿＿ 。
    A 混合光谱　　　　　　B 线光谱　　　　　　C 连续光谱　　　　D 带状光谱

20. 不包含连续光谱的一组光源是 ＿＿＿＿＿ 。
    A 太阳、白炽灯、氙灯　　　　　　　　　　B 激光、低压钠灯、高压汞灯
    C 碳弧灯、高压汞灯、激光　　　　　　　　D 荧光灯、太阳、白炽灯

21. 荧光灯发射的光谱中包含 ＿＿＿＿＿ 和 ＿＿＿＿＿ ，它属于 ＿＿＿＿＿ 光谱类型。

22. 按定义图 1-49 中汞灯的光谱分布曲线应属于 ＿＿＿＿ 或 ＿＿＿＿光谱。D$_{55}$ 属于 ＿＿＿＿光谱类型。

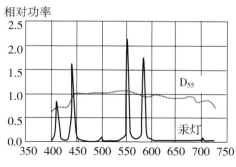

图 1-49

23. 暖白色 LED 灯在 ＿＿＿＿光谱区发光能量高于 ＿＿＿＿光谱区，冷白色 LED 灯在 ＿＿＿＿光谱区高于 ＿＿＿＿光谱区。

24. 直接制版设备 CTP 使用 ＿＿＿＿作为记录光源，是典型的 ＿＿＿＿光谱类型。

25. 记录光源的发光波长应与版材的感光波长 ＿＿＿＿，例如 PPY 型 CTP 版材对绿光敏感，所以记录激光的波长应是 ＿＿＿＿。
    A 830nm   B 410nm   C 488nm   D 532nm

26. 黑体是一种将投射在其表面的各种波长的光 ＿＿＿＿的物体。
    A 全部反射   B 全部透射   C 全部吸收   D 全部投射和反射

27. 黑体随着温度升高，光色变化正确的是 ＿＿＿＿。
    A 蓝→红→黄→白   B 白→红→蓝→黄   C 黄→蓝→红→白   D 红→黄→白→蓝

28. 当某一光源的颜色与 ＿＿＿＿的黑体的发光颜色相同时，称此时 ＿＿＿＿为该光源的 ＿＿＿＿，简称色温。

29. 色温表示的是光源的 ＿＿＿＿。
    A 温度高低   B 热力学温度高低   C 摄氏温度高低   D 颜色

30. 下列光源中色相最蓝的是 ＿＿＿＿。
    A 2000K   B 5000K   C 6000K   D 9000K

31. 下面哪些指标可以用来判别一个光源的发光颜色 ＿＿＿＿。
    A 相对光谱能量分布   B 色温   C 温度   D 反射率

32. 在图 1-50 中，曲线表示的色温由高到低的排列是 ＿＿＿＿。

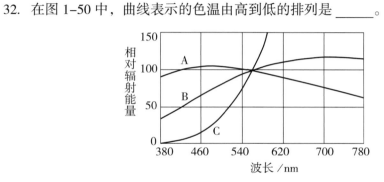

图 1-50

33. 下面说法不正确的是 _____。
　　A 冬天蓝色天空的色温很高
　　B 早晨、中午、傍晚太阳光的色温不同
　　C 光源的色温是与太阳在某一温度下发出的光色比较获得的
　　D 白炽灯比寒冷冬天蓝色天空的色温低

34. 下面说法不正确的是 _____。
　　A 热光源的色温与自己发光的实际温度相近
　　B 冷光源的色温与自己发光的实际温度相差甚远，故只有相关色温
　　C 太阳的表面温度约5780K，蓝色天空的色温可达16000K，蓝天的温度高于太阳的温度
　　D 早晨或傍晚的天空呈橙红色，其色温约为5780K

35. 数码相机的拍摄模式也叫做 _____，标准拍摄模式的色温为 _____ K，物体受荧光灯照射，就应使用 _____ 拍摄模式。

36. 荧光灯模式的色温是 _____ K，冷光荧光灯光源色温是4200K，两者经平衡的色温应是 _____ K。

37. 高色温的光源对应的 _____ 具有较低的色温值，低色温的光源对应的 _____ 具有较高的色温值，摄影时使得光源的色温与 _____ 色温经平衡后达到 _____ 的色温。

38. 以下正确的说法有 _____。
　　A 日光型胶卷在白炽灯光下拍摄的图像偏蓝色
　　B 色温为6500K的显示器图像比在日光灯下看到的数码印刷图像偏蓝色
　　C 理论上在荧光灯下选用荧光灯模式和在日光下选用日光模式拍摄的图像都没有偏色
　　D 摄影时，光照色温应高于选用的白平衡模式的色温

39. 标准照明体是指 _____。
　　A 标准的光谱功率分布
　　B 某一光源的光谱功率分布
　　C 具有标准色温的光源
　　D 具有标准观察者光谱三刺激值的光源

40. 用以观看评价原稿和印刷品的光源应符合标准照明体 _____ 的光谱性能。
　　A D_{65}　　　　　　B D_{50}　　　　　　C A 光源　　　　D B 光源

41. 电子闪光灯和日光胶片的白平衡点一般采用 _____ 标准照明体的色温。
　　A D_{50}　　　　　　B D_{55}　　　　　　C D_{65}　　　　　D D_{75}

42. 下面标准照明体的光色最蓝的是 _____。
　　A D_{50}　　　　　　B D_{55}　　　　　　C D_{65}　　　　　D D_{75}

43. F 系列的标准照明体代表各种不同的 _____ 的光谱辐射能量分布。
　　A 白炽灯　　　　　B 钨丝灯　　　　　C 荧光灯　　　　D 汞灯

44. 荧光灯按发光光谱类型分为 _____ 荧光灯、_____ 荧光灯和 _____ 荧光灯。

45. 关于荧光灯，下面的说法错误的是 _____。

A 普通荧光灯减少了绿色成分，光色都偏红

B 宽带荧光灯加强了红色成分，光色接近白色

C 窄带三色荧光灯的光谱在红、绿、蓝区分别有一个狭窄的光谱能量带

D 目前还不能使用荧光灯模拟标准照明体 D_{65}

46. 关于荧光灯，下面的说法正确的有 _____ 。

A F 系列标准照明体编号的数字越大，其代表的色温越高

B F_2 的色温为 4100K，代表冷白色普通荧光灯，用于办公场所

C F_7 虽然色温为 6500K，但显色性差，只能用于办公照明，不能用作 D_{65} 光源

D F_8 色温 5000K，显色性好，常作为 D_{50} 的模拟光源

47. 物体呈现颜色，是物体具有对投射的光谱成分有选择性地 _____ 、_____ 和 _____ 的特性，该特性称为物体的光谱特性。

48. 光照射在透明体上，一部分光会物体 _____ ，另一部分光被 _____ 。

49. 下面是光谱透射率公式，其中 $\Phi_t(\lambda)$ 指 _____ ，$\Phi_o(\lambda)$ 是 _____ 。

$$T(\lambda) = \frac{\Phi_t(\lambda)}{\Phi_o(\lambda)}$$

50. 当入射光投射到 _____ 表面后，光线向半球内各个方向以等能量反射，称为 _____ 。

51. 当入射光投射到 _____ 反射表面后，反射光线在某一方向强烈，这种反射称为 _____ 反射。

52. 不属于漫透射的是 _____ 。

A 滤色片　　　　　B 毛面薄膜　　　　C 磨砂玻璃　　　　D 乳白色灯罩

53. 已知一透射体对波长为 500nm 光的透射率是 0.01，该物体的光谱密度 D（500nm）= _____ ，该物体的光谱吸收率 A_t= _____ 。

54. 物体对白光各波长的色光等比例吸收，物体将呈现 _____ 。

A 灰色　　　　　　B 彩色　　　　　　C 红色　　　　　　D 黑色

55. 当光照射在反射体表面时，红光被 _____ ，绿光被 _____ ，蓝光被 _____ ，则该反射体表面呈现黄色。

56. 物体对白光作选择性吸收为 _____ 物体，作等比例吸收为 _____ 。

57. 下式是 _____ 公式，其中 $\Phi_\rho(\lambda)$ 表示 _____ ；$\Phi_w(\lambda)$ 表示 _____ 。

$$\rho(\lambda) = \frac{\Phi_\rho(\lambda)}{\Phi_w(\lambda)}$$

58. 密度表示图像的 _____ 程度，透射密度的计算式为 _____ ，其中 _____ 是样品的透射率。

59. 光密度为 1、2、3，正确的反射率是 _____ 。

A 10、100、1000　　　　B 1、10、100

C 0、0.1、0.01　　　　　D 0.1、0.01、0.001

第二章

视觉特性

 知识目标

1. 空间混合原理及其应用。
2. 理解颜色视觉三属性。
3. 建立视觉颜色立体概念。
4. 理解色光混合三定律：补色率、中间色率、代替率。
5. 懂得颜色视觉形成的三种学说：三色学说、四色学说、现代学说。
6. 理解颜色视觉现象对颜色的影响。

能力目标

1. 熟练使用 RGB 颜色模式编辑颜色。
2. 熟练使用 HLS 和 HSB 颜色模式编辑颜色。
3. 能分析各种视觉现象对颜色的影响。

学习内容

1. 眼睛的结构。
2. 空间混合原理及其应用。
3. 明视觉与暗视觉。
4. 视角与视力。
5. 颜色的心理三属性．颜色立体。
6. 加色法混合与减色法混合。
7. 色光混合定律。
8. 颜色混合学说。
9. 颜色视觉现象。

重点：明视觉、颜色的心理三属性、加色法混合与减色法混合。

难点：色光混合定律。

第一节　人眼的结构

　　眼睛是产生色彩的要素之一，也可称眼睛是颜色感受器。人的眼睛近似于一个球体，位于眼眶内部。成年人的眼睛一般前后直径平均为 24mm，垂直直径约为 23mm。眼睛由眼球壁、眼内腔、视神经几部分组成（图 2-1）。

　　眼球壁主要分为外、中、内三层。外层（见图 2-1 的外层浅黄色部分）由角膜和巩膜组成，外层的前部分是透明的角膜，其余部分是白色的巩膜，俗称"眼白"。眼球外层的作用是保护眼睛内部组织和维持眼球形状。角膜是眼睛接受光信息的入口，光线经透明角膜折射进入眼球，角膜中央厚为 0.6mm，周边厚 1mm。角膜的作用除了使光线折射进入眼球成像外，也和巩膜一起保护眼睛内部组织。巩膜是致密的胶原纤维结构，质地坚韧，不透明，呈乳白色。

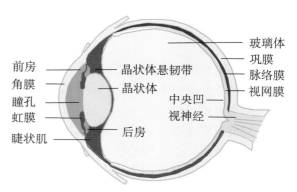

图 2-1　眼睛的结构

　　眼球壁的中间层，如图 2-1 的深褐色部分，包括虹膜、睫状肌和脉络膜三部分。虹膜呈圆环形状，位于晶状体前面，不同种族的人的虹膜颜色不同。虹膜中央有一圆孔，直径 2.5~4.0mm，称为瞳孔。睫状肌前部连接虹膜根部，后部连接脉络膜，外侧是巩膜，内侧则通过悬韧带与晶状体相连。脉络膜处于巩膜和视网膜之间，含有丰富的黑色素，可以起遮挡和吸收光线的作用。

　　眼球壁内层是视网膜，是一层 0.1~0.5mm 厚的透明膜。在视网膜后极部有一直径约 2mm 的浅漏斗状小凹陷区，含有丰富的叶黄素，称为黄斑。其中央有一小凹称为黄斑中央凹，是视网膜上视觉最敏锐的特殊区域。视网膜由三层细胞构成（图 2-2），从靠近脉络膜一侧起，最外层是视细胞层，它包含两种不同的视细胞，其中一种叫杆状细胞，他们的外段呈长杆状，另一种的外段成圆锥状，所以叫锥状细胞。它们不仅外形不同，所含色素也不相同。

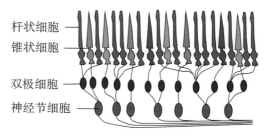

图 2-2　视网膜结构

　　中间一层叫做双极细胞层，他们把视细胞与神经节细胞连接起来。通常都是多个杆状细胞与一个双极细胞连接成一个杆状细胞系，而一个锥状细胞与一个双极细胞相连。

　　靠近大脑最内层的叫神经节细胞层，它们与视神经连接。各视神经在视网膜表面会聚，从眼睛的后极出眼球，在视网膜表面形成视神经乳头。在乳头范围内没有视网膜细胞结构，落在该处的光线成像后不可能被感知，所以该处称为盲点。

　　眼内腔包括前房、后房、晶状体和玻璃体。它们都呈透明状。前房和后房内的房水，由睫状肌产生，与角膜、晶状体、玻璃体一起维持眼压的作用。晶状体是富有弹性的透明胶质体，形状与双凸透镜相似，位于虹膜、瞳孔之后，玻璃体之前。

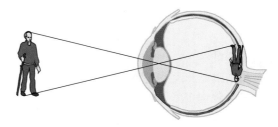

图 2-3　眼睛的成像

眼睛是视觉器官，从成像功能看，眼睛就相当于一架照相机，是完整自动成像系统。光经过眼睛角膜、瞳孔、晶状体（图 2-3）在视网膜上成像，然后将光能转变为视神经冲动进入大脑，经判断后产生物体的形状、大小、颜色、明暗等视觉。

晶状体相当于变焦镜头，而且是全自动变焦镜头。人眼能够清晰地看近处物体，又能清晰地看远处物体，全依赖晶状体的调节。看远处物体时，睫状肌放松，悬韧带绷紧，晶状体变扁平，折光率变小；看近处时，睫状肌收缩，悬韧带放松，晶状体靠本身弹性变凸，折光率变大。通过折光率大小的变化，使光线总能聚集在视网膜的黄斑上，总能看清远近的物体，这就是正常人的眼睛。如果通过调节，光线不能聚集在视网膜上，而是在视网膜之前，就称为近视眼，如果将光线聚焦在视网膜之后就称为远视眼；如果不能将一个物点聚在一个点上称为散光眼；年老时，晶状体的调节功能低下，不能变凸，称为老花眼；如果晶状体变混浊，就称为白内障。

瞳孔相当于光圈。瞳孔大小是由虹膜的收缩控制的，所以虹膜相当于光栏。虹膜的收缩可以使瞳孔大小在 2~8mm 范围内变化。这样瞳孔就可以像光圈一样，随光线明暗变化自动调节大小。光强时，瞳孔自动缩小，以免过多光线进入眼睛。光弱时，自动变大，让尽量多的光线进入眼睛成像。

视网膜相当于胶卷，起感光作用。感光度最高的那部分，就是黄斑。视网膜相当于彩色胶片，不仅能使物体感光成像，而且能使物体的颜色成像，即能分辨物体的颜色。

视网膜上最外层的视细胞，也叫感光细胞。由于一个锥状细胞只与一个双极细胞连接，锥状细胞有较高的分辨率，但它对光的灵敏度较低，只在外界强光的刺激下引起视觉，而且能分辨颜色。杆状细胞主要分布在视网膜的周边，由于一般都是多个杆状细胞与一个双极细胞联结，所以具有较低的分辨率，不能分辨颜色。在昏暗条件下，多个杆状细胞同时受到外界弱光的刺激起相加作用，从而具有较高感光灵敏度，能在昏暗条件下感受弱光刺激而引起视觉。锥状细胞主要集中分布在视网膜的中央，特别是在黄斑中央凹 2°~3° 视角范围内（图 2-4），锥状细胞密集，几乎没有杆状细胞，颜色视觉主要在这个范围内形成。

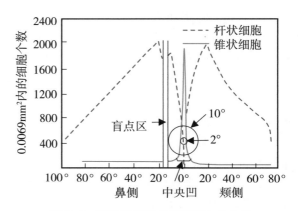

图 2-4　两类视细胞在视网膜上的分布

第二节 视角、视力与视场

一、视角与空间混合原理

人眼在看物体时，物体 A 反射的光线要经过眼球的晶状体在视网膜上成像 A'，这时物体 A 与眼球的晶状体中心点 O 所形成的夹角 α 被称为视角（图2-5）。物体 A 是否能在视网膜上成清晰像取决于视角 α，它可以从物体与晶状体中心 O 构成的三角形推导：

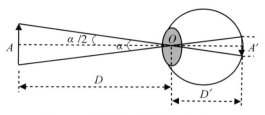

图2-5 成清晰像的最小视角推导

$$\tan\frac{\alpha}{2} = \frac{A}{2D}$$

式中的 D 为从物体到眼球晶状体中心点 O 的距离称为物距或观察距离。当视角 α 很小时有：

$$\alpha = \frac{A}{D} = \frac{A'}{D'}（弧度）= 57.3 \times \frac{A'}{D'}（角度） \tag{2-1}$$

式中 D' 是晶状体中心到视网膜中央凹的距离称为像距，D' 大约等于 17mm。如果物体要在视网膜中央凹成清晰像，要求像 A' 必须大于中央凹处相邻两锥状细胞之间的距离 5μm（0.005mm），否则，如果像 A' 落在两锥状细胞之间，眼睛将看不清物体。当物体的像 A'=5μm 时，视角 α 为：

$$\alpha = 57.3 \times \frac{A'}{D'} = 57.3 \times \frac{0.005}{17} \times 60 \approx 1'（角度分） \tag{2-2}$$

即，视角 α=1′ 是人眼能分辨物体（具体地说是区分相邻两点）的最小视角，物体刚好在视网膜中央凹处呈清晰像。视角 α<1′ 后，物体就不再在视网膜上成清晰像，人眼不能分辨物体。这一原理也被称作空间视觉混合原理。相同物体离得远时（图2-6），我们就看不清楚，因为视角 α 小，在视网膜上的成像小，离眼睛较近时就看得清楚，因为视角增大，在视网膜上成像也增大了。

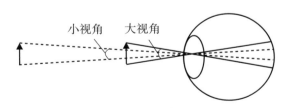

图2-6 清晰像与视角有关

例2-1 看书读报时，眼睛离书或报纸的距离为 250mm，此时每个文字相邻笔画间的最小距离是多少？

解：此题要求物体的大小 A。根据式（2-1）有：

$$A = \alpha \times D = 1' \times D = \frac{1}{60 \times 57.3} \times 250 \approx 0.073 （mm）$$

其中 α=1′（角度分）是眼睛能分辨文字的最小视角，计算时把 1′ 换成了弧度。

答：明视距离 250mm 时，要求每个文字相邻笔画间的最小距离是 0.073mm。

网目图像的精度常用网目线数表示，每厘米长度内黑线的数目称为网目线数，如 150 l/in，175 l/in，50 l/cm，70 l/cm 等。印刷前必须对图像进行加网，选择网目线数最基本的依据就是空间视觉混合原理，使得网目图像虽然由一个一个网点组成，但是在我们的视觉上看不出单个孤立的网点，而是具有灰色调的视觉效果。网目图像上两条相邻网线之间的距离原理上符合

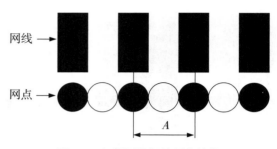

图 2-7 　相邻网线间的距离计算

或只需略小于人眼分辨物体的最小视觉。如果设网目线数为 N（图 2-7），则相邻网线中心间的距离 A 就是（$2 \times N$）的倒数，即

$$A = \frac{1}{2N} \qquad\qquad (2-3)$$

式（2-3）是网目线数与物体大小之间的关系。从式（2-1）中解出物体大小 A，代入式（2-3）中并且把角度换算成弧度，即得到网目线数与观察距离之间的关系如下：

$$N \approx \frac{1700}{D} \qquad\qquad (2-4)$$

从式（2-4）计算的网目线数的单位由观察距离 D 的单位而定，如果观察距离 D 是厘米，则得到的网目线数是每厘米内的网目线数；如果 D 的单位是毫米，则得到的是每毫米内的线数。从式（2-3）知道，网目线数与观察距离呈倒数，即观察距离越远，应选用越低的网目线数；观察距离越近，应选用越高的网目线数。看书时图像离我们的眼睛近，网目图像上网点应该很小，应选用较高网目线数；看户外广告宣传画时图像离我们的眼睛远，可以选择较低的网目线数，用较大的网点复制图像。

例 2-2 　已知看画报时的观察是 250mm，看户外广告的观察距离是 2m，对这两种用途的图像印刷所需的临界网目线数分别是多少？

解：根据式（2-4），画报图像的临界网目线数应为：

$$N = \frac{1700}{D} = \frac{1700}{250}(1/\mathrm{mm}) = 6.8(1/\mathrm{mm}) = 68(1/\mathrm{cm})$$

户外广告图像的临界网目线数应为：

$$N = \frac{1700}{D} = \frac{1700}{2000}(1/\mathrm{mm}) = 0.85(1/\mathrm{mm}) = 9(1/\mathrm{cm})$$

当然这里只是从视力理论推算网目线数，实际印刷生产中，还要根据工业要求，设备和材料的具体情况选用图像加网时的网目线数。

二、视力

视力是眼睛的视网膜辨认物体细节的能力，视力测试表由不同大小的大写字母"E"构成，根据测试表的大小，测试时的观察距离也不相同。对于相同的测试表，应在相同观察距离上（如规定为 2.5m）辨认"E"的开口方向，当眼睛能辨认的"E"越大时，视

力就越差，能辨认的"E"越小，视力就越好。实际上，"E"字的大小排列就是根据人眼能区分的最小视角的原理而设计（图2-8）。大"E"的间隙大，视角也大；小"E"的间隙小，视角也小。

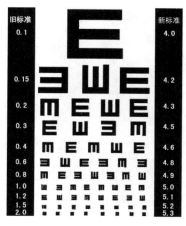

图2-8 视力测试表

从眼睛所能辨认的最小视角可看出，眼睛辨认物体细节的能力与眼睛能辨认的物体对眼睛的视角有关。在视距一定时，眼睛能辨认的物体对眼睛的视角越小，即能辨认的物体越小，则眼睛辨认物体细节的能力越大，视力就越好。眼睛能辨认的视角越大，即能辨认的物体越大，则眼睛能辨认细节的能力越小，视力就越差。所以视力可根据眼睛能分辨的视角进行计算，而且与视角大小成反比关系，即视力 V 可依据下式计算：

$$V = \frac{1}{\alpha} \tag{2-5}$$

用式（2-5）计算得到的视力是一种旧的视力标准，也称为小数记录方法。我国目前采用一种新的表示视力的标准，称为5分记录方法，其计算方法如下：

$$V = 5 - \lg\alpha \tag{2-6}$$

正常眼睛所能分辨的物体的最小视角为1分，所以按旧标准正常视力就是1.0，按新标准正常视力就是5.0。视力测试时，规定了视距和眼睛能辨的物体的大小，这样就可以计算出眼睛能分辨的最小视角和视力（表2-1）。正常眼睛的视角分辨极限介于30′与1′之间，视力低于0.3的人读写困难，低于0.1的视力无能力参加劳动，世界卫生组织规定视力低于0.05的人为盲人。

表2-1 正常照明条件下视距6m所对应的视角与视力

视距 D／m	物体 A／mm	视角 α（角度分）	旧标准视力 V	新标准视力 V
5	0.969	0.6667	1.5	5.2
5	1.118			
5	1.454			
5	1.817			
5	2.908			
5	7.272			

例2-3 已知视距和眼睛能分辨的物体大小（如表2-1），请计算眼睛能分辨的最小视角和视力并将计算结果填入表2-1中。

解：视距为6m，眼睛能分辨的最小物体为1.17mm时（其他的由读者自己完成），能分辨的最小视角为：

$$\alpha = \frac{A}{D} \times 57.3 \times \frac{1}{60} = \frac{1.17}{5000} \times 57.3 \times \frac{1}{60} = 0.6667（角度分）$$

旧标准视力为：

$$V = \frac{1}{\alpha} = \frac{1}{0.6667} = 1.5$$

新标准视力为：

$$V = 5 - \lg \alpha = 5 - \lg 0.6667 = 5.2$$

三、视场

眼睛以视角 α 观察物体时，就形成了圆形面积，把由视角 α 所形成的图形面积称为视场（图 2-9），视场的圆形面积的半径称为视场半径。视场半径 r 与观察距离 D 有密切关系，可表示为：

$$r = \frac{A}{2} = D \times \tan \alpha \qquad (2-7)$$

人眼对颜色的灵敏度与颜色样品的面积，即视场大小有关，在测色仪器中常根据行业观察颜色面积的大小选择小视场 2°（2° 视场）或大视场 10°（10° 视场）。2° 视场对应的视角就是 2°，10° 度视场对应的视角就是 10°。我们可以计算 2° 和 10° 视场对应的视场半径（图 2-10），当观察距离 $D=300$mm，视角为 2° 时，所对应的视场半径为 5.2mm。在相同观察距离时，10° 视场的视场半径为 26.2mm。图像的细节非常丰富，很小的观察面积内就有许多不同的颜色，因此在印刷工业标准中规定颜色测量使用 2° 视场。在配色面积很大时，例如在涂料工业、油墨工业、纺织工业，则使用 10° 视场测量颜色。

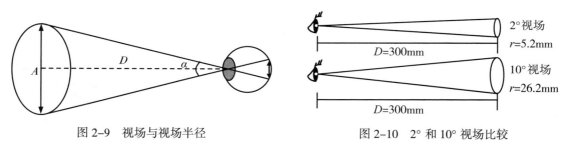

图 2-9　视场与视场半径　　　　　　图 2-10　2° 和 10° 视场比较

第三节　人眼的光谱灵敏度——光谱光视效率

一、光谱光视效率

让我们来观察经过彩色印刷得到的白光色散后的彩色光谱图（见图 1-2），哪些颜色给我们视觉明亮一些，哪些颜色给我们视觉暗一些呢？我们很快就能回答，黄绿明亮些，蓝紫色和红紫色更暗些。事实上人眼不仅是只能感受波长 380nm 到 780nm 范围内的辐射，而且对不同波长的光所引起的亮度感觉也不一样，这称为人眼的光谱灵敏度。人眼的光谱灵敏度也可看作是不同波长的光对人眼具有不同的光视效率，因此，也把人眼的光谱灵敏度称为光谱光视效率。

对每一波长的光保持能量相等，然后通过调节它们的强度，可使它们的亮度与标准白光相等，这样每一不同波长的光都需要增加不同的能量才能在亮度上与白光匹配。结果发现，人眼对波长为 555nm 的黄绿光只需要很少的能量就能与标准白光匹配，所以 555nm 的黄绿光给人最明亮的感觉，具有最高光谱光视效率为 1，其他波长的光达到标准白光亮度所需的能量 $E(\lambda)$ 都与 555nm 的光所需的能量 $E(555nm)$ 相比，

$$V(\lambda) = \frac{E(555nm)}{E(\lambda)} \tag{2-8}$$

其比值 $V(\lambda)$ 就是该波长光的光谱光视效率（表 2-2）。目前颜色测量都以光谱光视效率 $V(\lambda)$ 为基础，这样的测量结果才能真正符合人眼的视觉特性。

表2-2 各波长对应的光谱光视效率

λ / nm	明视觉 $V(\lambda)$	暗视觉 $V'(\lambda)$	λ / nm	明视觉 $V(\lambda)$	暗视觉 $V'(\lambda)$	λ / nm	明视觉 $V(\lambda)$	暗视觉 $V'(\lambda)$
380	0.00004	0.00059	520	0.710	0.935	660	0.0610	0.000313
390	0.00012	0.00221	530	0.8020	0.811	670	0.0320	0.000148
400	0.0004	0.00929	540	0.9540	0.650	680	0.0170	0.000072
410	0.0012	0.03484	550	0.9950	0.481	690	0.0082	0.000035
420	0.0040	0.0966	560	0.9950	0.3288	700	0.0041	0.000018
430	0.0116	0.1998	570	0.9520	0.2076	710	0.0021	0.000009
440	0.0230	0.3281	580	0.8700	0.1212	720	0.00105	0.000005
450	0.0380	0.4550	590	0.7570	0.0655	730	0.00052	0.000003
460	0.0600	0.567	600	0.6310	0.03315	740	0.00025	0.000001
470	0.0910	0.676	610	0.5030	0.01593	750	0.00012	0.000001
480	0.0139	0.793	620	0.3810	0.00737	760	0.00006	0.000000
490	0.2080	0.904	630	0.2650	0.00333	770	0.00003	0.000000
500	0.3230	0.982	640	0.1750	0.00149	780	0.00001	0.000000
510	0.5030	0.997	650	0.1070	0.00067			

以波长作为横坐标，以光谱光视效率作为纵坐标画出的光谱光视效率曲线如图 2-10。从图中的明视觉光谱光视效率曲线可以得知，光谱光视效率的最大值等于 1，对应波长 λ=555nm，该波长的两侧，曲线对称迅速下降。人眼对波长 λ<400nm 的辐射不敏感，波长 λ=400nm，光视效率只有 0.0004。人眼对波长 λ>700nm 的辐射也不敏感，波长 λ=700nm 时，对应的光视效率也只有 0.0041。因而对 380~400nm 和 700~780nm 区域内

的光谱光视效率可以忽略不计。所以教学中常取 400~700nm 为可见光区域，色度计算工作中常取 380~730nm 为可见光区域。

例 2-4，如果有三种光源 A、B、C，它们的相对光谱辐射能量见图 2-11，试分析哪种光源的发光亮度更高？

答：因为根据光谱光视效率，只有在 500~600nm 有大量辐射能量的光源才有更高的发光亮度。所以图 2-11 中三个光源的亮度从高到低的排序是：B，C，A。

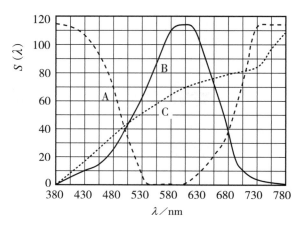

图 2-11　光源的相对能量与明亮比较

二、明视觉和暗视觉

（1）明视觉　明视觉光谱光视效率是在光亮条件下测得的，亮度要求达到 3 坎德拉 /m² 以上。此时起作用的主要是锥体细胞，锥体细胞虽然感光灵敏度较低，但是在光亮条件下，它们的分辨力高，能分辨物体的形状和颜色，所以将由锥体细胞引起的视觉称为明视觉。锥体细胞密集在视网膜中央凹（1~2mm）部位，中央凹 2° 视场内拥有大约 700 万个锥体细胞，该部分的锥体细胞 – 双极细胞 – 视神经细胞是一对一连接的，便于在光亮条件下准确地感受外界光的刺激。中央凹正对着视轴，而且只有 1~2mm 范围，所以在要求高清晰度高分辨力的场合，应采用 2° 视场工作。日常生活中，当我们要看清细小画面和文字图形时，总要移动自己的眼睛，调整视轴，使中央凹正对所观察的对象，才能看清细小物体。

（2）暗视觉　在中央凹周围的视网膜上分布着约 1 亿个杆状细胞。杆状细胞虽然细而长，但是它们是几个甚至几十个杆状细胞与一个双极细胞相连接，所以可接受微弱光线的刺激，将几十个杆状细胞感受到的光相加后传递给神经细胞，从而在弱光下也能辨认物体的明亮程度，但是不能分辨物体的颜色。这种在弱光下由杆状细胞引起的视觉就称为暗视觉。生活中，很多情况都是暗视觉发生作用，例如我们能在夜晚微弱的星光下看清事物，在暗室能辨认桌椅和物体，但看不见颜色。这些都是暗视觉的形成，主要是视网膜上杆状细胞作用的结果。

CIE1951 年又规定了暗视觉光谱光视效率 $V'(\lambda)$（表 2-2），暗视觉光谱光视效率曲线与明视觉光谱光视效率曲线相比较，两条曲线形状相似（图 2-12），光谱光视效率的最大值虽然都是 1，但实际上对相同的辐射能量，杆状细胞

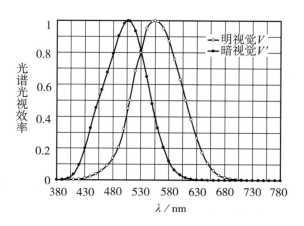

图 2-12　光谱光视效率曲线

的反应灵敏度比锥状细胞强 100~200 倍。暗视觉光谱光视效率峰值向短波方向偏移到 507nm，即在光亮小于 10^{-3} 坎德拉 /m^2 的条件下，暗视觉对 λ=507nm 的蓝绿光辐射给人的感觉最明亮，但对红紫光更不敏感。相对于锥状细胞来说杆状细胞的最大光谱光视效率向短波方向移动的事实，在日常生活中也能感觉得到。例如，在日光下只有锥状细胞起作用，我们看到的红花和蓝花都有相同的亮度。而在较暗的光线下观察，它们将呈现不同的亮度，即蓝花显得比红花更亮。

印刷、包装、设计工作都是与颜色打交道，所以在这些领域应使用明视觉光谱光视效率 $V(\lambda)$，几乎不使用暗视觉光谱光视效率 $V'(\lambda)$。

第四节　颜色视觉理论

上一节已介绍了视觉的一些特性，但是远没有涉及视觉的颜色特性，前面章节虽然已经讨论了颜色视觉形成的四大要素光、物体、眼睛和大脑，但颜色视觉的形成是非常复杂的。它包括物理、生理和心理几个科学领域。光源和物体的反射光或透射光对人眼的作用就是物理刺激（图 2-13），能够用仪器测量出光源的相对光谱能量分布和物体反射率或透射率。眼睛这个视觉系统则是生理学研究的范畴，通过角膜、瞳孔和视网膜接收外来物理刺激，并将这种刺激通过视神经传递给大脑。大脑对接受的信息进行加工、记忆、对比、分析判断后得到颜色感觉。所以"颜色感觉"不仅有外界物理刺激和眼睛这个生理系统存在，而且常常会受到心理作用而发生变化。本节将主要讨论颜色视觉形成的原理，颜色视觉的心理属性和引起颜色视觉发生变化的几种现象。

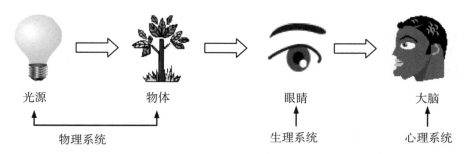

光源　　　　　物体　　　　　　眼睛　　　　　　大脑

物理系统　　　　　　　　生理系统　　　　　心理系统

图 2-13　颜色视觉涉及的学科

一、三色理论

从视网膜的结构已经知道，明视觉下的锥体细胞具有高分辨力，不仅能分辨物体的形状，而且能分辨物体的颜色。那么，锥体细胞是根据什么原理感受不同颜色的呢？人眼可感受可见光的每一单色波长的光，那么视网膜上是不是具有这么多种锥体细胞呢？回答是否定的。因为我们已经知道，不是每一种具有不同光谱组成的辐射能产生不同的颜色感觉，这可从以下事实来回答。

例如，如果我们发射波长大于650nm的单色光，我们的颜色视觉则与波长无关，始终只有相同的颜色视觉，这就是说，锥状细胞不能区分该波长范围的单色光。同样锥体细胞在有些情况下也不能区分光是单色的还是由多个不同波长组合的，即不同的光谱组成成分可能具有相同的颜色视觉，例如：我们已经熟悉的白光可能有以下几种不同的光谱组成成分：可由380~780nm范围内的所有单色光谱刺激组成，可由490nm和600nm两个单色光谱刺激以2:1比例组成，可由493nm和620nm单色光谱刺激以1:1的比例组成。白光还可有多种不同的光谱组成成分。可见同一种颜色视觉，可以存在多种不同的光谱组成成分，这种颜色视觉常称为条件相同色或同色异谱色。

根据以上事实得出一个结论，我们的视网膜上不存在着与单色光谱刺激对应的多种类型的锥体细胞，那么颜色视觉究竟根据什么机理形成的呢？我们从色盲现象入手进行解释，所谓色盲就是对某一种颜色呈色弱或完全没有的感觉。经过大量试验证明色盲只与三种颜色有关，即红色、绿色和蓝色，相应地存在着红色盲、绿色盲和蓝色盲，绝不会有黄色盲或青色盲等。

色盲是完全缺少某色的感觉器，红色盲完全缺少红色感觉，绿色盲是眼睛对绿色完全无感觉，同理蓝色盲是眼睛对蓝色完全无反应。如果一个人红、绿、蓝三种感觉都缺乏，这种现象就是全色盲，全色盲的红、绿、蓝三种颜色感觉器都不起作用，只有锥体状细胞起作用，只有明暗感觉。同样红色盲对红色只有明暗感觉，绿色盲对绿色也只有明暗感觉。

色盲现象中主要呈现为红色盲和绿色盲，这些患者的视网膜上缺少红色感受器和绿色感受器，三种颜色感觉器的功能是否健在是可以检测的，例如对红绿色盲者，可以用绿色点组成一头牛，而用红色点组成背景［图2-14（a）］，如果从图案中辨认出"马"就是红绿色盲。这是因为红绿色盲只能分辨红色点和绿色点的不同亮度，相同的点组成的图案像一匹"马"［图2-14（b）］。

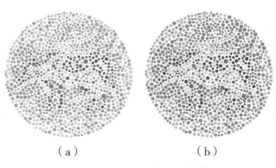

（a）　　　　　　　（b）

图2-14　红绿色盲测试图案

从色盲现象我们可以认为，在人眼的视网膜上只存在着三种不同光谱灵敏度的锥状细胞，即感红细胞、感绿细胞和感蓝细胞，实际上视网膜上这三种感色细胞的假设是英国科学家Thomas Young在1802年提出的。以后科学家们对这三种感色细胞进行了测定，获得了感红细胞、感绿细胞和感蓝细胞各自的光谱灵敏度。Stochman和L.T.Sharpe在2004年获得的2°视场下三种锥体细胞的光谱灵敏度（图2-15），$R(\lambda)$表示感红细胞的光谱灵敏度，

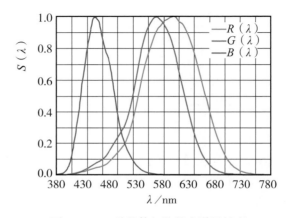

图2-15　三种锥体细胞的光谱灵敏度

$G(\lambda)$ 表示感绿细胞的光谱灵敏度，$B(\lambda)$ 表示感蓝细胞的光谱灵敏度。

从三种锥状细胞的光谱灵敏度曲线可看出，感红细胞并不只是对红光敏感，只是对红光的感受能力更强，感绿和感蓝细胞只是对绿光和蓝光的感觉能力更强。

很明显，今天我们所说的三色学说就是以视网膜上的三种锥状细胞即感红细胞、感绿细胞和感蓝细胞的光谱灵敏度为基础建立的。在 Thomas Young 推出的三种感色锥状细胞之后，1850 年，德国科学家 Hermann vor Helmholtz 对该假设进行了深入研究和充实，他认为感红、感绿、感蓝锥状细胞分别可以产生红、绿、蓝色印象，这三种颜色印象作为颜色信号经视神经传递给到大脑，在大脑混合成总的颜色印象，即颜色视觉，这就是眼睛所看到的颜色。选择红、绿、蓝三种单波长的色光（700nm，546nm 和 435nm）作为基本色光，它们以不同强度的混合可以得到各种不同颜色，这个事实进一步证实了视网膜上三种感色细胞的存在和三色理论的正确性。在 1959 年，George Wald，Paul Brown 等人通过显微测量方式直接证实了单个锥状细胞的存在，这样就使得三色理论成为色光相加混合的坚实基础。

二、对立学说

首先我们来看一些例子，这些例子都是三色学说无法解释的视觉现象。

第一，三色理论无法解释颜色刺激值与颜色感觉之间的差别。有两个具有相同刺激的绿色环（图 2-16），其中一个放在黄色背景下，另一个放在蓝色背景下，我们可以清楚看出，这两个色环给予我们的视觉是不相同的颜色，这说明相同的颜色刺激处于不同的环境中，将导致不相同的颜色视觉。根据三色学说原理，视网膜的锥状细胞接受完全相同的刺激，应该有相同的颜色感觉，但这种情况与该理论相背。所以 Young-Helmholtz 理论不能完全解释颜色视觉的形成。

图 2-16　环境对颜色视觉的影响

第二，三色理论不能解释相互对立的颜色视觉的形成。有些颜色被感觉是相互对立的，特别明显的两对对立色是红和绿、黄和蓝。这两对对立色的对立性表现出以下颜色视觉现象：现象之一是颜色对比。处于在绿色背景上的中性灰色呈现带红色感觉，而处于黄色背景上的灰色却呈现蓝色感觉（图 2-17）。现象之二是负后像。如果我们把眼睛定在红色环上，过几分钟后看白色面积，会在白色面积中感觉到一个绿色的环，称之为负后像。

图 2-17　背景色诱导前景色与自己对立

同样先看一个黄色圆形图案后，再看白色面积，感觉到的负后像是一个蓝色圆形图案。但视觉很快会适应新的颜色，所以这种负后像很快会消失。常将这种出现负后像的视觉现象也叫做颜色适应。现象之三是亮度对比，相同的颜色在黑色背景上看起来比位于白色背

图 2-18　亮度对比

景上更明亮（图 2-18）。具有相同强度的灰色位于黑色背景上的明度更大，而位于浅灰色背景上明度更低。其他颜色也是一样，例如相同强度的黄色位于黑色背景上比位于浅灰色背景上更明亮。现象之四是，混合色在一般人看来不可能由红色和绿色混合，也不可能由黄色和蓝色混合，但是混合色能够被感觉成是红和黄的混合，或绿和黄的混合等。

第三，三色理论不能解释另一种现象是色盲的成对出现。色盲者中大部分都是红绿色盲或黄蓝色盲，很少人是红色盲而不是绿色盲，即一个人如果是红色盲，那么他也是绿色盲；如果一个人是黄色盲，那么他也是蓝色盲。根据三色理论，三种锥状细胞是单独存在的，如果一个人的视网膜上缺少感红细胞，不可能影响到感绿细胞，而事实上红绿色盲是成对出现。

由于三色理论不能解释的以上现象，于是在 1864 年德国生理学家 Ewald Hering 提出了另一种颜色视觉理论，即所谓的赫林四色对立学说。根据上述现象红、黄、绿和蓝这四种颜色显得特别纯，赫林把这些色叫做原色，赫林学说的四个原色中有三个原色选择为光谱色，原色蓝为 468nm，原色绿为 504.5nm，原色黄 568nm，原色红偏紫色选择的是 510nm 的互补色，红－绿是对立色，黄－蓝是对立色。两个对立色按一定比例混合时将抵消各自的颜色效果，产生白色或灰色视觉。

赫林还提出另一对对立色黑－白。这样一个颜色视觉就可以通过三个对立信号形成，红－绿，黄－蓝和黑－白信号。每一个颜色可以同时包含下面某一组颜色成分：红－蓝、红－黄、绿－蓝、绿－黄，即每一个颜色可以由两种原色构成。但是一个颜色不能同时拥有红色成分和绿色成分，也不能同时拥有黄色成分和蓝色成分。正常视网膜上同时存在这样三对独立的感色细胞，如果只缺少红－绿感色细胞，就成为红－绿色盲，如果只缺少黄－蓝感色细胞，则成为黄－蓝色盲，如果既缺少红－绿感色细胞也缺少黄－蓝感色细胞，尽管是全色盲，但是还存在黑－白感色细胞，可以辨别物体的亮度级别，这就很好地解释了色盲现象。

赫林四色学说的最好应用是 NCS 色序系统，该系统中所有颜色就是按红或绿的数量、黄或蓝的数量，再加上黑或白的数量进行排列定位。

三、阶段学说

尽管赫林对立学说合理地解释了以上所述的颜色视觉的一些生理和心理颜色现象，但是对红、绿、蓝三原色能混合产生所有光谱色的现象没有准确解释。而 Young-Helmholtz 的三色学说很好地解释了红、绿、蓝三原色混合现象，却不能解释许多颜色视觉现象，而且，根据三色学说，或者对立学说，大脑只是一个简单的显示器，它只是将眼睛感觉到的刺激传递给大脑，让大脑显示这种颜色刺激。如果大脑仅仅起显示作用，那么视网膜上接受的颜色刺激与大脑显示的颜色视觉就不应该有区别，而且也没有必要在视网膜上区分三种不同的颜色接受器。

Johannes von Kries 将三色学说和对立学说这两种学说相结合创立了阶段学说。根据阶段学说，三色理论发生在视网膜阶段，通过红、绿、蓝锥状细胞产生颜色刺激，所产生的红、绿、蓝信号通过视神经网络传递给大脑。就是在传递过程中，视神经网络可以表现出对立学说描述的现象，在传输过程中将三种锥状细胞信号结合为三种响应：黑－白响应、红－绿响应和黄－蓝响应（图2-19）。红－绿响应是由红、绿锥状细胞输入信号混合产生的。黄－蓝响应中黄色信号是由红、绿锥状细胞的输入信号混合后得到，再与蓝锥体细胞混合产生黄－蓝响应。红、绿、蓝三种锥状细胞受到相同颜色刺激便产生黑－白响应。现在人们进一步认为，在进行颜色比较时，红－绿响应和黄－蓝响应相结合就会产生人类的两个心理颜色属性，即色相和饱和度（见本章第五节）。红、绿、蓝锥状细胞受到等量刺激则产生第三个心理颜色属性——明度。从而在大脑里显示出颜色的心理三属性：色相、饱和度和明度。

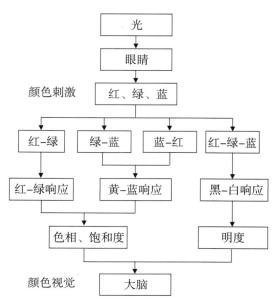

图 2-19　红绿蓝刺激向颜色视觉的转换

　　在从三种锥状细胞刺激向三种对立响应转换时，三色学说的三种锥状细胞的光谱灵敏度曲线也转换成对立学说的相对光谱响应曲线（图2-20）。黑－白响应则与光谱光视效率曲线相同。感红锥状细胞与感绿锥状细胞的光谱灵敏度之差 $R(\lambda)-G(\lambda)$ 就是红－绿响应，$R(\lambda)+G(\lambda)-B(\lambda)$ 等于黄－蓝响应。在黄－蓝曲线上，当黄－蓝响应信号为负值时，呈现的是蓝色，当黄－蓝响应信号为正值时，呈现黄色。在红－绿响应曲线上，当红－绿响应信号为负值时，呈现的绿色，当红－绿响应信号为正值时，呈现的是红色。

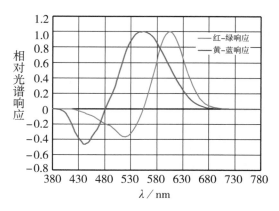

图 2-20　对立学说的光谱响应曲线

第五节　颜色的心理属性

　　首先，我们还是做个试验。假如我们一堆颜色积木，拥有各种不同的颜色，让不懂色彩学的人进行分类。首先肯定会说出一些最普通的颜色，如红、蓝、绿、黄等，他会将这些有颜色的和无颜色的分开，而且会将无彩色的积木按黑、灰、白的顺序进行排列，这就是在按明亮程度即明度的顺序进行排列。然后，他会再排列有颜色的积木，会将红色的放在一起，将绿色的放在一起，将蓝色的放在一起等。这就是按色相进行的排列。他可能还会进一步把每一堆又按明亮程度摆放。结果发现，还有一些积木尽管它们有的色相和明度相同，但是它们之间还是有区别。经过考虑就会意识到，这种差别是彩色与灰色之间的差别，即每个彩色中含有的色量多少，这个量就是颜色的饱和度。每个颜色都可用色相、明度和饱和度表示，这三个量是颜色的心理感觉，所以把色相、明度和饱和度称为颜色的心理三属性。大多数颜色系统是根据心理三属性进行颜色分类、排序，制作色样，并给予每个色样确定标号。

一、色相

色相是用来区分颜色是红、绿、黄还是蓝色的一个视觉特征。可见光谱具有不同的波长、不同波长的光在视觉上呈现出不同的色相，430nm 波长光是蓝色色相，550nm 波长的光的是黄绿色相，物体表面的色相是物体反射光或透射光的各波长辐射量的比例对人眼所产生的感觉。但是具有最大反射率（或最大透射率）对应的波长的色相决定了物体的色相。例如图 1–46 的曲线 A 中，具有最大反射率的波长在 400~500nm，它所表示的颜色呈蓝色；曲线 B 在 500~600nm 具有最大反射率，所以它表示的颜色是绿色色相；曲线 C 在 600~700nm 具有最大反射率，所以它表示的颜色是红色色相。黑、灰、白这样的灰色系列没有色相，常把它们称为中性色。

二、明度

明度是用来判断颜色表面反射光量多少的颜色视觉属性，它是人眼对中性色和各种彩色明暗程度的感觉，即颜色的明度就是人眼感觉到的明暗程度。在某种颜色中加入黑色，其明度降低，加入黑色量越多，明度降低也越多。如果在某色中加入白色，其明度提高，加入的白色越多，明度提高也越多。例如（图 2-21）在青色中逐渐增加黑色，其明度逐渐降低；而在青色中逐渐增加白色，其明度则逐渐提高。对于相同色相的物体表面，反射率越高，其明度也越高。

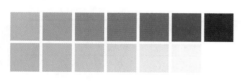

图 2–21　黑色或白色量对颜色明度的影响

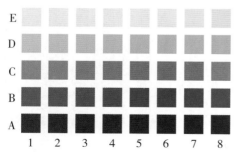

图 2–22　不同明度对饱和度的影响

明度是黑白系列的特征，从一个灰梯尺很容易看出各级之间的明度差别。明度也可用来判断一个彩色与黑白系列中哪一灰色具有相等的亮度感觉（见图 2-22）。与黑白系列一样，颜色越亮，其明度越高。紫色反射光线少，它的明度也小。蓝色比紫色看起来明亮，则蓝色比紫色的明度高。黄色看起来更明亮，所以黄色的明度更高。可以将彩色转换成黑白系列的灰色值，这个灰色值就是彩色的明度：灰色值 = 彩色的明度 = $0.30R+0.59G+0.11B$。其中 R、G、B 分别是彩色的红、绿、蓝分量。将彩色转换为明度，转换公式是否正确，应看转换后的灰色级是否符合人眼的明度视觉特性。两个色相相同、明度不同的彩色，经转换后的灰色值之差应与两色的明度值差相等。这种从彩色到灰色值的转换应用在黑白摄影，黑白扫描输入和黑白电视工作之中。只要将彩色图像转换为黑白图像，就要进行这种转换。

三、饱和度

饱和度是表示彩色纯洁性的颜色视觉属性。颜色中包含的黑色或者白色成分越多（见图 2-22），视觉上就越接近黑色或白色，它的饱和度就越低；相反如果颜色中不含黑色或白色，这个颜色就具有最高饱和度，在视觉上与黑色和白色的差别最大。

例 2-5，在图 2-22 中，哪个颜色的饱和度最大，哪些颜色的明度相同，每一行的最高饱和度大致与 C 行的哪个颜色的饱和度相同。

答：在图 2-22 中，颜色 C8 的饱和度最大。每一行上的所有颜色有相同的明度。A 行中颜色 A8 有最高饱和度，大致等于 C 行中 C2 的饱和度。B 行中的颜色 B8 的饱和度最大，与 C5 的相当。D 行中的颜色 D8 有最大饱和度，与 C5 的差不多。E 行中的颜色 E8 有最高饱和度，相当于 C3 的饱和度。

颜色的饱和度与它所反射的光谱带宽呈反比，反射的光谱带越窄，颜色的饱和度就越高。因此，单色光具有最高饱和度。颜色的饱和度与确定带宽内的光谱反射率呈正比，即在确定带宽内，反射率越高，颜色的饱和度就越高。在彩色网目叠印中，实地色有最高的饱和度。实地青油墨的反射率如图 2-23 曲线 D。减少青色的网点百分比，相当于增加白色成分，此时，颜色的明度增加，但饱和度也降低，反射率如曲线 A、B、C，如果继续减少网点百分比，所有光

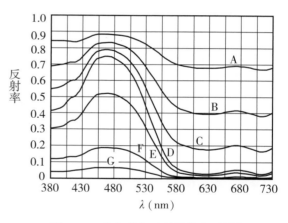

图 2-23 饱和度与反射谱带和反射率

谱反射率都将达到最大，致使饱和度降至最低。在青油墨中逐渐增加黑油墨，其光谱反射率曲线逐渐变平，如图 2-23 中的曲线 E、F、G，直至接近黑油墨的光谱分布曲线，即对所有波长光的反射率几乎等于零，致使饱和度降至最低。

四、心理颜色立体

通过心理三属性色相、明度和饱和度可以描述每一个颜色。我们也可以将色相、明度和饱和度看作一个颜色的三维坐标值，用三维坐标描绘每个颜色的空间位置。用色相、明度和饱和度组成的三维空间称为心理颜色立体。根据所有颜色所能达到的最大饱和度

和最小饱和度，心理颜色立体有下面两种形状。

有人认为中等明度时所有色相的颜色可以达到最高饱和度，随着明度提高和降低颜色的饱和度越来越低，最高和最低明度时，所有颜色的饱和度都等于零，此时就只有白色和黑色。因此心理颜色立体是一个双圆锥形颜色立体（图2-24）。在双圆锥形心理颜色立体中，色相用 H（Hue）表示、明度用 L（Lightness）表示、饱和度用 S（Saturation）表示，因此双圆锥形颜色立体也叫作 HLS 颜色立体，具体表示如下：

明度 L：代表灰色系列的垂直轴被称为明度轴，顶端是明度最高的白色，底端是明度最低的黑色。处于同一水平面上的所有颜色都有相同的明度，白色具有最高的明度，黑色的明度最低。

色相 H：在 HLS 颜色立体中的水平圆周上的不同位置表示不同的色相（红、橙、黄、绿、青、蓝、紫等）。这个由不同色相组成的圆周称为色相环。以明度轴为界，心理颜色立体中的垂直面，即直立的三角形面上的所有颜色都具有相同的色相，只有明度和饱和度的变化。

饱和度 S：心理颜色空间的水平图面上，从圆心到圆周，颜色的饱和度逐渐增加，圆心是中性灰色，其饱和度为零。位于最外圆周上的颜色具有最高饱和度。

这个双锥形的心理颜色立体是一个理想模型，实际心理颜色立体与理想模型有较大差别（见孟塞尔系统）。

也有人认为心理颜色立体类似一个单圆锥体，因为在最高明度时所有颜色才可以达到最高饱和度。随着明度下降，颜色只能达到较低饱和度。最低明度时，所有颜色的饱和度都等于零，因此最低明度时只有黑色。基于这样的分析，心理颜色立体就形成了单圆锥形（图2-25）。用 H 表示色相，B（Brihtness）表示明度，S 表示饱和度，因此单圆锥颜色立体也叫 HSB 颜色立体。

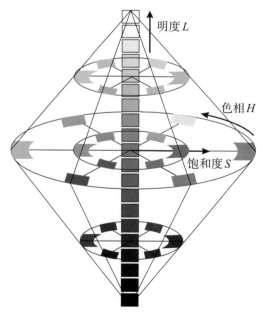

图 2-24　HLS 颜色立体

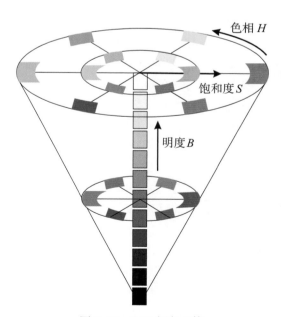

图 2-25　HSB 颜色立体

第六节 颜色混合规律

在实际工作中，我们常需要进行不同颜色的混合工作，例如画家需要将两种不同的色料混合成另一种颜色，油墨制造也需要将两种不同的色料混合成另一种颜色的色料，舞场的灯光布景需将几种不同的灯光混合成另一种颜色的灯光等。这些混合作用都是为了得到另一种颜色，但是前两者混合属于色料混合，后一种属于色光混合，这两种颜色混合所得颜色结果将完全相反。

一、色光混合定律

颜色混合时，为了得到某一颜色，应该选取什么原色，原色的量取多少，这是必须要解决的问题，色料混合所服从的规律相对较少也较简单。本节所述的颜色混合规律只适合于色光混合。为什么把色光混合规律特别提出来描述，其原因是色光混合时，没有光被吸收，混合色的颜色只取决于各原色的颜色刺激，而与它们的光谱分布曲线无关，而且加色法混合是建立 CIE 标准色度系统的基础。

格拉斯曼（Hremann Guenter Grassmamn）在进行了大量试验后，于 1853 年提出了色光混合的几个重要规律，称为格拉斯曼定律。为了理解这些定律，我们首先进行以下尝试，模拟格拉斯曼当初的试验，在白色的屏幕上用黑色隔板分成两部分，用红、绿、蓝三只灯照射到屏幕的一侧。第四支灯光照射的屏幕的另一侧，是待匹配色光，其颜色任意选择（图 2-26），现在我们要通过调节红、绿、蓝三色灯的光强度，使它们在屏幕上的混合色与第四支灯发出的待匹配色相同。格拉斯曼经过反复实验发现，很多颜色可通过三基本色准确地匹配，但是同样也有很多颜色不能通过三基本色匹配。不过这些不能通过三基本色匹配的颜色可以通过另一种辅助方法实现屏幕两侧的颜色匹配，这就是将三基本色灯之一移到待匹配色一边，即用两个基本色混合去匹配待测色和另一基本色的混合，也可得到一致的匹配。通过这些实验，格兰斯曼得到了了以下几个定律：

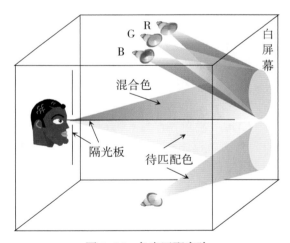

图 2-26 色光匹配实验

（1）人的视觉只能分辨颜色的三种变化：明度、色相和饱和度。

（2）补色律：每一种颜色都有一个相应的补色。只要一种色光与另一种色光混合产生白色，这两种色就为互补色。例如红光和青光混合就能产生白光，所以红光和青光是一对互补色。

（3）中间色律：任何两个非补色混合，便产生外貌位于这两个色之间的中间色，中间色的色相靠近混合比例较大的颜色。例如，4 份红和 10 份蓝混合，产生的混合色的色相靠近混合比例较大的蓝色（图 2-27）。

（4）代替律：颜色外貌相同的光，不管它们的光谱组成是否一样，在颜色混合中可以相互代替，而混合色的外貌保持不变。例如不同光谱组成的两个颜色 A 和 B，它们的外貌相同，可写成

A ≡ B

它们分别与颜色 C 混合，得到的两个混合色的外貌也相同，即

A+C ≡ B+C

式中符号"+"表示颜色混合，"≡"表示颜色外貌相同，或称为颜色相互匹配。

（5）亮度相加定律：混合色光的总亮度等于组成混合色的各颜色的光亮度的总和，这个规律称为亮度相加定律。在日常生活中我们见得较多，比如在夜晚，教室开一盏灯不够亮，两盏同时打开就加大亮度，同时打开的灯越多，教室里就越明亮，这说明了混合色光的亮度就是被混合色光的亮度相加。

4 份红光　　　　10 份蓝光　　　　混合光

图 2-27　混合色的色相靠近比例较大的颜色

二、加色法混合

在实际工作中常把色光混合成作加色法混合。如果将最大强度的红光、绿光和蓝光投影在白色屏幕上，我们看到的混合结果如下（图 2-28）。

红光 + 绿光 + 蓝光 ≡ 白光

红光 + 绿光 ≡ 黄光

红光 + 蓝光 ≡ 品红光

绿光 + 蓝光 ≡ 青光

白光不仅可以由红光、绿光和蓝光混合得到，还可以由以下三种色光混合而得。

红光 + 青光 ≡ 白光

绿光 + 品红光 ≡ 白光

蓝光 + 黄光 ≡ 白光

图 2-28　加色法混合

根据互补色定律，红与青是一对互补色，绿与品红是一对互补色，蓝与黄也是一对互补色。我们再看看原色光红、绿、蓝和混合色光在亮度上的区别。色光混合后，其混合色光的亮度大于原色光的亮度，黄光的亮度高于它的混合色红光和绿光的亮度，品红的亮度高于它的混合色红光和蓝光的亮度，青光的亮度也高于它的混合色绿光和蓝光的亮度，白光的亮度高于所有原色和其他色光的亮度。所以有习惯说法"色光相加，越加越亮"，就是说被混合的色光越多，其结果是越来越明亮。这也证明了亮度相加定律。

加色法也可从混合色和被混合色的光谱成分说明，即混合色的光谱范围是被混合色的光谱范围的简单相加。先看以下一些例子（图 2-29）。红光与绿光相加时，红光的波长范围是 600~700nm，绿光的波长范围是 500~600nm。红光和绿光混合得到黄色光，而黄光的波长范围是 500~700nm。可见混合色黄色光的光谱波长范围是红光和绿光的光谱波长范围的简单相加，所以混合色黄色光的亮度更大。同样，蓝色光和绿色光混合后，得到青色光。青色光的光谱波长范围大于蓝色和绿色光的波长范围，而且是蓝色和绿色光的波长范围的简单相加，所以青色光的亮度更大。这些例子说明，色光加色法的混合色是被混合色的光谱成分的简单叠加。

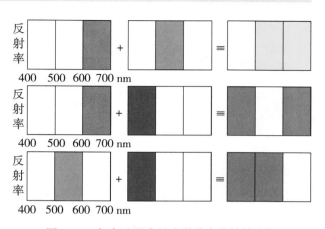

图 2-29　加色法混合是光谱分布的简单迭加

前面的色光相加混合都是以三原色光红、绿、蓝以最大能量混合，所得到的混合色也是具有最大强度。我们也可通过分别改变红、绿、蓝的比例，得到不同强度的混合色，即可以通过红、绿、蓝三原色光的不同强度混合得到自然界的任何颜色，包括从黑到白的原色。所以常把红、绿、蓝三色光称为称为色光混合三原色。

加色法混合不仅可以通过红、绿、蓝三色灯光投影实现，还可以其他方法实现。下列方法是实现加色法混合的典型例子。

（a）通过颜色转盘的高速旋转实现。颜色转盘也叫马克斯韦（Maxwell）颜色转盘（图 2-30），它由马达、圆形转盘和颜色区转盘构成，在颜色区转盘的外环上调节红、绿、蓝色面积的比例，内部圆是要匹配的颜色。在马达的带动下，外环的红、绿、蓝扇形也高速旋转，虽然红、绿、蓝颜色分先后到达眼睛，但是大脑具有暂存记忆功能，使得先后看到的颜色在大脑里形成一种混合色。如果整个转盘上的颜色一致就说明外环上的红、绿、蓝三原色量的混合可以匹配内部圆上的颜色。

（b）通过不同颜色的点以小于视觉分辨率的距离相互排列而实现。例如，印刷网点的排列（图 2-31），因为青、品红和黄色网点相互之间距离很小，小于 1 角度分，所以它们反射的光线到达人眼之前已经成为混合色光。彩色显示器和彩色电视机所显示的彩色图像是靠红、绿、蓝三色荧光粉发光而形成。三色荧光粉按红、绿、蓝顺序相间排列（图 2-32），相邻荧光点间的距离小到人眼不能分辨，发射出的色光也是在到达人眼之前就已经相互混合而形成混合色光。

图 2-30　马克斯韦颜色转盘

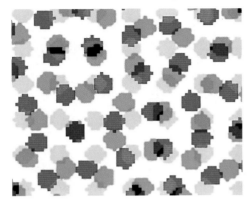

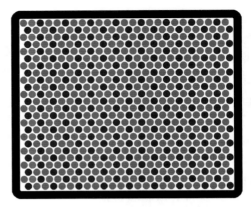

图 2-31　印刷网点的排列　　　　图 2-32　显示器荧光粉的排列

三、减色法混合

　　颜色混合实际工作中，常将色料混合叫做减色法混合，如果将青色、品红色和黄色这三种颜料涂在白纸上我们就能看到减色法混合的结果如图 2-33。

　　　　青色 + 品红 + 黄色 ≡ 黑色

　　　　青色 + 品红 ≡ 蓝色

　　　　青色 + 黄色 ≡ 绿色

　　　　品红 + 黄色 ≡ 红色

黑色不仅可以通过青色、品红和黄色三种颜色得到，还可以通过以下三种组合得到：

　　　　青色 + 红色 ≡ 黑色

　　　　品红 + 绿色 ≡ 黑色

　　　　黄色 + 蓝色 ≡ 黑色

图 2-33　减色法混合

如果青色、品红色、黄色水性颜料用透明的水稀释，就可以通过青、品红、黄的不同比例混合出所有其他颜色，而通过其他颜色混合都得不到青色、品红色和黄色，因此我们把青色、品红色、黄色称为减色法混合的三原色。

　　比较减色法混合色与三原色的亮度，发现正好与加色法混合相反，混合色的亮度都低于三原色亮度。青色和品红色混合得到蓝色，蓝色的亮度低于青色和品红色，同样绿色的亮度低于它的被混合色青色和黄色的亮度，黑色低于青色、品红和黄色的亮度。被混合的色料越多，混合色的亮度就越接近黑色。所以有"色料混合，越加越暗"的说法，"减色法"就是因为混合色的亮度减少而得名。各种彩色油墨的混合、颜料的混合、涂料的混合都属于减色法混合。

　　也可从光谱反射率说明减色法混合后亮度的减少（图 2-34）。理想的青色油墨反射波长为 400~600nm 的色光，反射范围占整个可见光谱范围的三分之二，吸收 600~700nm 的色光。品红油墨反射 400~500nm 和 600~700nm 的色光，反射范围也占整个可见光谱范围的三分之二，吸收 500~600nm 的色光。青色和品红色的光谱重叠范围是 400~500nm，这个光谱范围内的反射率相乘等于 1，其他波长上的光谱反射率相乘为 0，所以青色和品红色混合后从白光中减去了三分之二的光谱，只反射了整个可见光谱范围的三分之一，即蓝色。再看看青色和黄色的混合，青色和黄色的光谱重叠范围是 500~600nm，这个光谱范围内的反射率相乘等于 1，其他波长上的光谱反射率相乘为 0，所以青色和品红色混合后从白光中减去了三分之二的光谱，只反射了整个可见光谱范围的三分之一，即绿色。理想的色料三原色青色、品红和黄色混合时没有光谱重叠，各个波长上的反射率相乘结果都等于 0，所以混合色结果是黑色，吸收 400~700nm 所有可见波长的光，即吸收了三原色的各自吸收区的色光。这就说明，减色法混合是光谱反射率的相乘，或者说是从白光中减去了各个被混合色吸收区的色光，剩余色光就组成了混合色。所以被混合的色料越多，从白光中减去的色光也越多，剩余的色光就越少，混合色的亮度就越低。

减色法是彩色印刷的基础，可通过多种方法实现。例如：

（1）可通过彩色色素混合实现，如颜料、染料等的混合。

（2）可通过彩色液体混合实现，如喷墨打印机的彩色墨水的混合。

（3）可通过彩色薄膜叠加实现。即通过透明的彩色薄膜相互重叠而实现减色法混合。

加色法和减色法之间的本质区别在于混合时是否有光被吸收，假如我们有两张颜色不同的滤色片［图 2-35（a）］，用一台投影仪，让白光通过这两张滤色片并投影在白色屏幕上，就会出现了减色法形成的颜色，而滤色片投影后所形成的光谱曲线就是两滤色片透射率的乘积［图 2-35（b）］，

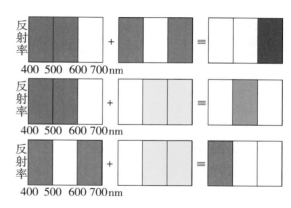

图 2-34　减色法混合是光谱反射率的相乘

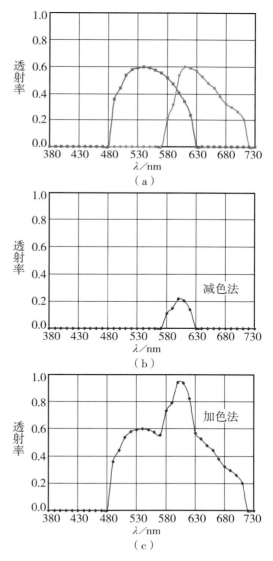

图 2-35　滤色片的加色与减色混合

通过两透射率的相乘，减去无重叠光谱部分的光线。如果我们用两台投影仪分别让白光通过这两张滤色片，让它们在白屏幕上重叠，这时出现加色法形成的颜色，它的光谱曲线是两张滤色片透射率的相加［图 2-35（c）］，光谱范围是两张滤色片的光谱范围之和，光谱透射率是两滤色片的光谱透射率之和，混合色的亮度增加。

加色法与减色法的另一明显区别在于混合色的饱和度。加色法混合时，混合色的饱和度总是小于各原色的饱和度，而在减色法混合时正好相反，混合色的饱和度总是大于各原色的饱和度。加色法混合时混合色的光谱范围变宽，所以饱和度降低。减色法混合时混合色的光谱范围变窄，所以饱和度提高。因为通过加色法混合时，不可能提高饱和度，因此加色法的基本色（原色）应该具有尽可能高的饱和度，这就是 CIERGB 系统的红、绿、蓝三原色采用单色光的原因（见第四章）。

减色法混合时，首先要考虑各基本色（原色）的光谱反射具有一定的重叠范围，如果没有光谱重叠范围这个前提，就不可能产生混合色。假如有两个减色法的原色，一个光谱反射率范围是 400~500nm，另一个是 500~600nm，它们之间没有相同的光谱反射范围，相减混合的结果是黑色，不可能产生其他颜色。

项目型练习

项目一：使用 HLS 颜色模式编辑颜色

1. 目的：熟悉 HLS 颜色立体的结构；会在 HLS 颜色模式中编辑具有相同心理颜色属性的颜色，例如编辑具有相同饱和度的颜色等。

2. 要求：

（1）制作饱和度 $S=100$，亮度 $L=50$，色相角按等差变化的颜色平面；

（2）制作饱和度 $S=100$，亮度 $L=25$，色相角按等差变化的颜色平面；

（3）制作饱和度 $S=100$，亮度 $L=75$，色相角按等差变化的颜色平面；

（4）$S=0$，亮度 L 等差变化的灰色梯尺；

（5）将以上颜色平面和灰色梯尺组合成如图 2-36 所示的 HLS 颜色立体。

3. 提示：制作图形、填充颜色和组合成颜色立体都可在 CorelDraw 中进行。

项目二：使用 HSB 颜色模式编辑颜色

1. 目的：熟悉 HSB 颜色立体的结构；会在 HSB 颜色模式中编辑具有相同心理颜色属性的颜色，例如编辑具有相同饱和度的颜色等。

2. 要求：

（1）制作饱和度 $S=100$，明度 $B=100$，色相角按等差变化的颜色平面；

（2）制作饱和度 $S=100$，明度 $B=50$，色相角按等差变化的颜色平面；

（3）$S=0$，亮度 B 等差变化的灰色梯尺；

（4）将以上颜色平面和灰色梯尺组合成如图 2-37 所示的 HSB 颜色立体。

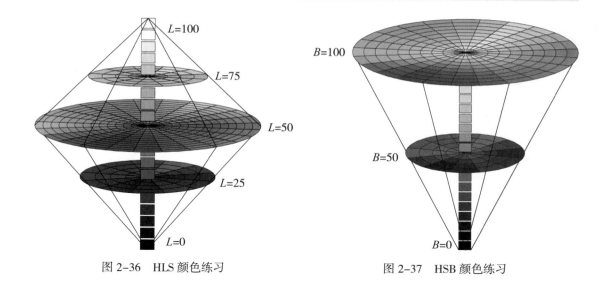

图 2-36　HLS 颜色练习　　　　　　图 2-37　HSB 颜色练习

3. 提示：制作图形、填充颜色和组合成颜色立体都可在 CorelDraw 中进行。

项目三：颜色心理三属性辨别

1. 目的：学会识别和综合运用色相、明度和饱和度的概念。

2. 要求：判别出图中有几种不同的色相，每种色相有几级不同的饱和度和亮度，并重现彩图。

3. 提示：先判图 2-38 中包含的颜色共有几种不同的色相，每种色相有几级不同的

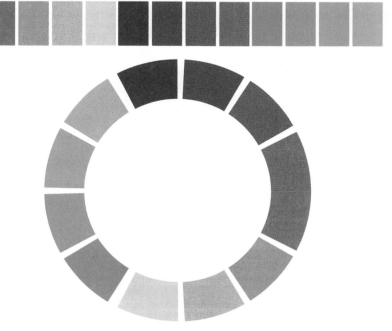

图 2-38　颜色三属性的识别和运用

饱和度和亮度，然后调用文件"色相辨识图"填充各空缺处的颜色。用 HLS 或 HSB 颜色模式填充颜色。

知识型练习

1. 眼球壁最内层是 _____，它相当于 _____，起 _____ 作用。
2. 瞳孔相当于 _____，其大小由相当于 _____ 的虹膜控制。
3. 眼睛内部起成像镜头作用的是 _____，睫状肌起调节 _____ 的作用。
4. 起保护眼球作用的是 _____。
　　A 虹膜　　　　　　　　B 晶状体　　　　　　C 视网膜　　　　　D 角膜
5. 视细胞层包含 _____ 和 _____ 两类细胞。
6. 能在明亮条件下分辨颜色与细节的细胞叫 _____。
　　A 锥状细胞　　　　　　B 杆状细胞　　　　　C 双极细胞　　　　D 视细胞
7. 不能辨别颜色，能在较暗条件下分辨物体的叫 _____。
　　A 锥状细胞　　　　　　B 杆状细胞　　　　　C 双极细胞　　　　D 视细胞
8. 在光亮条件下，能分辨物体颜色的是 _____。
　　A 明视觉和杆状细胞　　　　　　　　　　B 暗视觉
　　C 明视觉和锥状细胞　　　　　　　　　　D 暗视觉和锥状细胞
9. 下面说法不正确的是 _____。
　　A 在光亮条件下，明视觉起作用
　　B 在暗条件下，明视觉和暗视觉同时起作用
　　C 在暗条件下，只有明暗感觉，不能分辨颜色
　　D 杆状细胞在暗条件下不能分辨颜色和细节，只有明暗感觉
10. 光谱光视效率是等能量不同波长的光对眼睛的 _____ 程度。明视觉下 _____ nm 的光最明亮。
11. 根据视见函数，等能量时最明亮的光是 _____。
　　A 红光　　　　　　　　B 黄绿光　　　　　　C 紫色光　　　　　D 蓝光
12. 物体的大小对眼睛所形成的张角称为 _____。
13. 图 2–39 中 $b=17\text{mm}$ 是 _____ 到 _____ 之间的距离；α 称为 _____。

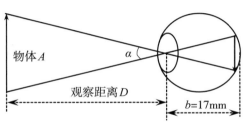

图 2–39

14. 人眼可分辨的最小视角为 _____ 。

    A 0.1 角度分　　　　　　 B 1 角度分　　　　　 C 1 度　　　　　 D 2 角度分

15. 视觉辨认物体细节的能力称为 _____ ，以视觉所能分辨的 _____ 的倒数表示。

16. 已知加网线数是每英寸 175l，求两相邻网点中心间的距离和所适合的观察距离。

17. 正常视力为 1.0，则能分辨的视角为 _____ 。

    A 1.5 角度分　　　　　 B 2.0 角度分　　　　 C 0.9 角度分　　　 D 1.0 角度分

18. 视角所对应的圆的面积称为视场，其半径与观察距离 _____ 。

    A 呈正比　　　　　　　 B 呈反比　　　　　 C 无关　　　　　 D 关系不大

19. 视网膜上含有 _____ 、_____ 和 _____ 三种不同类型的锥体细胞，又称作三种视色素，红视色素感受 _____ 光。

20. 感红色素受刺激时，大脑产生 _____ 色感觉，感红感绿色素同时兴奋时，产生 _____ 色感觉。三种锥体细胞受到等量刺激时产生 _____ 色感觉。

21. _____ 只含一种紫红色素，只有明暗感觉，不能分辨颜色。

22. _____ 、_____ 、_____ 是颜色的心理三属性，非彩色只有 _____ 属性。

23. 颜色分成 _____ 和 _____ 两类，其中 _____ 就是中性灰色。

24. 物体表面的光的反射率越高，则 _____ 越高；发光体的亮度越高，则颜色的纯洁性或鲜艳程度可以用 _____ 表示。

25. 在某一颜色中加 _____ ，明度降低；加入 _____ 则明度提高。

26. 用以判断物体颜色是红、绿、蓝，还是他们之间的色彩的感觉属性称为 _____ ；颜色的纯洁性或鲜艳程度可以用 _____ 表示。

27. 物体的色相取决于光源的 _____ 和物体表面的 _____ 特性。

28. 可见光谱中的 _____ 是最饱和的彩色。

    A 白光　　　　　　　　 B 混合色光　　　　 C 单色光　　　　 D 白光和单色光

29. 反射光谱带 _____ ，反射率 _____ ，则该色越饱和。

30. 图 2-40 曲线 _____ 的饱和度最高。图 2-41 曲线 _____ 的饱和度最低。

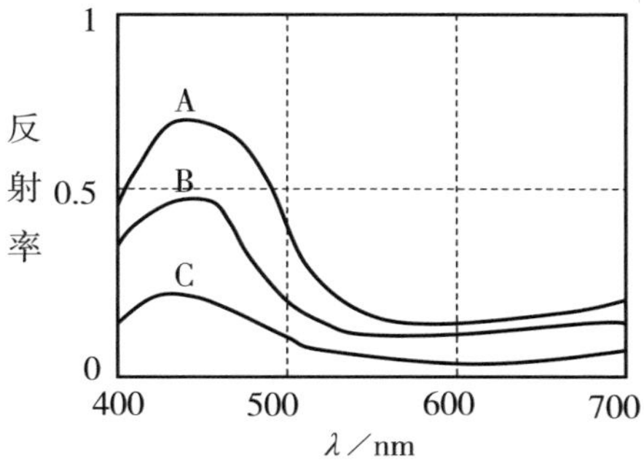

图 2-40 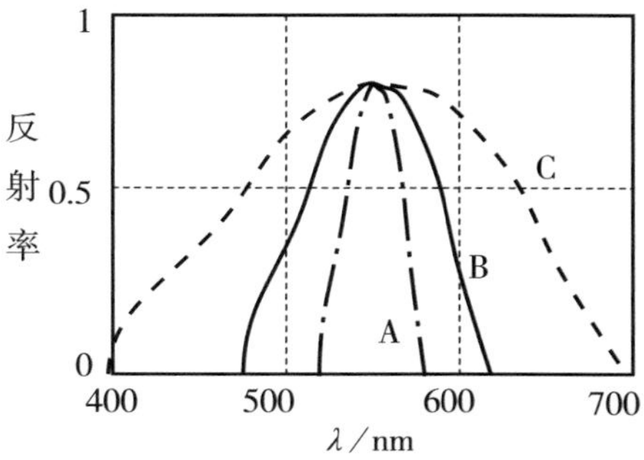　　　　　　　　　　　　　　　　图 2-41

31. 图 2-42 的心理颜色立体中垂直轴 L 表示 _____ 、射线 S 表示 _____ 、圆环 H 表示 _____ ；图 2-43 中 H 表示 _____ ，S 表示 _____ ，B 表示 _____ 。

32. 心理颜色立体的同一水平面上所有颜色的 _____ 相同。

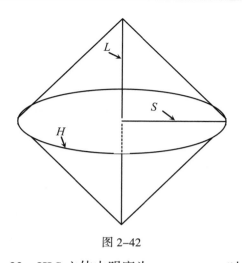

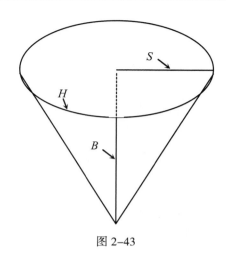

图 2-42   图 2-43

33. HLS 立体中明度为 _____ 时，颜色能达到的饱和度最大；在 HBS 立体中明度为 _____ 时，颜色能达到的饱和度最大。

34. 色相相同的所有颜色位于同一 _____ 上。
    A 水平面   B 由明度轴到色相环某点构成的三角形垂直面
    C 圆心到圆周的射线   D 都不是

35. 在心理颜色立体中，饱和度最高的颜色位于 _____ 上。
    A 圆周   B 圆中心   C 立体的两个端点   D 都不是

36. 格拉斯曼定律是 _____ 。
    A 互补色定律   B 色光混合定律   C 色料混合定律   D 中间色定律

37. 一种色光与另一种色光混合能产生 _____ ，这两种色光就是互补色。任何两个非互补色混合，便产生中间色，其色相靠近 _____ 的色光，该定律叫 _____ 。

38. 代替律是指 _____ 。
    A 外貌相同的色光，无论光谱组成是否一样，在颜色混合中可相互替代
    B 外貌相同的色光，只要光谱组成不一样，在颜色混合中不可相互替代
    C 外貌相同的色光，在颜色混合中不可相互替代
    D 光谱组成相同的色光，在颜色混合中可相互替代

39. 混合色光的总亮度 _____ 组成混合色的各色光亮度的总和。
    A 小于   B 大于   C 小于或等于   D 等于

40. 颜色混合三定律指的是 _____ 、 _____ 、 _____ 。

41. 颜色视觉就可以通过 _____ 、 _____ 、 _____ 三个对立信号形成，这个理论被称为对立学说，也叫做 _____ 。

42. 关于颜色形成的阶段学说理论，不正确的说法是 _____ 。
    A 视网膜上存在红、绿、蓝三种锥状细胞，三色理论发生在视网膜阶段
    B 对立学说描述的现象发生在三种锥状细胞的传输过程中
    C 红 - 绿响应和黄 - 蓝响应结合就会产生色相和饱和度
    D 红、绿、蓝锥状细胞的等量刺激则结合为黑 - 白响应，在大脑里显示出明度

43. 色光混合后，混合色的 _____ 是每个组成色的 _____ 的相加，故称为 _____ 定律。

44. 色光混合的三原色是 _____、_____、_____。

45. 色料混合后，混合色为光源的光谱成分减去被几种色料 _____ 的光谱成分后所剩余的 _____ 引起的颜色视觉，又称为 _____。

46. "越加越亮"是指 _____ 时，加入的 _____ 越多，则混合色的 _____ 越高。
"越加越暗"是指 _____ 时，加入的 _____ 越多，则混合色的 _____ 越暗。

47. 色料混合的三原色是 _____、_____、_____。

48. 图 2-44 属于 _____ 混合，其混合色的色相是 _____ 色；图 2-45 属于 _____ 混合，混合色的色相是 _____ 色。

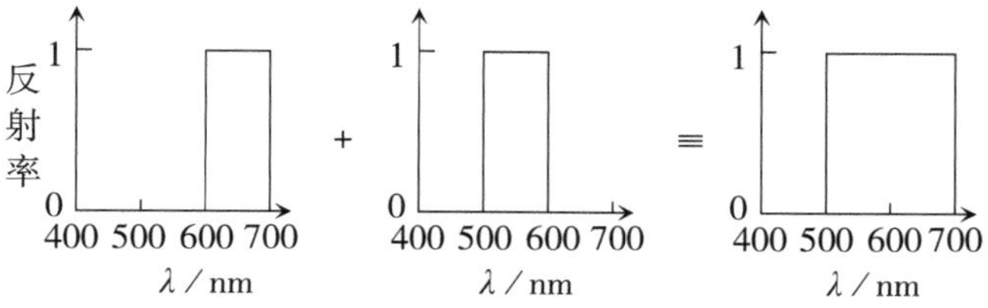

图 2-44

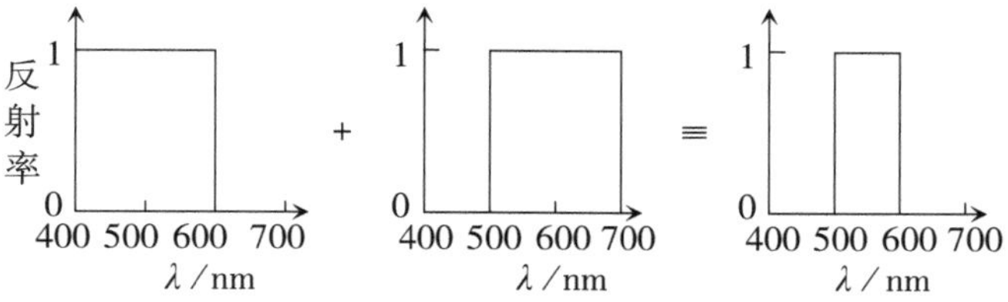

图 2-45

49. 关于减色法混合正确的说法有 _____。
A 各原色的光谱反射必须具有一定的重叠范围
B 混合色的饱和度总是大于各原色的饱和度
C 减色法混合时混合色的光谱范围变窄，所以饱和度提高
D 混合色的亮度总是小于各原色的亮度，所以有"越加越暗"的说法

50. 不属于加色法混合的是 _____。
A 色光混合　　　　　　B 颜色转盘混合　　C 彩色显示器　　D 三色油墨叠印

51. 关于加色法混合正确的说法有 _____。
A 各原色的光谱反射必须具有一定的重叠范围
B 各原色应该具有尽可能高的饱和度
C 混合色的光谱范围变宽，所以饱和度降低
D 混合色的亮度等于各原色的亮度之和，所以有"越加越暗"的说法

52. 先看到的颜色对后看到的颜色所造成的颜色视觉变化称为 _____，但它很快会消失，这种视觉现象叫做 _____。

53. 显示器从 5000K 调到 9300K，最好要过几分钟才能用于正确评价颜色，这是因为眼睛具有 _____。

    A 颜色适应性   B 对比性   C 恒常性   D 颜色对比性

54. 相同明度的灰色，在 _____ 背景上显得深一些，在 _____ 背景上显得淡一些，这种现象叫 _____。

55. 颜色的背景色不同，它的颜色视觉倾向于背景色的补色，这种现象叫 _____。

56. 下面的视觉现象 _____ 属于颜色对比，_____ 属于负后像，_____ 属于亮度对比。

    A 处于在绿色背上的中性灰色呈现带红色感觉，而处于黄色背景上的灰色却呈现蓝色感觉

    B 看一个黄色圆形图案后，再看白色面积，会感觉到一个蓝色的圆形图案

    C 相同强度的黄色位于黑色背景上比位于浅灰色背景上更明亮

    D 相同强度的灰色位于黑色背景上比位于白色背景上更明亮

第三章

几个重要的色序系统

知识目标

1. 理解孟塞尔颜色立体和图册构成。
2. 掌握孟塞尔颜色的编号方法。
3. 了解自然色系统的构成。
4. 了解自然色系统的颜色编号方法。
5. 掌握 RDS 系统的颜色编排规律。
6. 掌握印刷色谱的制作过程。
7. 掌握印刷色谱的使用方法和使用前提。

能力目标

1. 熟练使用孟塞尔颜色编号查找颜色。
2. 会使用 RDS 系统设计颜色。
3. 熟练使用 CMYK 颜色空间编辑颜色和制作 CMYK 色谱的数字文档。

学习内容

1. 孟塞尔颜色立体构成。
2. 孟塞尔颜色编号。
3. 孟塞尔图册构成与使用。
4. 自然色系统的构成与编号。
5. 印刷色谱的组成与制作过程。
6. 印刷色谱的使用方法和使用前提。

重点：孟塞尔颜色编号，孟塞尔图册构成与使用；印刷色谱的组成与制作过程，印刷色谱的使用方法和使用前提。

难点：印刷色谱的组成与制作过程。

第一节　显色表示系统的特征

自然界中颜色繁多，色彩学研究的一个任务之一，就是要研究千千万万种颜色的表示方法，有利于人们区别颜色和应用颜色。目前所使用的颜色表示方法可以分成三类：习惯表示法、显色表示系统和混色表示系统。在日常生活和工作中，我们习惯通过颜色的惯用名来表示颜色，如红、桃红、浅绿、草绿、天蓝、淡蓝、淡黄、金黄、土黄等。这种习惯法只能对颜色的外貌、明暗进行不准确的描述，而且随着人眼的分辨能力和对颜色的理解程度不同，名称不能统一。特别是这种习惯表示法只能表示出有限的颜色数量，因此这种颜色表示法的应用很有限，不适应现代科技，如计算机技术和测量控制技术对颜色表示的要求。显色表示系统是在大量收集各种色样的基础上，根据颜色外貌的心理感受，将颜色进行有系统、有规律的排列，并给每个颜色一个标记（即固定的空间位置）而形成的颜色样品集。如，孟塞尔颜色系统、自然色系统等。混色系统是以红、绿、蓝三原色为基础，以颜色匹配实验为出发点建立的颜色表示系统。CIE 标准色度系统就属于混色表示系统，它能定量表达和测量每一个颜色。

显色表示系统可以理解为是许多颜色样品的集合，但是这个颜色样品集合必须具有以下特征或条件：

① 显色表示系统中的颜色样品必须按视觉特性编排，例如可以按照颜色的心理特性：色相、明度、饱和度的大小顺序排列（因此也叫色序系统），并且颜色集合能形成一个颜色空间（颜色立体）。

② 颜色样品的排列顺序尽可能反映色彩感觉等距的特点，即任意位置上相邻两个颜色都应在视觉上保持色彩感觉差相等，使得整个系统中颜色的色相、明度和饱和度在视觉上的变化都是均匀一致的。

③ 颜色样品的数量应尽可能多、颜色范围尽可能广。目前显示表示的系统颜色样品的数量在 550~1700。

④ 为了区分不同颜色，每个颜色样品都应有按一定规律安排标号，以便使用颜色样品时，用标号传递颜色，避免工作中直接传递颜色时颜色信息的失真。

由于以上条件的限制，使得某些颜色集不能属于显色表示系统。例如彩色混合系统和普通四色印刷色谱都不属于显示表示系统，它们都没有视觉等距收集和编排颜色样品。均匀颜色表示空间 CIELAB 和 CIELUV 也不是显示表示系统，因为这些颜色空间没有收集相应的颜色样品。

显色表示系统在彩色设计和彩色印刷、印染领域有广泛的应用价值。首先显色表示系统中的所有颜色样品都是在技术上可以实现的颜色。设计中以显示表示系统中选择的原色样，都可通过彩色复制过程实现；显示表示系统是一种直观的颜色样集，在颜色设计工作中，很方便查阅，在彩色复制工作中，可以直接从视觉上比较原色样与复制色之间的准备程度；显示表示系统中的每个颜色样品都有唯一的标号，彩色设计者和复制者之间可以通过标号传递颜色，不需要直接传递颜色，避免直接颜色信息传递过程中产生的颜色信息失真。

本章将首先介绍两个有名的显色表示系统，一个是在美国广泛应用的孟塞尔系统（Munsell System），另一个是在北欧应用广泛的 NCS 系统（NCS System），再介绍与 CIE 颜色空间关联的 RDS 系统，此外还将介绍印刷和印刷设计中常用的四色印刷色谱。

第二节　孟塞尔系统

孟塞尔颜色系统于 1905 年由美国艺术家孟塞尔（Albert Munsell）教授创立。孟塞尔颜色系统最接近显色系统的条件，它是颜色心理三属性色相、明度、饱和度的实际应用，该系统的颜色编排原则就是色彩感觉等距离，即在该系统中颜色的编排从色相、明度和饱和度三个方向观察都有等间隔感觉，并且每一颜色都以心理三属性给予确定的编号，只是将心理三属性的饱和度用彩度取代。孟塞尔系统是目前国际上使用最广泛的显示表示系统，用于颜料、油墨的制造与使用工作中。

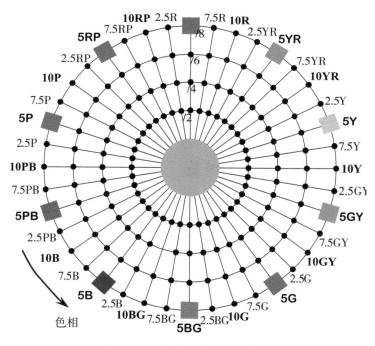

图 3-1　孟塞尔系统中的色相环

一、孟塞尔色相

与心理三属性相同，孟塞尔系统的不同色相也是排列在一个圆环上，每相邻两颜色色相差的感觉相等。首先在圆环上等距离排列 5 个颜色：红（R）、黄（Y）、绿（G）、蓝

（B）、紫（P）。通过相邻两色混合，即红与黄混合（YR）、黄与绿混合（GY）、蓝与绿混合（BG）、紫与蓝混合（PB）、红与紫混合（RP），这样将圆环分成 10 等份（图 3-1）得到 10 个主要色相，分别用 5R、5Y、5G、5B、5P 和 5YR、5GY、5BG、5PB、5RP 表示，再将这 10 个主要颜色进一步混合，使整个圆环上排列 40 个不同的色相。孟塞尔色相用英文字母 H（Hue）表示。

二、孟塞尔明度

孟塞尔系统中将由黑到白的灰色系列共分成 11 个等级（图 3-2），11 个明度级分别用 0/、1/、……、10/ 表示，称为孟塞尔明度值。通常将这些灰色分别称为第 0 级孟塞尔明度，第 1 级孟塞尔明度，……，第 10 级孟塞尔明度。孟塞尔明度值的通式用 V/ 表示。

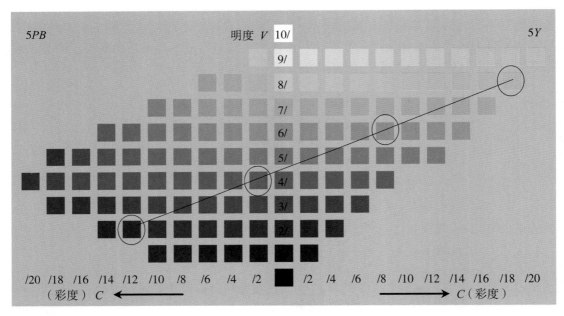

图 3-2　孟塞尔明度和饱和度排列

三、孟塞尔彩度

彩度和饱和度可以说是相近的名词，都是用来描述颜色心理属性的，表示离开相同明度的中性灰色的程度。孟塞尔彩度表示离开孟塞尔明度轴的距离。目前的孟塞尔系统中将一个给定的色相分成 11 个亮度级和 38 个彩度级。38 个彩度级分别用 /2、/4、/6、/8、…、/38 表示，通式表示为 /C。它们按色彩感觉等间距排序，所有色相的颜色只要彩度相同，它们都具有相同饱和度，离开灰色轴的距离相等，含有相同的灰色成分。在孟塞尔系统中，不同色相的颜色，能到达的最大彩度值不相同，例如，7.5PB 最高彩度可达 38 级，而 7.5Y 的黄色最高彩度只能达到 /16 级。不同色相在不同明度上达到最高彩度（图 3-2），例如 5PB 在第四级明度达到最高彩度 /20，而 5Y 色相在第九级明度达

到最高彩度 /20。

例 3-1 在颜色 5PB2/12 和 5Y8/18 之间找出两个在明度和彩度递进的颜色。

解：因为孟塞尔颜色系统是等差系统，明度值和彩度值的递进就是明度和彩度的递进。在图 3-2 中，从 5PB2/12 到 5Y8/18 画一条直线，将直线平均分成三段，如图得到四个点，位于中间的两个点就是需要找的两个在明度和彩度上递进的颜色 5PB4/2，5Y6/8。

四、孟塞尔颜色立体与色谱

与心理颜色立体相同，由孟塞尔色相 H、明度 V 和彩度 C 可以构成孟塞尔颜色立体〔图 3-3（a）〕。明度值表示在垂直轴上，称为明度轴。水平面上表示色相环。相同色相的颜色的彩度从圆心（明度轴）到最外围圆环逐渐增加，称为彩度射线。圆心彩度为零，圆周上彩度最大。由于孟塞尔系统中不同色相在不同明度值上达到最高彩度，所以孟塞尔颜色立体是一个不对称的双锥体，明度轴两侧的颜色数量不相等，色相环也不是理想的圆形。

以孟塞尔颜色立体为基础的色彩集叫做孟塞尔色谱或孟塞尔图册，英语是：Munsell Book of Color〔图 3-3（b）〕，该色谱包括 40 页。每一色相就是色谱中的一页。这些颜色面是 2.5R、5R、7.5R、10R、2.5YR、5YR、7.5YR、10YR、2.5Y、……，等等。每一页中包括相同色相的各级明度和各级彩度的颜色。色谱中的每个色相页面包括 10 个亮度级和 10 个彩度级（ /2、/4、/6、/8、……、/20 等）的颜色。由于不同色相的最高彩度不同，所以孟塞尔色谱中每一页中包括的颜色数量不相等。

孟塞尔色谱中颜色样品是用大约 1.8cm×2.1cm 纸片制作、汇编而成的，有多种不同的版本，购买时需注意使用目的。孟塞尔色谱收集的颜色样品达到 5000 块以上。

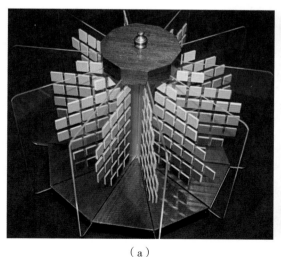

（a）

（b）

图 3-3 孟塞尔颜色立体和孟塞尔色谱

（a）孟塞尔颜色立体 （b）孟塞尔色谱

五、孟塞尔颜色标号

在孟塞尔颜色立体或孟塞尔色谱中，每一颜色都可以通过色相、明度和彩度确定颜色标号，标号的书写方式是色相明度值 / 彩度（HV/C）连写。例如一个颜色的孟塞尔标号为 5YR7/6 时，其中 5YR 表示颜色的色相为偏红黄色，介于红色 10R 和黄红色 10YR 之间，颜色的亮度是第 7 级孟塞尔明度，该色的饱和度是第 6 级孟塞尔彩度。根据孟塞尔颜色标号可以很快在孟塞尔色谱中找到颜色所处的位置，如前面的颜色 5YR 7/6 位于 5YR 这一页上第 7 级明度轴和第 6 级彩度线上。

如果颜色不是彩色而是中性色，孟塞尔标号的写法是：NV/，其中 N 表示是中性灰色，V 还是表示孟塞尔明度级。中性色的彩度为零，所以斜线后不写彩度值。如果一个颜色的标号的 N7/，则说明该色是中性色，亮度是第 7 级孟塞尔明度。

如果一个颜色介于孟塞尔色谱中的两个色样之间，可以采用这两个色的中间数值写出颜色的孟塞尔标号。例如一个颜色的标号为 5PB6.5/9，其中 6.5 表示该色位于第 5 级和第 6 级孟塞尔明度的中间，/9 表示该色的彩度位于第 8 级和第 10 级彩度之间。当需要对彩度低于 0.3 的中性色做精确表示时，采用的表示方式为：NV/（H，C），其中 N 和 V 还是分别表示中性色和明度级，括号中的 H 表示中性色所偏向的色相，C 表示中性色所偏向颜色的彩度。例如，N7（R，0.2）表示该色为中性色第 7 级孟塞尔明度，R 表示该中性色略带红色，其所带红色的彩度为 0.2。

有了孟塞尔色谱和孟塞尔表色方法，可以避免直接颜色传递过程中产生的偏差，颜色工作者之间可以用孟塞尔标号传递颜色。公司标志、国旗等的颜色都可使用孟塞尔颜色的标号，通过颜色标号在设计师、印前制作和印刷工作者之间传递颜色。

孟塞尔系统在颜色的排列上按颜色变化量在视觉上等间隔均匀变化的原则排列，即相邻颜色间的差别在视觉上相等，所以孟塞尔系统是一个等差系统。

第三节　自然色系统（NCS）

瑞典科学家 Hard 和 Sivik 于 1964 年提出了自然色系统（Natural Color System），该显色表示系统主要作为瑞典和北欧一些国家的颜色标准，并在 1979 年出版了 NCS 颜色色谱，类型有 NCS 颜色书，也有 NCS 色卡。NCS 系统并不是使用色相、亮度、饱和度为颜色空间坐标，而是建立在赫林对立学说的基础上，按照颜色外貌与 6 种颜色红 – 绿、黄 – 蓝、黑 – 白的相类似程度排列颜色，所以自然色系统是一种类似度系统。

赫林对立学说的三对对立颜色是红 – 绿、黄 – 蓝和黑 – 白，自然色系统中就是以红、绿、黄、蓝、黑、白这六个心理原色作为判断其他颜色的标准。每一个颜色都根据所包含的六个原色的分量判断：即红色量、绿色量、黄色量、蓝色量、黑色量、白色量。

这六个心理原色是单色相色，它们不能由其他颜色混合得到，即绿色不能通过黄和蓝混合得到。原色红是既无黄色感觉，也无蓝色感觉，是纯红色，原色黄色是既无红色感觉，也无绿色感觉的纯黄色等。黑白是非彩色系列中理想的黑色和白色。

NCS 系统中不是采用色相、明度、饱和度表示和判断颜色，而是用与六种心理原色的"类似度"表示和判断颜色，根据对立学说的特点，与红色相类似的颜色绝不可能同时与绿色相类似，与黄色类似的颜色绝不可能与蓝色相类似。六种心理原色之间无任何类似性，其他颜色都可与这六种心理原色有不同的类似度。

NCS 颜色立体是一个双圆锥体（图 3-4）。垂直轴最下端为黑色，最顶端是白色；中部水平面上的两条轴是红 – 绿轴和黄 – 蓝轴，由黄、红、蓝、绿四种心理原色构成色相环（图 3-5）。

这四个心理原色将色相环分成四等份，即分成四个色相区：Y–R 区，R–B 区，B–G 区和 G–Y 区。每一区又细分为 100 个色相，整个色相环总共可表示 400 个不同色相，在 Y–R 区的 100 个色相是 Y，Y1R，Y2R，…，Y10R…，Y90R，…，Y99R。在 R–B 区的 100 的色相表示为：R，R1B，…，R10B，…，R90B，…，R99B 等。这些色相表示也用作色相标号。在色相标号中，前后两个英文字母是颜色所处的色相区，中间的数字表示该颜色与后面原色相类似的程度。例如，在色相标号 R30B 中，字母 RB 表示该颜色位于 R–B 色相区，30 表示该颜色与蓝色 B 的类似度为 30%，而与前面的红色 R 的类似度则为 70%。

NCS 颜色立体中的垂直剖面的左半侧和右半侧都是三角形，称为 NCS 颜色三角形（图 3-6）。NCS 颜色三角形由心理原色白（W）、黑（S）和一个纯色（C）三个顶点构成。纯色 C 与黑白都无相似度，是立体中部最大圆周上（色相环）上的某一点。颜色三角形用来判断一个颜色中包含彩色量（C）和非彩色量黑（S）、白（W）的相对比例、颜色三角形中包含彩度标尺和黑度标尺。这两种标尺被划分成 100 等份，分别用 0，1，2，3，……，100 表示。彩度标尺用来度量一个颜色与纯色 C 的类似度。如果一个颜色越接近黑白标尺，则该色与纯色的类似度越低。如果一个颜色越接近纯色 C，则该色与纯彩色的类似度越高，纯色的类似度为 100。黑度标尺用来衡量一个颜色与黑色的类似度，颜色越接近黑色，则该色与黑色类似度越高，黑色的类似度为 100，白色

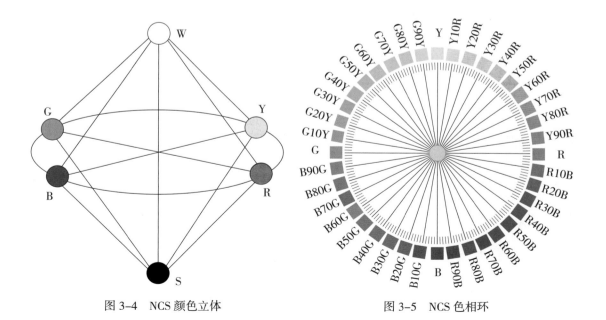

图 3-4　NCS 颜色立体　　　　　　　　　图 3-5　NCS 色相环

与黑色的类似度为零。

一个颜色与黑色的类似度叫做黑度，与纯色的类似度叫做彩度。NCS颜色标号是将黑度、彩度和色相写成一行，即黑度彩度－色相。例如1080－$R30B$，表示该颜色与黑色的类似度（黑度）为10，与纯色的类似度（彩度）为80，与原色蓝色的类似度为30%，与原色红色的类似度为70%，NCS规定，每一种颜色所含的心理原色总量为100，即

白度 W＋黑度 S＋彩度 C=100 或

白度 W＋黑度 S＋黄色量 Y＋红色量 R＋蓝色量 B＋绿色量 G=100
根据NCS颜色标号就可以计算出该颜色所含六种心理原色量。

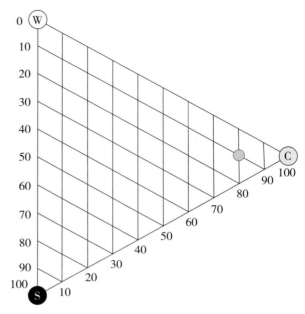

图3-6 NCS 颜色三角形

例3-1 计算 NCS 标号为 2070－$R30B$ 所含的六种原色量。

解：根据 NCS 规定，该标号的六种原色量如下：

S（黑度）=20

C（彩度）=70

W（白）=100－S－C=10

Y（黄）=0

R（红）=C×70%=70×70%=49

B（蓝）=C×30%=70×30%=21

G（绿）=0

中性灰与纯彩色的类似度为零。中性灰的 NCS 标号只写出黑度和彩度，例如3000也是 NCS 标号，它表示黑度为30，彩度为零的中性灰色，2040－R 也是 NCS 颜色标号，它表示黑度为20，彩度为40，与原色 R 的类似度为100%，与其他三个原色的类似度为零。NCS 系统基于四色理论基础上，即基于对立学说基础上，对立学说中的六种原色是人脑中固有的判断标准，人们很容易判断某个颜色与这六个原色的类似度，因此只需训练，人们很容易根据这种判断获得颜色的 NCS 标号。该系统也存在一些缺点，首先其不是等差系统，颜色的排列不是按视觉等差排列的，另外据 Prof.K.Schlifeleo 教授分析，NCS 系统将色环通过四种心理原色分成四个色相区，而孟塞尔色相环则是通过五种原色分成五个色相区，在红和蓝之间加入了紫色，所以 NCS 系统中的红色和蓝色区，即 R－B 区比其他三个区色含较多的不同色相。这个事实更进一步说明，NCS 的色相也不是视觉等差排列的。

第四节　RDS系统（RAL Design System）

前面的两个显色表示系统，即孟塞尔系统和 NCS 系统，它们的颜色编号都与 CIE 颜色系统无关联，而 RDS 显色表示系统是以 CIELAB 颜色空间为基础建立的。该系统中的颜色排列既有视觉等距的特性，颜色也是按色度值定义的。

RDS 系统用色相 H、亮度 L 和彩度 C 描述颜色立体（图 3-7）。将色相环分成 360 度，每 1 度代表一个不同的色相，用 000，001，…，010，…，360 等表示（图 3-8），又将相同色相分成不同亮度和彩度。亮度轴垂直于水平面，最底端为黑，顶端为白，细分为 100 等份，分别用 0，1，2，…，100 表示。彩度 C 与也细分为 100 等份。中性灰色的彩度为零，最高饱和度颜色的彩度可达到 100，RDS 系统的颜色立体与孟塞尔颜色立体有些类似。

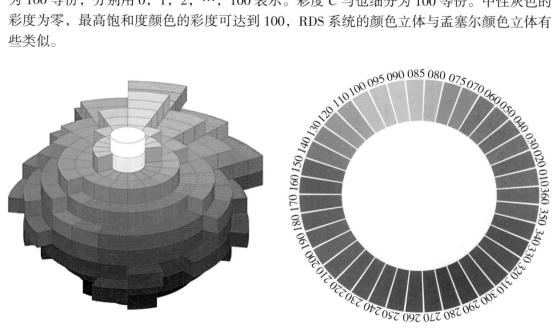

图 3-7　RDS 颜色立体　　　　　　　　　　图 3-8　RDS 色相环

RDS 系统的颜色集中到共收有 1688 个色样，每相隔 10 度（ΔH=10）取一个不同的色相，但是在 H=70 和 H=100 之间是每隔 5 度（ΔH=5）取一个色相，是因为在该范围内色相差过于强烈。这样在 RDS 颜色集中总共就有 39 种不同色相。RDS 系统取亮度间隔为 10（ΔL=10）的颜色载入 RDS 颜色集中。RDS 颜色集中的彩度间隔一般为 ΔC=10，有时为 ΔC=5，每个颜色的标号可以用 HLC 连写的方式表示，但前面加上字母 RAL。例如 RAL 010 50 40，是一个 RDS 颜色标号，其中色相 H=10，亮度 L=50，彩度（或饱和度）C=40。中性灰色只有亮度值，色相和彩度都是 0，所以一个亮度为 80 的中性灰色的 RDS 颜色标号是 RAL 000 80 0。

在 RDS 系统中，很容易找到一个颜色的对立色。对立色位于色相环的 180° 线的相反方向上。例如，颜色 RAL 060 70 20 的互补色编号是 RAL 240 70 20。RDS 色序系统也是按视觉等差排列，因此也很容易找到从一个颜色过渡到另一个颜色的其他过渡颜色。

例 3-2　从 RAL 160 40 50 和 RAL 200 80 10 之间找三个等差过渡颜色（图 3-9）。

答：从给定的两个颜色看出，应该从颜色的色相、亮度、彩度三个属性上都做到等差过渡，因此，这三个过渡颜色是 RAL 170 50 40，RAL 180 60 30，RAL 190 70 20。

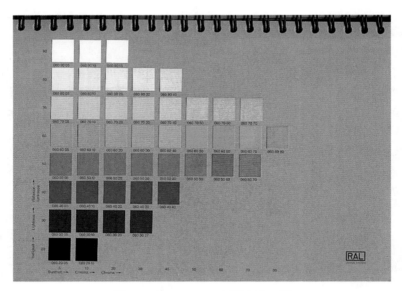

图 3-9　RAL Design 色谱中的一页

RDS 系统是德国人建立的显色表示系统，在欧洲使用较多。它与孟塞尔显色表示系统相似，优于孟塞尔系统的一个方面是彩度系统的颜色标号与 CIELAB 色值有明确的转换关系（HLC 与 CIELAB 之间有确定的转换公式）。除此之外，还有一些显示表示系统，如德国的 DIN6264，OSA 系统，Cobroid 系统等，它们在设计上有自己的优点，都有确定转换公式将颜色标号转换成 CIE 色值，所包含颜色数量超过 1500 个，但是由于其他的原因，例如系统设计比较复杂，不容理解等，其重要性不如本书中较详细叙述的孟塞尔系统、NCS 系统和 RDS 系统。

第五节　印刷色谱

前面所述三种颜色集，我们把它们叫做显色表示系统或者色序系统，它们收集的色样具有本章第一节所述的特征。NCS 系统尽管不属于视觉等距排列，但是它的颜色标号还是有颜色视觉三属性（色相、明度、饱和度）特征，它们都收有多于 1500 个颜色，而且都有确定的光谱。而四色印刷色谱、彩通色谱就不具有第三章第一节所述条件，四色印刷色谱、彩通色谱都没有按颜色视觉三属性等距排列和标号，更不是建立在心理颜色立体的基础上，它们只是求得某个行业或企业有统一的颜色样品而制作的，只能称作颜色集或色谱，不能称作显示表示系统或色序系统。

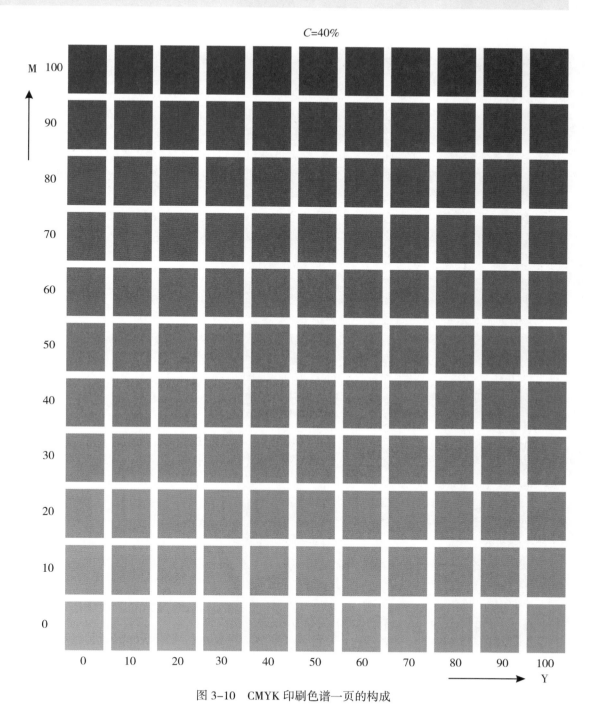

$C=40\%$

图 3-10　CMYK 印刷色谱一页的构成

　　三色网目印刷色谱建立在青、品红、黄三原色的基础上。青、品红、黄三色网目都为 0% 时，是白色；都以 100% 叠印，是黑色。青、品红、黄分别以 0~100% 网点相互叠印就可得到印刷色谱。通常印刷色谱中的一页（图 3-10）是固定某色的网点百比，例如固定青色为 40%，使另外两色分别在横向和纵向从 0 变化到 100%，网点百分比的步长变化可大可小，通常三种色相的步长变化都相同。

　　四色网目印刷色谱是在青、品、黄的基础上再叠印黑色，由于是四种原色相互叠印，使四色网目印刷色谱中不仅有单色网目印刷色，青、品红、黄、黑，双色叠印色：青＋品红、青＋黄、品红＋黄、青＋黑、品红＋黑、黄＋黑，三色网目叠印色：青＋品红＋黄、青＋品红＋黑、青＋黄＋黑、品红＋黄＋黑，而且还有四色各级网目叠印色：青＋品红＋黄＋黑。如果四种原色取 5% 为级差进行叠印，即青、品红、黄、黑都取 0、5%、10%、15%、……90%、95%、100% 进行叠印，叠印色总数是 21×21×21×21=194481。如果取 10 为级差叠印，叠印色总数也有 11×11×11×11=14641（个）。要减少叠印色样的总数，应考虑减少青、品红、黄、黑四个色叠印百分比级数。图 3-11 是《设计与印刷国家标准色谱》中四个色叠印时的设计。

　　四色网目印刷色谱中的色样标号与颜色心理三属性毫无关系，而是直接取青、品红、黄、黑四色原色的网点百分比排列在一起。如 C50M40Y30K20 就是四色网目印刷色谱中的一个颜色标号，表示该颜色以 50% 青（C）、40% 品红（M）、30%（Y）黄和 20% 黑（K）油墨叠印而成。

　　四色网目印刷色谱的制作不需收集和分析每个色样，不需按颜色心理三属性视觉等差的规则进行色样排列，而是按网点百分比等差进行排列，色样的排列只有视觉连续性效果，色样的制作过程简单，在色谱总体设计之后，只需进行以下步骤就能完成整个色谱的制作：

　　① 设计色谱。在图形制作软件，如 Coreldraw 中按总体设计要求制作色样，色样颜色填充选用 CMYK 颜色空间。

　　② 输出 C、M、Y、K 四色网点胶片。各色胶片上网点百分比与设计网点百分比之差应控制在 2% 以下。只有这样，才能保证印刷色谱的准确性和参考价值。用户只需按色谱中的标号（各色网点百分比）设计，印刷后就能得到与印刷色谱中相同视觉效果的颜色。如果胶片上与设计网点百分比相差过大，印刷色谱中的网点百分比标号，不能作为设计工作中的参考。这样的四色印刷色谱没有任何价值，胶片上实地面积（网点百分比为 100%）的密度必须控制在 2.5 以上，使黑色网点部分完全阻光。

　　③ 制作印刷版。从 C、M、Y、K 四色网点胶片在晒版机上通过拷贝方法晒制得到 C、M、Y、K 四色印刷版，经晒版后印刷版上的网点百分比必须与胶片上相应部位的网点百分比相同。

　　④ 印刷。四色网目印刷色谱的印刷必须严格调节和控制印刷过程，印刷版上必须晒制印刷质量控制条，主要控制四个原色的实地密度值和网点增大。

　　在四色网目印刷色谱中，必须加入色谱制作所选择的技术参数。为了让颜色设计和印刷人员使用方便，下列一些技术参数是必需的。a. 色谱印刷所使用的油墨厂家和类型；b. 色谱印刷所使用的纸张厂家和类型；c. 各分色版所使用的网目线数、网点形状、网目角度、叠色顺序；d. 青、品红、黄、黑四种原色的实地密度（在网点百分比为 100% 的区域所测得的密度值）；e. 在 0~100% 范围内至少给出亮调、中间调、暗调的网点增大值（胶片或印刷版上的网点百分比与印刷品上的网点百分比之差）。

　　此外，在四色网目印刷色谱的印刷过程中，各级网目阶调不可避免地出现网点增大，这样设计时的 C、M、Y、K 网点百分比（分色胶片或印刷版上的网点百分比）不可能与印刷品（色谱中）的 C、M、Y、K 网点百分比相同。因此，最好在色谱中也应说明色谱中 CMYK 标号是指哪一阶段的网点百分比。当然在色谱使用过程中我们也可以通过测量各级网目调的网点百分比，然后与相应的色谱标号比较，如果两者的网目百分比之差小于 2%，则说明色谱标号使用了印刷品的 CMYK 网点百分比。为了得到色谱中的颜色，在设计工作中就必须在该色谱标号的基础上减去网点增大值，才能得到设计时的 CMYK 网点百分比。

例 3-3　某色谱使用的标号是印刷品的 CMYK 网点百分比，色谱的技术参数中注明 50% 处网点增大为 12%，现在想要得到色谱标号 C50M50Y0K0 的颜色，设计时需使用 CMYK 网点百分比为多少？

答：因为设计时应该使用胶片上或印刷版上的网点百分比，胶片上的网点百分比等于印刷品的网点百分比减去网点增大，所以设计时需使用 CMYK 网点百分比分别是：

C=50%-12%=38%

M=50%-12%=38%

Y=0

K=0

四色印刷色谱的使用具有很大局限性，一定要在纸张、油墨、工艺等条件都相同的条件才能正确使用。只要这些条件之一不同，尽管颜色编号相同，颜色却不会相同。这也是市场上有很多不同四色印刷色谱的原因。

项目型练习

项目一：比较颜色，查找颜色编号

1. 目的：熟悉上述三种色谱的结构及其颜色编号；学会使用这三种色谱和使用颜色编号传递颜色。

2. 要求：比较找出图 2-38 中各行政区颜色的孟塞尔颜色编号、RDS 颜色编号和 CMYK 颜色编号。

3. 提示：颜色比较时使用黑纸窗口，以免周边颜色的干扰；比较时两个相比较的颜色尽量靠近，眼睛离颜色要远一些。

项目二：四色印刷色谱设计

1. 目的：学会四色印刷色谱的编辑和设计。

2. 要求：按图 3-10 或图 3-11 的格式设计四色印刷色谱中的一页（以后在数码印刷机上打印，再用密度仪准确测量各色块的网点百分比，绘出网点增大曲线，给打印色块编号）。

3. 提示：按照图 3-10 或图 3-11 的格式设计，但 CMYK 的比例适当变化。制作图形、填充颜色都在 CorelDraw 中进行。

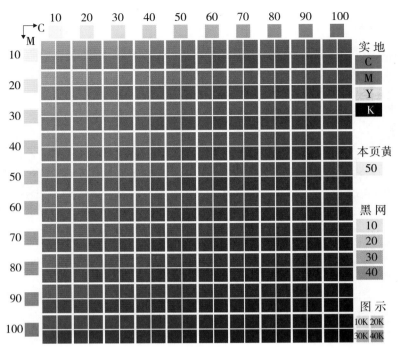

图 3-11　四色印刷色谱设计

知识型练习

1. 只有那些能够满足 _____ 、_____ 、_____ 、_____ 等几个条件的颜色集，才能称为色序系统。

2. 色序系统根据排列规则分为 _____ 和 _____ 两类。

3. 相邻颜色间的视觉差相等的色序系统称为 _____ ，属于这样的色序系统有 _____ 和 _____ 。

4. 类似度系统以颜色感觉在明度、色相、饱和度三方面按照颜色与原色的 _____ 程度编排。

5. NCS 颜色系统属于 _____ 。
   A 混色系统　　　　B 色差系统　　　　C 类似度系统　　　　D CIE 颜色系统

6. 孟塞尔颜色系统按照 _____ 、_____ 、_____ 三属性视觉等差规律排列而成。

7. 在孟塞尔颜色立体中，颜色的饱和度称为 _____ 。
   A 明度值　　　　B 亮度　　　　C 色相　　　　D 彩度

8. 图 3-12 是明度值为 _____ 的孟塞尔颜色立体的水平截面，从该图说明在不同色相时，颜色所能达到的最大 _____ 不相同，具有最大彩度的色相是 _____ ，其最大饱和度是 _____ 。

9. 相同色相的颜色在明度值不同时， _____ 也不相同；在图 3-13 中，明度值为 _____ 时彩度达到最大，其最大彩度为 _____ ；最大彩度为 6 所对应的明

度值为 ＿＿＿＿ 。

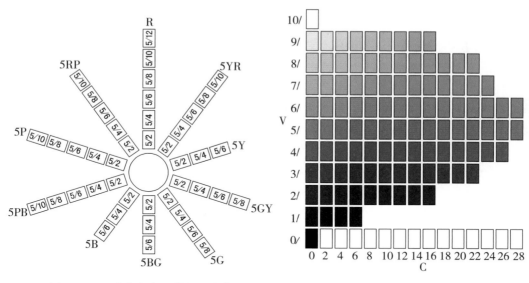

图 3-12 孟塞尔颜色立体的一个截面　　　图 3-13 孟塞尔色谱的一页

10. 孟塞尔主要色相标号正确的一组是 ＿＿＿＿ 。

    A 5R、5Y、5G、5B、5P、10YR、10GY、10BG、10PB、10RP

    B 10R、10Y、10G、10B、10P、10YR、10GY、10BG、10PB、10RP

    C 5R、5Y、5G、5B、5P、5YR、5GY、5BG、5PB、5RP

    D 7.5R、7.5Y、7.5G、7.5B、7.5P、7.5YR、7.5GY、7.5BG、7.5PB、7.5RP

11. 中性色的明度值是 ＿＿＿＿ 。

    A 1PB4/11　　　　　B 3R5.5/9　　　　　C N4/　　　　　D 10G5/4

12. 饱和度相同的一组颜色是 ＿＿＿＿ 。

    A 2PB3/4、3G3/3　　　　　　　　B 3Y5/4、6GY4/4

    C 10YR3/3、10YR4/5　　　　　　D 5PB6/4，5Y6/6

13. 在孟塞尔颜色立体中，所有彩度相同的颜色组成 ＿＿＿＿ 。

    A 水平面　　　　　B 垂直面　　　　　C 球面　　　　　D 圆柱面

14. 在孟塞尔颜色立体中，与 5YR 在同一垂直面上的色相是 ＿＿＿＿ 。

    A 10PB　　　　　B 5B　　　　　C G　　　　　D 10G

15. 不属于孟塞尔系统优点的是 ＿＿＿＿ 。

    A 系统的颜色卡片的排列具有视觉等差的规律

    B 是一种直观的表示方法，便于查阅使用

    C 可利用孟塞尔标号标定颜色，避免直接颜色交流的不精确性

    D 颜色标号使用 CIE 三刺激值

16. 自然色系统的六个心理原色是 ＿＿＿＿ ，自然色系统黄可以和 ＿＿＿＿ 相似而绝不能和 ＿＿＿＿ 相似。

17. 自然色系统认为，红与 _____ 对立，黄与 _____ 对立，黑与 _____ 对立。

18. 下面说法正确的有 _____ 。

A 自然色系统认为黄色可以通过红色和绿色混合得到

B 自然色系统认为绿色有黄色感觉和蓝色感觉

C 在自然色系统中，与红相似的颜色，一定也与绿相似

D 在自然色系统中，与蓝相似的颜色可以与红和绿相似，绝不能与黄相似

E 在自然色系统中，红、绿、黄、蓝、黑白是单色相色，他们不可以由其他色混合得到

19. 在图 3–14 中标出个圆圈位置所表示的颜色。

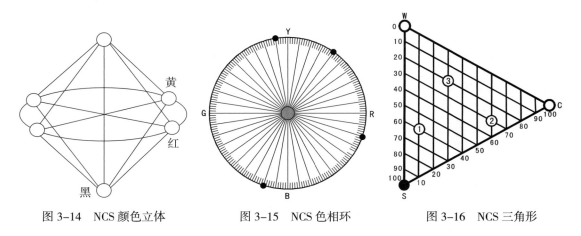

图 3–14 NCS 颜色立体   图 3–15 NCS 色相环   图 3–16 NCS 三角形

20. 在图 3–15 的 NCS 色相环上标出 *Y90R*、*R30B*、*B70G*、*G10Y* 的位置并附以色相标号。

21. 在图 3–15 的 NCS 色相环上写出各实心圆位置的色相标号。

22. 在图 3–16 中，位置① 的黑度是 _____ ，彩度是 _____ ；位置② 的黑度是 _____ ，彩度是 _____ ；位置③ 的黑度是 _____ ，彩度是 _____ 。

23. 某色与黑色的类似度称为 _____ ，与最饱和色的类似度称为 _____ 。

24. NCS 规定，任何一种颜色所含的原色总量为 _____ 。

A 1   B 10   C 100   D 1000

25. 在图 3–16 中标出与黑色的类似度为 20，与最饱和色的类似度为 80 的颜色位置。

26. 2060–*R40B* 标号的各种类似度分别是白 _____ 、黑 _____ 、黄 _____ 、蓝 _____ 、红 _____ 、绿 _____ 。

27. 4000 标号的各种类似度分别是白 _____ 、黑 _____ 、黄 _____ 、蓝 _____ 、红 _____ 、绿 _____ 。

28. 2050–*G* 标号的各种类似度分别是白 _____ 、黑 _____ 、黄 _____ 、蓝 _____ 、红 _____ 、绿 _____ 。

29. 对于标号为 3020–*R40B* 的颜色，不正确的答案是 _____ 。

A 黑度为 30   B 与红色的类似度为 20

C 彩度为 20 　　　　　　　　　D 与蓝色的类似度为 40

30. NCS 颜色立体中，相同黑度的颜色组成 _____ 。

　　A 圆柱面　　　　　B 水平面　　　　　C 垂直平面　　　　D 圆锥面

31. NCS 颜色立体中，相同彩度的颜色组成 _____ 。

　　A 圆柱面　　　　　B 水平面　　　　　C 垂直平面　　　　D 圆锥面

32. 不属于 NCS 颜色标号的是 _____ 。

　　A 2000　　　　　B 2080–Y50R　　　　C 5$B$6/12　　　　D 4540–Y

33. 正确的 NCS 颜色标号是 _____ 。

　　A 2010–R20G　　　B 20–Y50R　　　C 4050–30Y　　　D 4040–Y40R

34. 不属于孟塞尔颜色编号的是 _____ 。

　　A 1$PB$4/11　　　B 3G5.5/9　　　C $N$7　　　D 12$R$5/6

35. 与 CIE 颜色系统关联密切的显色表示法是 _____ 。

　　A 孟塞尔颜色系统　　　　　　　　B NCS 系统

　　C 四色印刷色谱　　　　　　　　　D RDS 系统

36. 关于 RDS 系统正确的说法有 _____ 。

　　A RDS 系统以 CIELAB 颜色系统为基础建立

　　B 与 NCS 系统一样，RDS 系统的颜色没有按视觉等距的特性排列

　　C 在 RDS 系统中，某个颜色的对立色位于色相环的 180 度线的相反方向上

　　D RDS 系统的色相、明度和彩度与 CIELAB 空间有确定的转换式

　　E RDS 系统中有时色相间隔 10 度，有时色间隔 5 度取一个色相，是为了保持视
　　　觉等距特性

37. 在标号 RAL060 70 30 中，色相为 _____ ，彩度为 _____ ，明度为 _____ 。

38. 下面是中性灰的颜色是 _____ 。

　　A RAL 090 80 70　　　　　　　　B RAL 100 70 00

　　C RAL 000 50 00　　　　　　　　D RAL 030 30 30

39. 从 RAL 040 40 10 渐变到 RAL 040 70 40，中间的两个过渡颜色的编号是 _____ ，

　　_____ 。

40. 比 RAL 300 40 15 更明亮的两个颜色是 _____ 。

　　A RAL 300 40 25 和 RAL 300 40 35　　　B RAL 310 40 25 和 RAL 320 40 25

　　C RAL 300 50 15 和 RAL 300 60 15　　　D RAL 300 50 35 和 RAL 300 60 45

41. 从 RAL 210 20 10 渐变到 RAL 170 60 50，中间的三个颜色的编号是 _____ ，

　　_____ ，_____ 。

42. 关于四色印刷色谱，不正确的说法有 _____ 。

　　A 四色印刷色谱与孟塞尔色谱一样，也属于等差色序系统

　　B 四色印刷色谱按青、品红、黄和黑网点百分比分级叠印而成

　　C 因为按网点百分比等差叠印，所以颜色也是视觉等差规律排列

　　D 印刷色谱中无须写明网点增大值

　　E 无须说明颜色标号是设计阶段的还是印刷品的网点百分比

43. 某个颜色标号是 $C40M40Y0K0$，是使用设计阶段的网点百分比，已知在 40% 时网点增大为 10%，印刷品上的网点百分比是 ＿＿＿＿ 。

44. 颜色标号是 $C60M0Y60K0$，经测量 $C=60\%$，$Y=69\%$，说明色谱标号的网点百分比不可能是 ＿＿＿＿ 的网点百分比

    A 设计阶段　　　　B 印刷品　　　　C 印刷版　　　　D 分色胶片

45. 印刷和使用四色色谱时，应该注意的技术参数有 ＿＿＿＿ 。

    A 色谱印刷使用的油墨型号　　　　B 色谱印刷使用的纸张类型
    C 分色版使用的网目参数　　　　　D 四色实地密度值
    E 网点增大值　　　　　　　　　　F 制版机和印刷机型号

第四章

CIE标准色度系统

知识目标

1. 了解 CIERGB 观察者光谱三刺激值的匹配过程。
2. 明确 CIERGB 表示颜色的缺陷。
3. 了解 CIEXYZ 标准观察者光谱三刺激值及其的转换过程。
4. 明确标准色品图的意义与作用。
5. 理解 CIEXYZ 的计算过程。
6. 了解 CIEXYZ 三刺激值与心理颜色三属性的关系。
7. 了解测量值的影响因素。

能力目标

1. 熟练使用光谱反射率计算三刺激值。
2. 熟练地将三刺激值转换成色品坐标。
3. 能正确设置测量条件，熟练使用光谱色度仪测量 XYZ 三刺激值。
4. 能使用色品图表示颜色。

学习内容

1. CIERGB 观察者光谱三刺激值。
2. CIEXYZ 标准观察者光谱三刺激值。
3. 标准色品图。
4. 物体色三刺激值的计算。
5. 色品坐标与心理颜色三属性的关系。
6. 物体色三刺激值的测量和色度测量条件。
7. 10° 视场标准色度系统。

重点：物体色三刺激值测量、色品图及其应用。

难点：物体色三刺激值的计算。

　　前章所述的色序系统具有许多优点，比如有直观的参考色样，有确定颜色标号传递颜色，也可增加系统中色样的数量，可以通过标号获得颜色的组成成分，还可以设计出具有视觉等差效果的颜色。但是，色序系统也有自己的不足，首先它所能表示的颜色数量总是有限，不可能表示自然界所有颜色。另外，它的颜色标号不能通过仪器测量获得，因此其应用受到较大局限。CIE（国际照明委员会 CIE=Commission International de L'Eclairage）标准色度系统不需要收集实际色样，而是利用红、绿、蓝三原色光可混合任何颜色的色光混合原理，从颜色匹配实验出发建立的混色表示系统。CIE 色度系统规定了一系列颜色测量原理、条件、数据和计算方法，每一个颜色都能通过仪器测量得到三刺激值，用三刺激值定量表示颜色。而且这种表示是唯一的，只要两个颜色的三刺激值都相同，这两个颜色视觉效果必定相同。它们的三刺激值不同，它们的颜色外貌也不可能相同。CIE 色度系统已为世界各国接受，成为世界标准，因此常称为 CIE 标准色度系统。

第一节　CIERGB系统

　　CIERGB 系统建立的目的，就是要通过红、绿、蓝三原色的不同比例表示所有自然界的颜色。CIERGB 系统虽然没有直接在颜色测量中使用，但是该系统的实验条件和数据是其他 CIE 色度系统的基础，其中最重要的是通过选择标准白光和三原色光从颜色匹配试验出发获得了 CIE1931 标准观察者光谱三刺激值。

一、光谱三刺激值

　　CIE 标准色度系统包括 CIEXYZ、CIELAB、CIELUV 都是以两组实验数据为基础：一组数据称为 CIE1931 标准观察者光谱三刺激值，实用于 1°~4° 视场的颜色测量；另一组数据是 CIE1964 补充标准观察者光谱三刺激值，实用于大于 4° 视场的颜色测量。这两组数据都是通过红、绿、蓝三原色光匹配光谱色光所需的红、绿、蓝三刺激值，所以称为光谱三刺激值。

　　任意颜色都可采用格拉斯曼的色光匹配实验获得。对每一样品色光，调节红、绿、蓝三原色光的强度，当观察者感觉到三原色光的混合色与样品色光相同时，就可获得三原色光的强度，也就是获得了该样品色光的三刺激值。例如，对于样品色 A，需要 12 份红原色光（R）、13 份绿原色光（G）、1 份蓝原色光（B）匹配，可以写成

$$A=12R+13G+1B$$

就可以说色光 A 的三刺激值分别是 $R=12$，$G=13$ 和 $B=1$。颜色匹配时，常会出现样品色光不能通过三原色匹配，需要将三原色之一加到样品色光一侧才能做到位于隔光板两侧的颜色相互匹配，这种情况称为非正常颜色匹配。例如样品色 C（图 4-1）

就不能通过 8 份红、10 份绿、3 份蓝实现三原色正常匹配，但是当把 3 份蓝色移到样品色 C 一侧后，隔光板两侧的混合光就可以相互匹配，可以将这种非正常颜色匹配写成

$$C+3B=8R+10G$$

从数学角度看，也可把这种颜色匹配写成

$$C=8R+10G-3B$$

这样写并不影响颜色匹配结果，只是匹配样品色 C 的三刺激值 $R=8$，$G=10$，$B=-3$ 中出现了负值，好像要从 8R 和 10G 的混合中减去一些蓝色，让人不易理解。

当然格拉斯曼色光匹配实验也可匹配光谱色。例如匹配 400nm 的光谱色 S 时，需要 0.05923 份红原色、0.00037 份绿原色、0 份蓝原色，可以写成

$$S=0.05923R+0.00037G+ 0.0B$$

就可以说匹配 400nm 的光谱色所需要的三刺激值是 $\tilde{r}=0.5923$，$\tilde{g}=0.00037$，$\tilde{b}=0.0$。如果用符号 $\tilde{r}$、$\tilde{g}$、$\tilde{b}$ 分别代表等能光谱色的红刺激值、绿刺激值和蓝刺激值，则光谱色 S 的一般匹配方程为：

$$S = \tilde{r}(R) + \tilde{g}(G) + \tilde{b}(B)$$

式中 R、G、B 分别表示红、绿、蓝原色光。

原色光的选取是任意的，唯一的条件是任一原色光不能是另两种原色光的混合。例如瑞特（W.D.Wright）在 1928 年作色光匹配实验时选用的三原色光是 650nm（红色）、530nm（绿色）和 460nm（蓝色）。奎尔德（J.Guild）在 1931 年则使用 630nm、542nm、460nm 作为原色光。他们都在 2° 视场观察条件下进行了光谱色的匹配实验。国际照明委员会在他们两个人实验基础上规定三原色光为：红原色光 $R=700.0$nm、绿原色光 $G=546.1$nm、蓝原色光 $B=435.8$nm。为了匹配得到各光谱色的准确三刺激值，除了选定三原色光外，

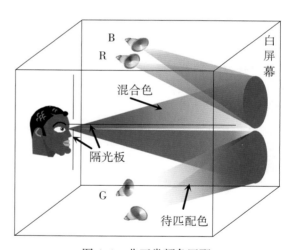

图 4-1 非正常颜色匹配

CIE 还确定三原色光的辐射能量比为 72.096（R）：1.379（G）：1.000（B），按此辐射能的比例混合，就能匹配出标准白光（照明体 E 的颜色）。CIE 选取这样的辐射能量分别作为红、绿、蓝三原光的单位量，即 $R：G：B=1：1：1$。

颜色匹配过程对观察条件也有限制。首先试验结果与观察者的感色能力有很大关系，所以试验中所选择的观察者不仅一定是颜色视觉正常者，而且需要有足够数量的观察者，CIE 选用 1000 人作为观察者，从这些观察者得到的光谱三刺激值的平均值以后就被定义

为 CIE1931-RGB 系统标准观察者。

　　按以上方式从 1890—1930 年间进行了多次不同的、相互无关的匹配实验。在 1931 年，CIE 将多种结果进行了比较分析，发现前面提到的奎尔德（J.Guild）和瑞特（W.D.Wright）所使用的条件与上述吻合，测量结果也基本一致。在对这两个人的试验进行处理后，于 1931 年将他们实验测得的光谱三刺激值作为国际标准，称作为 CIE1931RGB 系统标准观察者光谱三刺激值（表4-1），简称 RGB 系统标准观察者。将光谱三刺激值与其对应波长作图得到的曲线称为 RGB 系统标准观察者光谱三刺激值曲线（图4-2）。

表4-1　　　　　　　　　　CIE1931RGB系统标准观察者光谱三刺激值

波长 /nm	$\tilde{r}(\lambda)$ 700.0nm	$\tilde{g}(\lambda)$ 546.1nm	$\tilde{b}(\lambda)$ 435.8nm	波长 /nm	$\tilde{r}(\lambda)$ 700.0nm	$\tilde{g}(\lambda)$ 546.1nm	$\tilde{b}(\lambda)$ 435.8nm
380	0.00003	−0.00001	0.00117	590	0.30928	0.09754	−0.00079
390	0.00010	−0.00004	0.00359	600	0.34429	0.06246	−0.00049
400	0.00030	−0.00014	0.01214	610	0.33971	0.03557	−0.00030
410	0.00084	−0.00041	0.03707	620	0.29708	0.01828	−0.00015
420	0.00211	−0.00110	0.11541	630	0.22677	0.00833	−0.00008
430	0.00218	−0.00119	0.24769	640	0.15968	0.00334	−0.00003
440	−0.00261	0.00149	0.31228	650	0.10167	0.00116	−0.00001
450	−0.01213	0.00678	0.31670	660	0.05932	0.00037	−
460	−0.02608	0.01485	0.29821	670	0.03149	0.00011	−
470	−0.03933	0.02538	0.22991	680	0.01687	0.00003	−
480	−0.04939	0.03914	0.14494	690	0.00819	−	−
490	−0.05814	0.05689	0.08257	700	0.00410	−	−
500	−0.07173	0.08536	0.04776	710	0.00210	−	−
510	−0.08901	0.12860	0.02698	720	0.00105	−	−
520	−0.09264	0.17468	0.01221	730	0.00052	−	−
530	−0.07101	0.20317	0.00549	740	0.00025	−	−
540	−0.03152	0.21466	0.00146	750	0.00012	−	−
550	0.02279	0.21178	−0.00058	760	0.00006	−	−
560	0.09060	0.19702	−0.00130	770	0.00003	−	−
570	0.16768	0.17087	−0.00135	780		−	−
580	0.24526	0.13610	−0.00108				

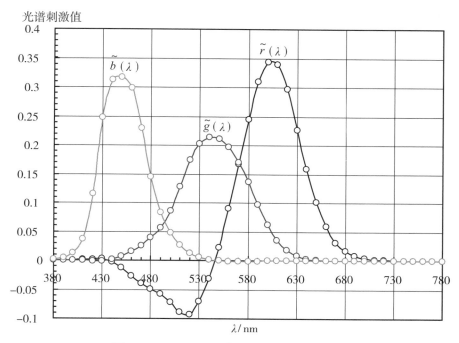

图 4-2 CIE1931RGB 标准观察者光谱刺激值

二、CIERGB 色品图

在 RGB 系统中，每一任意颜色（不仅是光谱色）都可用三个数量 R、G、B 表示，称作该色的三刺激值，也即一个颜色有 R、G、B 三个坐标值。如果标定某个颜色的位置，就需要在以 R、G、B 为坐标轴的三维空间中标定。在同一个立体中较难看出一个颜色的红、绿、蓝之间的关系，当在同一立体中表示颜色数量较多时，更难辨别。因此，为了更容易、更直观地观察颜色的红、绿、蓝相对比例和各颜色之间的色相变化，一个颜色通常用三原色各自在 $R+G+B$ 总量中的相对比例表示。将三原色各自在 $R+G+B$ 总量中的相对比例称为色品坐标，用小写字母 r，g，b 表示。根据以上定义，任意颜色的色品坐标与三刺激值之间的关系为：

$$\begin{cases} r = \dfrac{R}{R+G+B} \\ g = \dfrac{G}{R+G+B} \\ b = \dfrac{B}{R+G+B} \end{cases} \tag{4-1}$$

一般在平面直角坐标系中只需表示某个颜色的 r 和 g 色品坐标。将各光谱色的色品坐标 r 和 g 表示在平面直角坐标中，形成一条偏马蹄形曲线，该曲线称为光谱轨迹（图 4-3）。由于在等能光谱色匹配时，光谱三刺激值中的很大一部分是负值，所以光谱色的色品坐标中也有很大一部分是负值。偏马蹄形中心点 E 是 CIE1931RGB 系统中所

规定的标准白光 E 光源的色品坐标。因为在光谱色匹配时，标准白光 E 光源被定义为 $R=G=B=1$，E 光源的色品坐标为

$$r = g = b = \frac{1}{3}$$

通过颜色匹配实验所获得的光谱三刺激值具有十分重要的意义，被其他 CIE 系统普遍使用。CIERGB 系统的标准观察者光谱三刺激值表示了人眼将一个颜色刺激（物体辐射）转化成颜色三刺激值的能力。它们就相当于在第二章第三节中所述的人眼的光谱灵敏度曲线。实际上，CIERGB 系统作为表示任意颜色的三刺激值的作用并没有得到直接应用，是因为 CIERGB 标准观察者光谱三刺激值包含着很多负值，既不利于理解也不便于应用。由于光谱色都是单色光，是饱和度很高的颜色。根据色光相加原理，色光三原色混合后只可能得到比单色光饱和度更低的色光，因此在 CIERGB 标准观察者光谱三刺激值中出现许多负值。

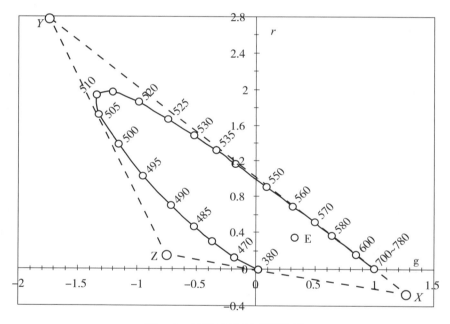

图 4-3　CIE1931RGB 光谱轨迹

第二节　CIEXYZ系统

在 CIERGB 的光谱三刺激中很大一部分都是负值，不便于理解，也不便于应用。所以在 1931CIEXYZ 系统中使用假想三原色 X、Y、Z 代替实际三原色 R、G、B，然后将 CIERGB 系统中的光谱刺激值 $\tilde{r}$、$\tilde{g}$、$\tilde{b}$ 变换为 CIEXYZ 系统中的光谱刺激值 $\tilde{x}$、

$\tilde{y}$、$\tilde{z}$。以此为基础 CIEXYZ 系统中还建立了完整的任意色三刺激值的计算和测量方法。CIE1931XYZ 系统是国际照明委员会于 1931 年推荐的色度系统，目前在世界各国广泛使用，又称为 CIE 标准色度系统。从 CIE1931RGB 光谱三刺激值推导而得的光谱三刺激值称为 CIE1931XYZ 标准色度观察者光谱三刺激值，以该系统中任意色的三刺激值分别用 X、Y、Z 表示。

一、CIE 标准色度观察者光谱三刺激值

　　CIE1931RGB 系统没有得到应用的原因就是因为光谱三刺激值中的负值不便于继续计算和理解，这样就必须要想办法去掉负值。首先想到的就是要改变三原色，但是实际三原色都会有同样的问题出现，因为前面提到，混合色的饱和度决不可能高于原色的饱和度，更高饱和度的颜色不可能用真实三原色混合得到。所以研究者们就想到使用假想三原色，而且假想三原色的饱和度要大于真实三原色才可能使光谱色的三刺激值没有负值。显然用假想三原色不可能通过试验匹配得到光谱三刺激值，但是根据格拉斯曼定律可以将真实三原色 R、G、B 的光谱刺激值转换为假想三原色的光谱刺激值。

　　由 CIE 建议的假想三原色用 X、Y、Z 表示，其中 X 表示假想红原色，Y 表示假想绿原色，Z 表示假想蓝原色（图 4-3）。假想三原色在 CIERGB 色品图中的色度坐标分别是：

X：$r=1.275$　　　　　　$g=-0.278$　　　　　　$b=0.003$

Y：$r=-1.739$　　　　　　$g=2.767$　　　　　　$b=-0.028$

Z：$r=-0.743$　　　　　　$g=0.141$　　　　　　$b=1.602$

由 X、Y、Z 所形成的三角形将整个光谱色轨迹包含在内，因此所有光谱色都是由 X、Y、Z 组成的三角形之内的颜色。

　　每一色光在假想系统中的三刺激值也分别用 X、Y、Z 表示，称为 CIEXYZ 标准三刺激值。我们可以将任一色光的 RGB 刺激值转换成 CIEXYZ 系统中的标准三刺激值 XYZ，其转换方程为：

$$\begin{cases} X = 2.7689R + 1.7518G + 1.1302B \\ Y = 1.0000R + 4.5907G + 0.0601B \\ Z = 0.0000R + 0.0565G + 5.5943B \end{cases} \quad （4-2）$$

式（4-2）中的 RGB 可以是任意色的 CIERGB 系统中的三刺激值。因此，式（4-2）也用来计算 CIEXYZ 系统中的光谱刺激值 $\tilde{x}$、$\tilde{y}$、$\tilde{z}$。这时式（4-2）中的 R、G、B 就使用光谱刺激值 $\tilde{r}$、$\tilde{g}$、$\tilde{b}$，即得：

$$\begin{cases} \tilde{x} = 2.7689\tilde{r} + 1.7518\tilde{g} + 1.1302\tilde{b} \\ \tilde{y} = 1.0000\tilde{r} + 4.5907\tilde{g} + 0.0601\tilde{b} \\ \tilde{z} = 0.0000\tilde{r} + 0.0565\tilde{g} + 5.5943\tilde{b} \end{cases} \quad （4-3）$$

这样我们可以将表 4-1 中所有的 $\tilde{r}$、$\tilde{g}$、$\tilde{b}$ 都按式（4-3）转换成相应的标准观察者光谱刺激值（表 4-2）。这些数值是色度学其他实用计算的基础。用标准色度观察者光谱三刺激值与相应波长作图，所获得的曲线称为 CIEXYZ 标准色度观察者光谱三刺激值曲线（图 4-4），它实际上就是人眼对红、绿、蓝三种颜色的敏感度曲线。

表4-2　　　　　　　　　　　CIE标准观察者光谱三刺激值及其色度坐标

λ/nm	$\tilde{x}$	$\tilde{y}$	$\tilde{z}$	x	y	z
380	0.00136	0.00003	0.00645	0.1741	0.0049	0.8209
390	0.00424	0.00012	0.02005	0.1738	0.0049	0.8212
400	0.01431	0.00039	0.06785	0.1733	0.0047	0.8218
410	0.04351	0.00121	0.20740	0.1725	0.0047	0.8226
420	0.13438	0.00400	0.64560	0.1714	0.0051	0.8234
430	0.28390	0.01160	1.38560	0.1688	0.0069	0.8242
440	0.34828	0.02300	1.74706	0.1644	0.0108	0.8247
450	0.33620	0.03800	1.77211	0.1566	0.0177	0.8256
460	0.29080	0.06000	1.66920	0.1439	0.0297	0.8263
470	0.19536	0.09098	1.28764	0.1241	0.0578	0.8180
480	0.09564	0.13902	0.81295	0.0912	0.1327	0.7760
490	0.03201	0.20802	0.46518	0.0453	0.2949	0.6596
500	0.00490	0.32300	0.27200	0.0081	0.5384	0.4534
510	0.00930	0.50300	0.15820	0.0138	0.7501	0.2359
520	0.06327	0.71000	0.07825	0.0743	0.8338	0.0918
530	0.16550	0.86200	0.04216	0.1547	0.8058	0.0394
540	0.29040	0.95400	0.02030	0.2296	0.7543	0.0160
550	0.43344	0.99495	0.00875	0.3016	0.6923	0.0060
560	0.59450	0.99500	0.00390	0.3731	0.6244	0.0024
570	0.76210	0.95200	0.00210	0.4440	0.5547	0.0012
580	0.91630	0.87000	0.00165	0.5124	0.4865	0.0009
590	1.02630	0.75700	0.00110	0.5751	0.4242	0.0006
600	1.06220	0.63100	0.00080	0.6270	0.3724	0.0004
610	1.00260	0.50300	0.00034	0.6657	0.3340	0.0002
620	0.85444	0.38100	0.00019	0.6915	0.3083	0.0001
630	0.64240	0.26500	0.00005	0.7079	0.2920	0.0001
640	0.44790	0.17500	0.00002	0.7190	0.2809	0.0000
650	0.28350	0.10700	0.00000	0.7259	0.2740	0.0000
660	0.16490	0.06100	0.00000	0.7299	0.2700	0.0000
670	0.08740	0.03200	0.00000	0.7319	0.2680	0.0000

续表

λ/nm	$\tilde{x}$	$\tilde{y}$	$\tilde{z}$	x	y	z
680	0.04677	0.01700	0.00000	0.7334	0.2665	0.0000
690	0.02270	0.00821	0.00000	0.7343	0.2656	0.0000
700	0.01135	0.00410	0.00000	0.7346	0.2653	0.0000
710	0.00579	0.00209	0.00000	0.7346	0.2653	0.0000
720	0.00290	0.00104	0.00000	0.7346	0.2653	0.0000
730	0.00144	0.00052	0.00000	0.7346	0.2653	0.0000
740	0.00069	0.00024	0.00000	0.7346	0.2653	0.0000
750	0.00033	0.00012	0.00000	0.7346	0.2653	0.0000
760	0.00016	0.00006	0.00000	0.7346	0.2653	0.0000
770	0.00008	0.00003	0.00000	0.7346	0.2653	0.0000
780	0.00004	0.00001	0.00000	0.7346	0.2653	0.0000

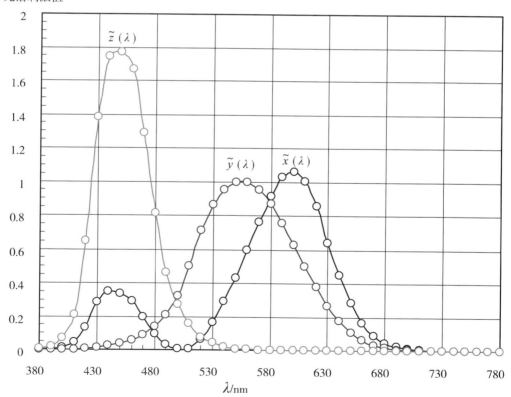

图 4-4 CIE1931XYZ 标准观察者光谱刺激值曲线

CIE 标准色度观察者光谱三刺激的计算还可以采用另一过程，即首先将 CIERGB 系统中的光谱色度坐标 r、g、b 转换成 *CIEXYZ* 系统中的光谱色度坐标 x、y、z，其转换公式为：

$$\begin{cases} x = \dfrac{0.490r + 0.310g + 0.200b}{0.667r + 1.132g + 1.200b} \\[2mm] y = \dfrac{0.177r + 0.812g + 0.010b}{0.667r + 1.132g + 1.200b} \\[2mm] z = \dfrac{0.000r + 0.010g + 0.990b}{0.667r + 1.132g + 1.200b} \end{cases} \qquad (4-4)$$

然后将按上式计算得到的光谱色度坐标 x、y、z 转换成 CIE 标准色度观察者光谱三刺激值 $\tilde{x}$、$\tilde{y}$、$\tilde{z}$，其转换方程为：

$$\begin{cases} \tilde{x} = \dfrac{x}{y} \cdot V \\[2mm] \tilde{y} = V \\[2mm] \tilde{z} = \dfrac{z}{y} \cdot V \end{cases} \qquad (4-5)$$

式（4–5）中规定了光谱刺激值 $\tilde{y}$ 与明视觉光谱光视效率 V（见第二章第三节）一致。即 $\tilde{y} = V$。前面两种转换方法计算得到的 $\tilde{x}$、$\tilde{y}$、$\tilde{z}$ 值完全相同。在表中列出了从 380~780nm 范围内每隔 10nm 的标准光谱刺激值，也可以从其他文献中找到每隔 1nm 和 5nm 的标准光谱刺激值。

例 4–1　将波长 λ=600nm 光谱色的 $\tilde{r}$、$\tilde{g}$、$\tilde{b}$ 转换成 CIEXYZ 标准观察者光谱三刺激值 $\tilde{x}$、$\tilde{y}$、$\tilde{z}$ 以及色度坐标 x、y、z。

解，从表中查得

λ=600nm 时，CIERGB 系统中的光谱三刺激值为

$$\begin{cases} \tilde{r} = 0.34429 \\ \tilde{g} = 0.06246 \\ \tilde{b} = -0.00049 \end{cases}$$

λ=600nm 时，CIERGB 系统中的色度坐标计算为

$$\begin{cases} r = \dfrac{R}{R+G+B} = \dfrac{0.34429}{0.34429 + 0.06246 - 0.00049} = 0.8475 \\[2mm] g = \dfrac{G}{R+G+B} = \dfrac{0.06246}{0.34429 + 0.06246 - 0.00049} = 0.1537 \\[2mm] b = \dfrac{B}{R+G+B} = \dfrac{-0.00049}{0.34429 + 0.06246 - 0.00049} = -0.0012 \end{cases}$$

根据式（4-3）计算得 CIEXYZ 标准观察者光谱三刺激值为

$$
\begin{cases}
\tilde{x} = 2.7689\tilde{r} + 1.7518\tilde{g} + 1.1302\tilde{b} \\
\quad = 2.7689 \times 0.34429 + 1.7518 \times 0.06246 + 1.1302 \times (-0.00049) = 1.0621 \\
\tilde{y} = 1.0000\tilde{r} + 4.5907\tilde{g} + 0.0601\tilde{b} \\
\quad = 1.0000 \times 0.34429 + 4.5907 \times 0.06246 + 0.0601 \times (-0.00049) = 0.6310 \\
\tilde{z} = 0.0000\tilde{r} + 0.0565\tilde{g} + 5.5943\tilde{b} \\
\quad = 0.0000 \times 0.34429 + 0.0565 \times 0.06246 + 5.5943 \times (-0.00049) = 0.00078
\end{cases}
$$

根据式（4-4）计算得 CIEXYZ 系统中的光谱色度坐标为

$$
\begin{cases}
x = \dfrac{0.490r + 0.310g + 0.200b}{0.667r + 1.132g + 1.200b} \\
\quad = \dfrac{0.490 \times 0.8475 + 0.310 \times 0.1537 + 0.200 \times (-0.0012)}{0.667 \times 0.8475 + 1.132 \times 0.1537 + 1.200 \times (-0.0012)} = 0.6270 \\
y = \dfrac{0.177r + 0.812g + 0.010b}{0.667r + 1.132g + 1.200b} = 0.3723 \\
z = \dfrac{0.000r + 0.010g + 0.990b}{0.667r + 1.132g + 1.200b} = 0.0005
\end{cases}
$$

根据式（4-5）计算 CIEXYZ 系统中的标准观察者光谱三刺激值为（V=0.631）

$$
\begin{cases}
\tilde{x} = \dfrac{x}{y} \cdot V = \dfrac{0.6270}{0.3723} \times 0.631 = 1.0621 \\
\tilde{y} = V = 0.631 \\
\tilde{z} = \dfrac{z}{y} \cdot V = \dfrac{0.0005}{0.3723} \times 0.631 = 0.0008
\end{cases}
$$

从以上计算结果可以看到，根据式（4-4）和式（4-3）、式（4-5）计算所得到的标准观察者光谱三刺激值完全相同，$\tilde{x}$ =1.0621、$\tilde{y}$ =0.6310、$\tilde{z}$ =0.0008。

前面提到过，CIE 选择假想三原色，又根据假想三原色确定任意色的三刺激值 X、Y、Z 和导出 CIE 标准观察者光谱三刺激值 $\tilde{x}$、$\tilde{y}$、$\tilde{z}$，目的是使所有颜色都能通过三刺激值的正值表示，不能出现负值。这一点我们从标准光谱三刺激值已经得知，所有光谱色的光谱三刺激值 $\tilde{x}$、$\tilde{y}$、$\tilde{z}$ 都是正值。另外 CIE 假想三原色 X、Y、Z 不是任意选择的。

第一，从它们导出的标准光谱三刺激值中 $\tilde{x}$ 刺激值之和，$\tilde{y}$ 刺激值之和以及 $\tilde{z}$ 刺激值之和都相等。这一点似乎不重要，但是在表示一个理想白的三刺激值时就显示其意义所在。理想白在所有波长上的反射率都为 1，这样理想白的三刺激值正好等于标准光谱三刺激值之和 $X=Y=Z$。由此推出，每一个颜色，只要它在所有波长上有相同的反射率，它就有相同的三刺激值。所有波长上有相同反射率（等能光谱）的颜色实质上就是中性灰色。因此，中性灰色在 CIEXYZ 系统中的三刺激值相等，当然这还要求照明光源也发射等能光谱。实际上不同的光源具有不同的光谱能量分布，在不同的光源下，理想白都将有不同的三刺激值。

第二，三条标准刺激值曲线中 $\tilde{y}$ 曲线具有重要意义。从式（4-5）中看出，$\tilde{y}$ 刺激值被定义为明视觉的光谱光视效率，即ȳ曲线与明视觉的亮度灵敏曲线完全相同。这就意味着，每一颜色的三刺激值中的 Y 刺激值除了表示绿色量的大小外，还表示这个颜色的亮度。所以理想白在每一种光源下其 Y 刺激值等于100。在表示物体色时，常把 Y 刺激值称为"亮度因数"。

第三，三条标准刺激值曲线也表示人眼的感色灵敏度，它们相当于人眼视网膜上红、绿、蓝三种感色细胞的光谱灵敏度曲线（见图 2-15）。尽管它们之间有区别，但是它们之间的关系也只是一种线性的数学转换关系。

根据以上分析，CIE 三原色 X、Y、Z 不是任意的，它们模拟了人眼感色灵敏度，使颜色三刺激值的确定尽量简单。

二、CIE 标准色品图

在 CIE1931XYZ 标准色度系统中，三刺激值 X、Y、Z 表示了一个三维空间，在该空间中很难看出一个颜色的实际外貌，同时，使用标准三刺激值 X、Y、Z 也不能判别颜色的心理三属性色相、亮度和饱和度。因而，在使用时通常将 CIEXYZ 三维空间投影到一个平面上，使用另外一组坐标值称为 CIE 标准色品坐标，分别用小写字母 x、y、z 表示。x 是红刺激值 X 的色品坐标，y 是绿刺激值 Y 的色品坐标，z 是蓝刺激值 Z 的色品坐标。如果将某一颜色的亮度扩大两倍，它的三刺激值也将扩大两倍，所以将三刺激值投影时就应保持三刺激值之间的比例关系。这样就可以认为保持了颜色的三属性关系不变。CIE 色度坐标的计算就保持了这种比例关系，即 CIE 色度坐标 x、y、z 分别是三刺激值 X、Y、Z 分别在三刺激值之和 $X+Y+Z$ 中所占的比例。分开来说就是：色度坐标 x 是红刺激值 X 在三刺激值之和（$X+Y+Z$）中所占的比例，色度坐标 y 是绿刺激值 Y 在三刺激值之和（$X+Y+Z$）中所占的比例，色度坐标 z 是蓝刺激值 Z 在三刺激值之和（$X+Y+Z$）中所占的比例。这样就可以将 CIE 标准色度系统中的三刺激值转换成色品坐标，具体计算公式如下：

$$\begin{cases} x = \dfrac{X}{X+Y+Z} \\[2mm] y = \dfrac{Y}{X+Y+Z} \\[2mm] z = \dfrac{Z}{X+Y+Z} \end{cases} \tag{4-6}$$

从式（4-6）可知，三个色品坐标值之和总是等于1，即

$$x+y+z=1 \tag{4-7}$$

根据式（4-6）可知，我们实际上是将 X、Y、Z 三刺激值已经投影到空间平面上，该空间平面方程为 $x+y+z=1$。它的三个顶点分别位于三个坐标轴上（1，0，0），（0，1，0）和（0，0，1），即所有颜色的三刺激值 X、Y、Z 都将投影在由这三个顶点组成的三角形平面上。所有光谱色的三刺激值在 CIEXYZ 色度空间中的位置组成一条空间曲线，将光谱色的每一空间点都投影到 $x+y+z=1$ 的平面上（图 4-5），这样一条空间曲线就

在 $x+y+z=1$ 平面上形成一条马蹄形曲线。

根据 $x+y+z=1$，我们无须使用三个色品坐标，每个颜色只需使用其中两个色品坐标即可，因此我们可将 $x+y+z=1$ 向三个坐标平面上投影，就有三种选择，即每个颜色可用 (x,y) 坐标或 (y,z) 坐标表示。不过 CIE 规定用 (x,y) 两个色品坐标表示颜色，通常将以 x 为横坐标轴，y 为纵坐标轴，并且描绘有标准观察者光谱值（光谱色）的色品位置曲线的平面直角坐标称为 CIE-xy 标准色品图（图 4-6）。

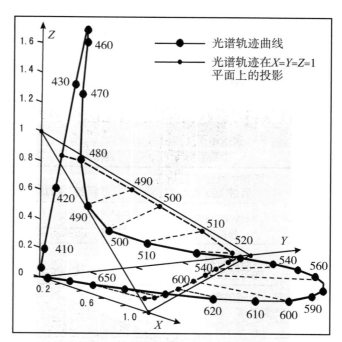

图 4-5　CIEXYZ 空间向平面的转换

其中由空间平面 $x+y+z=1$ 的投影所得到的三角形称为 CIE 颜色三角形。在这个三角形内部，不是每一个点都能表示真实颜色，例如三角形的三个角点（0，0），（1，0）和（0，1）就不可能是真实颜色。位于三角形内部，由光谱色色品点组成的曲线称为光谱轨迹。光谱轨迹不是一条封闭曲线，将其两个端点（即光谱色轨迹的起点和终点）用直线连接，位于这条直线上的颜色是最纯最饱和的紫色，所以将该直线称为紫色线。光谱轨迹和紫色线组成一个马蹄形区域，所有色光相加的混合色，以及所有真实颜色都位于该马蹄形区域内部。位于该马蹄形区域以外的色品点都是不可实现的颜色。

如果在 CIE 颜色三角形中任意取两个颜色相加混合，混合色将位于连接这两色品点的直线上。如果三个不同的颜色相加混合，混合色的色品坐标将位于这三个色组成的三角形内部。从 560nm 至 690nm 之间的光谱色位于一条直线上，该范围内的每一光谱色都可通过 560nm 和 690nm 的光谱色相加混合得到。

三角形中点的色品坐标是 $x=y=0.333$，与等能光谱混合色的

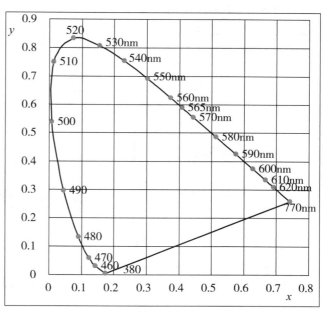

图 4-6　标准观察者光谱值的色品位置－光谱轨迹

色品坐标一致，也是标准光源 E 的色品坐标，常用大写字母 E 表示。当表示物体色时，中性色点常用标准光源 D_{65} 和 D_{50} 的色品坐标替代。这两个标准光源的色品坐标是：

标准光源 D_{65}：$x=0.3127$　　　$y=0.3290$

标准光源 D_{50}：$x=0.3475$　　　$y=0.3585$

如果把光谱轨迹上的任意一点与中点用直线连接，位于该直线上的所有颜色都可以通过中性色和该光谱色混合得到。因为一个颜色与中性色混合不会改变该颜色的色相，所以通过中性色点的直线上的颜色都具有相同的色相。

如果将同一颜色与不同量的中性色光混合，混入的中性色光量越大，混合色的饱和度越低，混入的中性色光量越小，饱和度就越高。因此，一个颜色的饱和度可以看成是该颜色的位置离中性色点（中心点）的距离。离中性色的距离越大，颜色的饱和度越高。中性色的饱和度最低，光谱色的饱和度最高（图 4-7）。

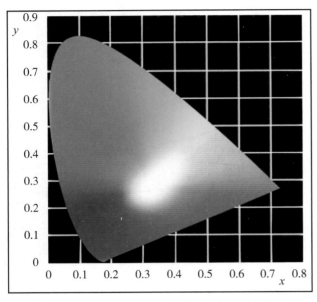

图 4-7　CIE-xy 色品图中光谱轨迹内的颜色分布

三、CIE 颜色立体

在 CIEXYZ 色品图中只能用二维坐标表示颜色，并且可从二维坐标（x，y）推算出颜色的色相和饱和度，但是不能表示颜色的亮度信息。如果要表示颜色亮度信息，还是要使用颜色三刺激值中的 Y 刺激值。这样就涉及颜色立体。亮度因素 Y 与 x-y 平面垂直（图 4-8），一个颜色就可用三个坐标值（Y，x，y）表示。

从 CIEYxy 颜色立体又可看出，最大亮度为 100，只有很少位置的颜色能达到这个最大亮度。沿光谱轨迹的光谱色的最高亮度只有 4.68。饱和度越低的颜色，其亮度越高，中心点的亮度可达到最高值 100。从 CIEYxy 颜色立体还可知，当黄、绿色相饱和度较高时，可达到较高亮度。而在红、蓝色相上，高饱和度时，只能有较低亮度。因此，CIE 颜色立体是一个不对称立体。

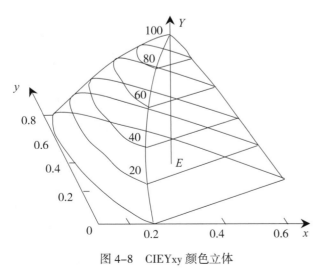

图 4-8　CIEYxy 颜色立体

第三节 10° 视场的CIEXYZ系统

前面对 CIE 系统的叙述还未提到观察视场。因为前面提到的 CIE1931 标准色度系统只采用了 2° 观察视场，即根据实验所获得的 1931CIE 标准光谱三刺激值是在 2° 视场条件下进行的光谱色匹配实验。所以基于 1931CIE 标准观察者光谱三刺激值进行的颜色测量都只符合 2° 观察视场。1931CIE 标准光谱三刺激值也称为 1931CIE 2° 标准观察者光谱三刺激值。

在 1964 年 CIE 又提出了 10° 视场的颜色表示系统。为什么要提出 10° 视场的 CIE 颜色表示系统，原因简单叙述如下：在第一章叙述眼睛结构时，我们已经知道，人眼视网膜上有两类感色细胞：锥状细胞和杆状细胞。锥状细胞主要分布在视网膜的中央凹，而这里几乎没有杆状细胞。所以认为在观察视场很小时，色样只在中央凹成像和起作用。2° 视场的选取就是基于这种考虑，希望只有锥状细胞（感色细胞）参与颜色视觉过程，而没有杆状细胞的参与。如果在 30cm 的观察距离下，2° 视场相对应的色样面积是 1cm 直径的圆形面积。但是在实际工作中所使用的颜色面积往往较大，例如在染料工业、纺织工业和油墨工业等的观察色样都具有较大面积，这时在 2° 视场下的颜色测量的精确性受到影响。因为视场大时，不仅中央凹的锥状细胞参与颜色视觉过程，而且中央凹以外的锥状细胞和杆状细胞也将参与颜色视觉过程，而且随着观察视场的扩大，人眼辨认颜色的精度和物体细节的能力提高。但视场大于 10° 后，这种能力不会继续提高。因此 CIE 于 1964 年又提出了 10° 视场颜色表示系统。主要是通过光谱色匹配实验获得了 10° 视场的光谱色三刺激值，被称为 CIE1964 10° 标准观察者光谱三刺激值，简称为 10° 标准观察者或 10° 观察视场。10° 视场与 2° 视场光谱三刺激值曲线（图 4-9）略有不同，主要在蓝色区 400~500nm，10° 视场的蓝刺激值曲线 $\tilde{z}_{10}(\lambda)$ 高于 2° 视场的蓝刺激值曲线 $\tilde{z}(\lambda)$，这说明中央凹以外的视细胞对短波光具有更高的敏感性。

10° 视场 CIE 表色系统用于大于 4° 的视场范围，而 2° 视场适用于小于 4° 的视场范围。这两类系统中的光谱色三刺激值、其他颜色的三刺激值和色品坐标的概念完全相似，只是数值不相同。例如，在 10° 视场和 2° 视场下，标准光源 D_{50} 和 D_{65} 的三刺激值都不相同（表 4-3），分别是：

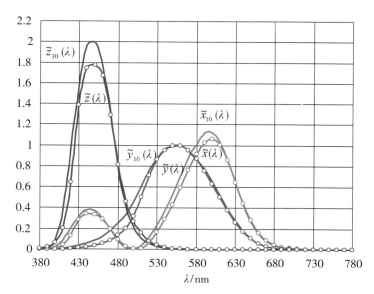

图 4-9 CIE 2° 和 10° 视场的标准观察者光谱刺激值曲线

表4-3 D_{50}和D_{65}的三刺激值

标准光源	2° 观察视场			10° 观察视场		
	X	Y	Z	X_{10}	Y_{10}	Z_{10}
D_{50}	96.42	100.00	82.49	96.72	100.00	82.41
D_{65}	95.04	100.00	108.89	94.81	100.00	107.33

为了区别所使用的系统，通常在三刺激值和色品坐标值加下标"10"，如 10° 视场的三刺激值写为 X_{10}、Y_{10}、Z_{10}，色度坐标写为 x_{10}、y_{10}、z_{10}，光谱色三值刺激值写为 $\bar{x}_{10}$、$\bar{y}_{10}$、$\bar{z}_{10}$，2° 视场下这些物理量均不加写下标。10° 视场下的色品坐标的计算公式为

$$\begin{cases} x_{10} = \dfrac{X_{10}}{X_{10} + Y_{10} + Z_{10}} \\[2mm] y_{10} = \dfrac{Y_{10}}{X_{10} + Y_{10} + Z_{10}} \\[2mm] z_{10} = \dfrac{Z_{10}}{X_{10} + Y_{10} + Z_{10}} \end{cases} \qquad (4-8)$$

当然也可根据式（4-8）将 10° 视场的所有光谱色三刺激值转换成相应的色品坐标。只是这时式（4-8）中的 X_{10}、Y_{10}、Z_{10} 需用光谱色三值刺激值 $\bar{x}_{10}$、$\bar{y}_{10}$、$\bar{z}_{10}$ 代替。

10° 视场和 2° 视场的光谱轨迹曲线形状相似（图 4-10），但是相同波长的光谱色的位置有较大的差别。在色品图上 10° 视场和 2° 视场的唯一能重合的色品点是颜色三角形的重心，即 E 光源的等能白光点。

在确定 2° 视场的光谱色三刺激值时，规定了 $\bar{y}(\lambda)$ 曲线与光谱光视效率 $V(\lambda)$ 一致，还规定绿刺激值 Y 代表颜色的亮度因素。但是在 10° 视场时则没有使用这个规定，即 $\bar{y}_{10}(\lambda) \neq V(\lambda)$，这说明色样的 Y_{10} 将不完全与该色样的亮度一致。

10° 视场虽从理论上对 2° 视场的颜色表示精度有所改善，但实际上除了视场的大小区别之外，还没有其他客观标准证明这种精确性。因此视场大小的使用还是任意的。不过在使用过程中比较一致的是，大视场时选用 10° 视场，小视场时选用 2° 视

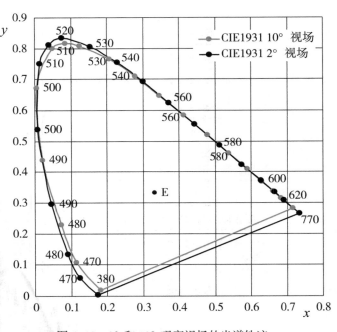

图 4-10   2° 和 10° 观察视场的光谱轨迹

场。如汽车工业、油墨制造就选用 10° 视场，印刷工业则选用了 2° 视场作为颜色测量的标准条件。

第四节　主波长和色纯度

前面我们讲述过，一种颜色在 CIE 标准色度系统中可以用标准三刺激值 X、Y、Z 表示，还可以通过色品坐标和亮度因素表示，即通过 x、y、Y 表示。这两种方法没有直接表示出颜色视觉三属性中的色相和饱和度。本节将讨论在 CIE 标准系统中的另外一种颜色表示方法，用主波长和色纯度分别表示颜色的色相和饱和度。

一、主波长

我们已经知道，在色品图中位于中心点（非彩色点）和光谱轨迹某点的连接直线上的所有颜色具有相同色相，这条直线叫做等色相线。等色相线上的每一颜色都是光谱色与非彩色的混合结果。因此，我们可以使用某个颜色所属的光谱色波长来表示该色的色相，并称为该颜色的主波长。

主波长的确定比较简单。首先我们应知道某个样品颜色的色品坐标值，并将色品坐标值描绘在色品图中得到样品色的色品点 A。然后从非彩色点 C 开始画直线通过样品色色品点 A，一直延长到与光谱轨迹曲线相交。交点处的波长就是样品色 A 的主波长（图 4-11），主波长用 λ_d 表示，所以样品色 A 的主波长 $\lambda_d = 500\mathrm{nm}$。

在确定主波长以及色纯度时，对于非彩色点总是要使用照明光源的色品坐标值。我们可能已经注意到，在色品图上光源的色品点与光谱轨迹曲线的两个端点组成的三角形区域内（紫色区），样品色品点与光源色品点的连接直线延长后将与紫色线相交，不能与光谱轨迹相交。此时，我们可以将连接直线反向延长至与光谱轨迹相交，这样得到的光谱色波长称为补色波长。位于紫色区域以内的所有色品点都只有补

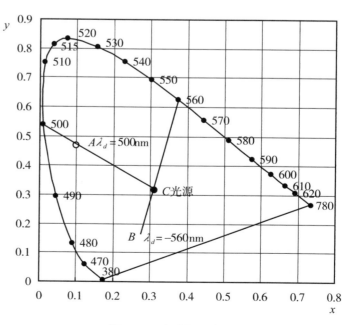

图 4-11　主波长的确定

色波长。为了区分主波长和补色波长，通常在补色波长前面加负号"–"。例如图中颜色 B 就只有补色波长，颜色 B 的补色波长是 $\lambda_d=-560nm$。

　　以上作图法是确定颜色主波长和补色波长的一种简单方法，其精确度也比较差。如果需要更高精度，可以采用计算方法。采用计算方法时，通常应事先计算光谱色坐标点与光源色品点之间的直线斜率，也就是主波长线的斜率 k_λ，并且列出主波长线的斜率表（如表 4-4）。然后计算样品色与光源之间的直线斜率 k_s。再在主波长斜率表中查找与 k_s 最接近的主波长线的斜率 k_λ，与该 k_λ 对应的波长就是样品色的主波长。为了加深印象，下面举两例分别计算主波长和补色波长。

表4-4　　　　　　　　　　　几种标准光源的部分主波长线的斜率

λ/nm	E		D_{65}		D_{50}		C	
	$\dfrac{x-x_0}{y-y_0}$	$\dfrac{y-y_0}{x-x_0}$	$\dfrac{x-x_0}{y-y_0}$	$\dfrac{y-y_0}{x-x_0}$	$\dfrac{x-x_0}{y-y_0}$	$\dfrac{y-y_0}{x-x_0}$	$\dfrac{x-x_0}{y-y_0}$	$\dfrac{y-y_0}{x-x_0}$
462	0.6415		0.5812		0.6299		0.5981	
463	0.6514		0.5908		0.6390		0.6083	
464	0.6622		0.6013		0.6488		0.6194	
465	0.6741		0.6129		0.6597		0.6316	
466	0.6875		0.6259		0.6719		0.6454	
540	−0.2463		−0.1953		−0.2933		−0.1837	
541	−0.2322		−0.1807		−0.2790		−0.1694	
542	−0.2178		−0.1658		−0.2644		−0.1547	
543	−0.2032		−0.1505		−0.2495		−0.1397	
544	−0.1881		−0.1348		−0.2342		−0.1244	

　　例 4-2　在标准光源 C 下，颜色 F 的色品坐标为 F（$x=0.4411$，$y=0.5259$），计算颜色 F 的主波长。

　　解：查得标准光源 C 的色品坐标为 C（$x_o=0.3101$，$y_o=0.3162$）

　　首先计算

$$x-x_o = 0.4411-0.3101 = 0.1310$$

$$y-y_o = 0.5259-0.3162 = 0.2097$$

　　选择以上两个数中绝对值较小的作为分子，绝对值较大的作为分母，计算斜率。所以颜色 F 的斜率为

$$\frac{x-x_o}{y-y_o} = \frac{0.1310}{0.2097} = 0.6247$$

再在标准光源 C 下的主波长线斜率表中，查找与 0.6247 最接近的数字，经查得与 0.6247 最接近的斜率是 0.6090，对应的波长是 571nm。所以，颜色 F 的主波长是

$$\lambda_d \approx 467nm$$

　　例 4-3　在标准光源 C 下，颜色 G 的色品坐标为 G（$x=0.3324$，$y=0.1734$），计算颜

色 G 的主波长。

解：

$$x - x_o = 0.3324 - 0.3101 = 0.0223$$

$$y - y_o = 0.1734 - 0.3162 = -0.1428$$

$$\frac{x - x_o}{y - y_o} = \frac{0.0223}{-0.1428} = -0.1561$$

因为 G（x=0.3324，y=0.1734）点位于色品图上紫色三角形区域内，所以只有补色波长。在斜率表中查得与 –0.1516 最接近的斜率数是 –0.1547，所以颜色 G 的补色波长为

$$\lambda_d \approx -542\text{nm}$$

二、纯度

因为等色相线上的每一颜色都是光谱色与非彩色混合的结果，而且光谱色是最饱和的颜色。样品色越接近光谱色，该颜色就越饱和。所以我们可以用一个颜色接近光谱色的程度来表示一个颜色的饱和度，在 CIE1931 色度系统中称为纯度。

在 CIE1931 色品图中的等色相线上，一个颜色的纯度用光源色品点到样品色品点的距离与光源色品点到光谱色的距离之比表示（图 4-12）。如果用 C（x_o, y_o）表示光源色品点，用 F（x, y）表示样品色品点，S（x_λ, y_λ）表示光谱色品点，则样品色的纯度 P_e 可按下式计算：

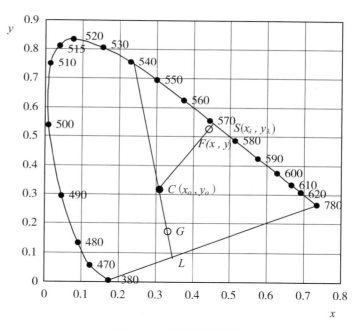

图 4-12 色纯度的计算

$$p_e = \frac{|x - x_o|}{|x_\lambda - x_o|} \cdot 100\% \qquad (|x - x_o| > |y - y_o|) \qquad （4-9）$$

或

$$p_e = \frac{|y - y_o|}{|y_\lambda - y_o|} \cdot 100\% \qquad (|y - y_o| > |x - x_o|) \qquad （4-10）$$

例 4–4 求前面例 4–2 中颜色 F 的纯度。

解：从例 4–2 已知颜色 F 的色品坐标为：x=0.4411，y=0.5259

颜色 F 的主波长光谱色的色品坐标为：x_λ=0.4511，y_λ=0.5478

光源 C 的色品坐标为：x_o=0.3101，y_o=0.3162

$$|x - x_o| = |0.4411 - 0.3101| = 0.1310$$

$$|y - y_o| = |0.5259 - 0.3162| = 0.2097$$

因为 $|y - y_o| > |x - x_o|$，所以用式（4–10）计算颜色 F 的纯度为

$$p_e = \frac{|y - y_o|}{|y_\lambda - y_o|} \cdot 100\% = \frac{0.2097}{0.2316} \cdot 100\% \approx 91\%$$

例 4–5 求前面例 4–3 中颜色 G 的纯度。

解：从例 4–3 中已知颜色 G 的色品坐标为 G（x=0.3324，y=0.1734），光源 C 的色品坐标为（x_o=0.3101，y_o=0.3162），颜色 G 与光源 C 的连接直线在紫色线上的交点 L 可以从色度图上查得 L（x_λ=0.3500，y_λ=0.065），所以计算得颜色 G 的纯度为：

$$p_e = \frac{|y - y_o|}{|y_\lambda - y_o|} \cdot 100\% = \frac{|0.1734 - 0.3162|}{|0.0650 - 0.3162|} \cdot 100\% = 57\%$$

从前面颜色的主波长和纯度的计算过程中可知，如果要达到更精确的结果，还需要其他辅助方法，在此不作介绍。

第五节 物体色三刺激值的计算

一、物体色三刺激值的计算式

从第一章已知，颜色视觉的形成需要四大要素：光源、物体、眼睛和大脑，物体色三刺激值的计算就是模拟这个过程（图 4–13），涉及照明光源的相对光谱功率分布 $S(\lambda)$、物体表面光谱反射率 $\rho(\lambda)$ 和标准观察者光谱三刺激值 $\tilde{x}(\lambda)$、$\tilde{y}(\lambda)$、$\tilde{z}(\lambda)$。照明光源的相对光谱功率分布与物体表面光谱反射率的乘积，是进入人眼的光谱能量，它们将对人眼红、绿、蓝三种锥体细胞产生刺激，所以常把这个乘积叫做颜色刺激函数，即

颜色刺激函数 = 照明光源的相对光谱功率分布 × 物体表面光谱反射率 =$S(\lambda) \times \rho(\lambda)$

某一波长的颜色视觉是该波长的刺激函数与该波长的光谱刺激值的乘积，即

单波长红刺激值 = 颜色刺激函数 × 标准观察者红色光谱刺激值 =$S(\lambda) \cdot \rho(\lambda) \cdot \tilde{x}(\lambda)$；

单波长绿刺激值 = 颜色刺激函数 × 标准观察者绿色光谱刺激值 =$S(\lambda) \cdot \rho(\lambda) \cdot \tilde{y}(\lambda)$；

单波长蓝刺激值 = 颜色刺激函数 × 标准观察者蓝色光谱刺激值 =$S(\lambda) \cdot \rho(\lambda) \cdot \tilde{z}(\lambda)$。

物体色总的颜色感觉就是所有波长颜色感觉的总和，即

红刺激值 = 各单波长红刺激值之和；
绿刺激值 = 各单波长绿刺激值之和；
蓝刺激值 = 各单波长蓝刺激值之和。

因此，物体色的三刺激值的完整计算式如下：

$$\begin{cases} X = k \sum_{\lambda=380nm}^{730nm} [S(\lambda) \cdot \rho(\lambda) \cdot \tilde{x}(\lambda)] \\[2mm] Y = k \sum_{\lambda=380nm}^{730nm} [S(\lambda) \cdot \rho(\lambda) \cdot \tilde{y}(\lambda)] \\[2mm] Z = k \sum_{\lambda=380nm}^{730nm} [S(\lambda) \cdot \rho(\lambda) \cdot \tilde{z}(\lambda)] \end{cases} \quad (4\text{--}11)$$

式（4-11）中：Σ 表示对它后面的各项累加求和；$S(\lambda)$ 是 CIE 标准照明光源的相对光谱功率分布；$\rho(\lambda)$ 是物体色（如印刷品表面）的光谱反射率；k 是调整系数，规定标准照明体的亮度 $Y_n=100$，即

$$Y_n = k \sum_{\lambda=380nm}^{730nm} [S(\lambda) \cdot \tilde{y}(\lambda)] = 100 \quad (4\text{--}12a)$$

所以，调整系数 k 可以用下式计算：

$$k = \frac{100}{\sum_{\lambda=380nm}^{730nm} [S(\lambda) \cdot \tilde{y}(\lambda)]} \quad (4\text{--}12b)$$

在计算中，如果没有系数 k，波长间隔的大小对计算结果影响很大。加入调整系数 k 可以使计算的 X、Y、Z 受波长间隔大小的影响很小，在标准照明体选定后仅取决于物体表面的光谱反射率 $\rho(\lambda)$。一般可以每隔 10nm 取值求和，要求很高精度时可以每隔 5nm 取值求和。每隔 1nm 似乎更精确，实际上已无必要，计算结果与每隔 5nm 相差甚微，却不仅使得计算时间加倍，而且要求色散装置的精度更高。

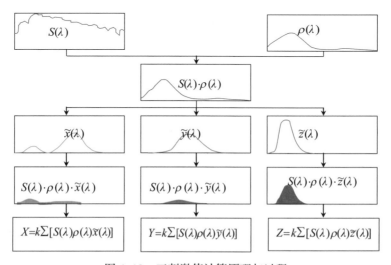

图 4-13　三刺激值计算原理与过程

在颜色测量过程中，为了获得颜色样品的光谱反射率，已经使用光源。为什么在三刺激值计算式中还要考虑标准照明体的光谱功率分布呢？不是多余了吗？回答是并不多余，而且必须要考虑。在获得样品色的光谱反射率时虽然已经使用了光源，但是在色散过程中每一波长的入射光都调整为100%，相当于已经将光源调整到在所有波长上发射相同的光能量，即发射等能光谱，样品是被等能光谱照射。所以在三刺激值的计算中还必须考虑光源的实际光谱功率分布，才符合颜色＝光 × 眼睛的颜色视觉形成过程。这样就在三刺激值的计算式中引入了标准照明体的标准光谱功率分布。

理论上，用于求和的波长范围应该从380nm至780nm，因为小于380nm和大于730nm波长的光对人眼的刺激 $\tilde{x}(\lambda)$、$\tilde{y}(\lambda)$、$\tilde{z}(\lambda)$ 几乎为零，对三刺激值几乎不再有影响，所以求和的波长范围一般确定在380~730nm。

从以上的计算过程可以看出，这种计算方法涉及将物体色分解成光谱，单波长颜色视觉是光谱反射率与人眼的乘积，X、Y、Z 三刺激值计算的基本思想就是在第一章中所讲的格拉斯曼定律之一，混合色光的总亮度等于各组成色光的亮度之和，即每个颜色都是各光谱色的相加混合。这一计算过程完全是一种光谱计算方法。

二、物体色三刺激值计算举例

下面根据品红油墨的光谱反射率计算它的三刺激值。表4-5中的第一列是光谱波长，波长间隔为20nm；第二列是标准照明体 D_{65} 的相对光谱功率分布，该列用 $S(\lambda)$ 表示；第三列是品红油墨的光谱反射率，该列用 $\rho(\lambda)$ 表示；第四列、第五列、第六列是2°标准观察者光谱三刺激值，这三列分别用 $\tilde{x}(\lambda)$、$\tilde{y}(\lambda)$、$\tilde{z}(\lambda)$ 表示；第七列是 D_{65} 光源的相对光谱功率与标准观察者绿光谱刺激值的乘积，该列用 $S \cdot \tilde{y}$ 表示。

表4-5　　　　　　　　根据光谱反射率计算三刺激值X、Y、Z

λ/nm	$S(\lambda)$	$\rho(\lambda)$	$\tilde{x}(\lambda)$	$\tilde{y}(\lambda)$	$\tilde{z}(\lambda)$	$S \cdot \rho$	$S \cdot \rho \cdot \tilde{x}$	$S \cdot \rho \cdot \tilde{y}$	$S \cdot \rho \cdot \tilde{z}$
380	49.98	0.190	0.001	0.000	0.007	0.000	0.013	0.000	0.062
400	82.75	0.167	0.014	0.000	0.068	0.033	0.198	0.006	0.941
420	93.43	0.198	0.134	0.004	0.646	0.374	2.488	0.074	11.949
440	104.86	0.230	0.348	0.023	1.747	2.412	8.397	0.554	42.118
460	117.81	0.203	0.291	0.060	1.669	7.069	6.968	1.438	39.998
480	115.92	0.137	0.096	0.139	0.813	16.113	1.515	2.203	12.883
500	109.35	0.085	0.005	0.323	0.272	35.320	0.046	3.009	2.534
520	104.79	0.046	0.063	0.710	0.078	74.401	0.306	3.430	0.378
540	104.41	0.036	0.290	0.954	0.020	99.607	1.085	3.566	0.076
560	100.00	0.026	0.595	0.995	0.004	99.500	1.552	2.597	0.010
580	95.79	0.038	0.916	0.870	0.002	83.337	3.335	3.167	0.006
600	90.01	0.341	1.062	0.631	0.001	56.796	32.603	19.368	0.025
620	87.70	0.704	0.854	0.381	0.000	33.414	52.751	23.523	0.012

续表

λ/nm	$S(\lambda)$	$\rho(\lambda)$	$\tilde{x}(\lambda)$	$\tilde{y}(\lambda)$	$\tilde{z}(\lambda)$	$S \cdot \rho$	$S \cdot \rho \cdot \tilde{x}$	$S \cdot \rho \cdot \tilde{y}$	$S \cdot \rho \cdot \tilde{z}$
640	83.49	0.820	0.448	0.175	0.000	14.611	30.679	11.987	0.000
660	80.21	0.852	0.165	0.061	0.000	4.893	11.264	4.167	0.000
680	78.28	0.860	0.046	0.017	0.000	1.330	3.150	1.144	0.000
700	71.61	0.883	0.011	0.004	0.000	0.293	0.721	0.259	0.000
720	61.60	0.900	0.002	0.001	0.000	0.061	0.160	0.055	0.000
Σ						529.565	157.232	80.547	110.992

第一步，计算系数 k

波长 380nm 时（第二行），$S(\lambda)=49.9800$，$\tilde{y}(\lambda)=0.0000$，则二者的乘积是 $S(\lambda) \cdot \tilde{y}(\lambda)=0.0000$；

波长 400nm 时（第三行）$S(\lambda)=54.6500$，$\tilde{y}(\lambda)=0.167$，则二者的乘积是 $S(\lambda) \cdot \tilde{y}(\lambda)=0.033$。

如此类推，直至 780nm。将第七列的所有 $S(\lambda) \cdot \tilde{y}(\lambda)$ 乘积累加的结果列于表的第七列最后一行，即：

$$\sum_{\lambda=380nm}^{730nm} [S(\lambda) \cdot \tilde{y}(\lambda)] = 529.565$$

调整系数 k 为：

$$k = \frac{100}{\sum_{\lambda=380nm}^{730nm} [S(\lambda) \cdot \tilde{y}(\lambda)]} = \frac{100}{529.565} = 0.1888$$

第二步，计算红刺激值 X

光源每一波长的相对光谱功率分布、品红油墨的光谱反射率与标准观察者红光谱刺激值的乘积 $S(\lambda) \cdot \rho(\lambda) \cdot \tilde{x}(\lambda)$ 列于第八列，将第八列的所有 $S(\lambda) \cdot \rho(\lambda) \cdot \tilde{x}(\lambda)$ 乘积累加的结果列于表的第八列最后一行，即：

$$\sum_{\lambda=380nm}^{730nm} [S(\lambda) \cdot \rho(\lambda) \cdot \tilde{x}(\lambda)] = 157.232，所以红刺激值 X 为：$$

$$X = k \sum_{\lambda=380nm}^{730nm} [S(\lambda) \cdot \rho(\lambda) \cdot \tilde{x}(\lambda)] = 0.1888 \times 157.232 = 29.685$$

第三步，计算绿刺激值 Y

每一波长的光源相对光谱功率分布、品红油墨的光谱反射率与标准观察者绿光谱刺激值的乘积 $S(\lambda) \cdot \rho(\lambda) \cdot \tilde{y}(\lambda)$ 列于第九列，将第九列的所有 $S(\lambda) \cdot \rho(\lambda) \cdot \tilde{y}(\lambda)$ 乘积类加的结果列于表的第九列最后一行，即：

$$\sum_{\lambda=380nm}^{730nm} [S(\lambda) \cdot \rho(\lambda) \cdot \tilde{y}(\lambda)] = 80.547，所以绿刺激值 Y 为：$$

$$Y = k \sum_{\lambda=380nm}^{730nm} [S(\lambda) \cdot \rho(\lambda) \cdot \tilde{y}(\lambda)] = 0.1888 \times 80.547 = 15.207$$

第四步，计算蓝刺激值 Z

每一波长的光源相对光谱功率分布、品红油墨的光谱反射率与标准观察者蓝光谱刺激值的乘积 $S(\lambda)\cdot\rho(\lambda)\cdot\tilde{z}(\lambda)$ 列于第十列，将第十列的所有 $S(\lambda)\cdot\rho(\lambda)\cdot\tilde{z}(\lambda)$ 乘积类加的结果列于表的第十列最后一行，即：

$$\sum_{\lambda=380nm}^{730nm}[S(\lambda)\cdot\rho(\lambda)\cdot\tilde{z}(\lambda)]=110.992 ，所以蓝刺激值 Z 为：$$

$$Z=k\sum_{\lambda=380nm}^{730nm}[S(\lambda)\cdot\rho(\lambda)\cdot\tilde{z}(\lambda)]=0.1888\times110.992=20.955$$

第五步，计算品红油墨的色品坐标

$$x=\frac{X}{X+Y+Z}=\frac{26.45}{26.45+15.13+20.78}=0.4242$$

$$y=\frac{X}{X+Y+Z}=\frac{15.13}{26.45+15.13+20.78}=0.2426$$

$$z=\frac{X}{X+Y+Z}=\frac{20.78}{26.45+15.13+20.78}=0.3332$$

第六节　CIE颜色相加混合的计算

一、计算混合色的三刺激值

已知两种以上色光的三刺激值，其混合色的三刺激值等于各色光三刺激值之和（根据亮度相加定律）。

$$\begin{cases}X=X_1+X_2+\cdots+X_n\\Y=Y_1+Y_2+\cdots+Y_n\\Z=Z_1+Z_2+\cdots+Z_n\end{cases} \qquad （4-13）$$

式 4-13 中，X、Y、Z 为混合色的三刺激值，X_1、Y_1、Z_1，X_2、Y_2、Z_2，……，X_n、Y_n、Z_n 分别为第一个颜色，第二个颜色，……，第 n 个颜色的三刺激值。

例 4-6　已知颜色 1 和颜色 2 的三刺激值分别为（0.0049，0.323，0.272）和（0.0114，0.0041，0.000），请计算这两个颜色相加混合色的三刺激值。

解：根据式 4-13，混色的三刺激值分别计算如下：

$$X=X_1+X_2=0.0049+0.0114=0.0163$$

$$Y=Y_1+Y_2=0.323+0.0041=0.3271$$

$$Z=Z_1+Z_2=0.272+0.000=0.272$$

二、根据颜色的色品坐标计算三刺激值

已知一个颜色的色品坐标 x、y 和亮度因素 Y，应使用下式计算该颜色的三刺激值：

$$\begin{cases} X = \dfrac{x}{y}Y \\ Y = Y \\ Z = \dfrac{z}{y}Y \end{cases} \qquad （4\text{–}14）$$

因为 CIE 规定亮度因素 Y 等于光谱光视效率，所以式（4–14）与式（4–5）相同。

例 4–7　已知某一颜色的色品坐标 x=0.0082、y=0.5384 和亮度因素 Y=0.323，计算该颜色的三刺激值。

解：根据式（4–14），该颜色的三刺激值分别计算如下：

$$X = \frac{x}{y}Y = \frac{0.0082}{0.5384} \times 0.323 = 0.0049$$

$$Y = Y = 0.323$$

$$Z = \frac{z}{y}Y = \frac{1-x-y}{y}Y = \frac{1-0.0082-0.5384}{0.5384} \times 0.323 = 0.272$$

三、用作图法求得混合色的色品位置

已知两个颜色的色品坐标，可以应用重心原理和作图法求得混合色的色品位置。重心作图法的步骤如下（图4–14）：

（1）分别计算两颜色三刺激值总和，例如，颜色 1 的三刺激值的总和为 C_1=0.2，颜色 2 的三刺激值总和为 C_2=0.4，并计算两者的比例 $k = C_1/C_2$=0.4/0.2=2。

（2）将三刺激值换算成色品坐标，并在色品图中标出颜色 1 和颜色 2（如图 4–14 中的 C_1 和 C_2）。

（3）用直线连接两颜色点 C_1 和 C_2。其原理是两种颜色相加产生的混合色总是位于连接两颜色的直线上。

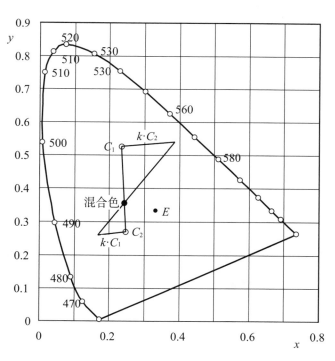

图 4–14　重心作图法求混合色色品

（4）以 C_1 为起点作垂直于 C_1 和 C_2 连线的直线（长度为 $k \cdot C_2$），在反方向上过 C_2 作垂直于 C_1 和 C_2 连线的直线（长度为 $k \cdot C_1$）。其原理是，混合色在直线上的位置取决于两颜色三刺激总和的比例。

（5）将两直线的端点用直线连接，其与 C_1 和 C_2 连线的交叉点就是混合色的色品点。这是因为，按重心原理，混合色的色品点被拉向比例较大的颜色一边。

项目型练习

项目名称：XYZ 三刺激值的测量与 CIE–xy 色品图的应用

1. 目的：学会用颜色测量仪器测量颜色的 XYZ 三刺激值，学会使用 CIE–xy 色品图表示颜色。

2. 要求与步骤

（1）用分光色度仪测量印刷样张（图 4–15）上的各色样的 X、Y、Z 三刺激值并计算 x、y 色品坐标；

（2）将所测颜色点绘制在 CIE–xy 色品图中，并将最饱和的六个颜色点连接成六边形区域；

（3）记录本次工作的测量条件和测量过程。

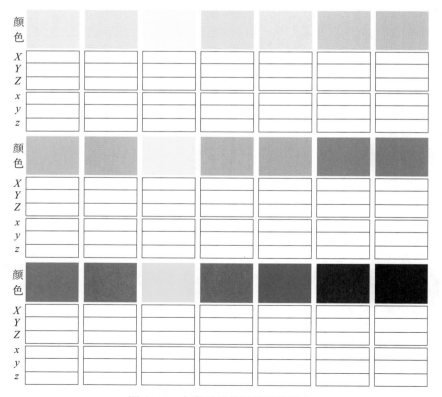

图 4–15　本章项目的测量样张样式

知识型练习

1. 颜色表示方法可分成三类 _____ 、_____ 、_____ 。

2. 将颜色进行有系统、有规律的排列，并给每个颜色一个标记的表色方法称为 _____ 。

   A 习惯法   B 显色系统表示法

   C 混色系统表示法   D CIE 系统表示法

3. 以 _____ 能混合出各种色彩，以 _____ 为出发点建立的表色系统叫混色系统。

4. 属于混色系统的是 _____ 。

   A 孟塞尔表色系统   B 自然色系统

   C 印刷用的色谱   D CIE 标准色度系统

5. 不属于混色系统的优点的是 _____ 。

   A 以数表色   B 可表示的颜色无限

   C 可用仪器测量   D 色样直观

6. 将两种颜色调节到 _____ 相同的过程叫颜色匹配，任意一种光色可以通过 _____ 匹配得到，他们分别是 _____ 、_____ 、_____ 。

7. 达到与待测色匹配时所需的三原色的数量称为 _____ ，记为 _____ 。

8. 三刺激值相同的颜色，其外貌 _____ 。

   A 一定相同   B 不一定相同   C 肯定不同   D 与其他条件有关

9. 匹配等能光谱色所需的三原色数量称为 _____ ，记为 _____ 。

10. 关于光谱三刺激值的意义下面说法错误的是 _____ 。

    A 它的数值反映人眼的视觉特性

    B 是色度计算的基础

    C 已知各单色光的光谱三刺激值，可计算混合色光的三刺激值

    D 是显色表示系统的基础

11. 红色分量的色品坐标是 _____ 在 _____ 总量中所占的比例。

12. 一个颜色的红、绿、蓝分量的色品坐标之和 _____ 。

    A 大于 1   B 大于 3   C 等于 1   D 等于 3

13. 匹配标准白光时的三原色光数量都确定为一个单位，此时 _____ 。

    A $R=G=B=1$ B $R=G=B=3$ C $R=G=B<1$ D RGB 不相等

14. CIE 色度系统以两组实验数据 _____ 和 _____ 标准色度观察者光谱三刺激值为基础。

15. _____ 适用于 1°～4° 视场颜色测量，_____ 适用于大于 4° 视场颜色测，这两组光谱三刺激值必须在 _____ 条件下使用。

16. CIE 三原色光是 _____ 。

    A $R=700nm$，$G=600nm$，$B=650nm$

    B $R=700nm$，$G=300nm$，$B=435.8\ nm$

    C $R=700nm$，$G=546.1nm$，$B=435.8nm$

    D $R=500nm$，$G=400nm$，$B=500nm$

17. 在 _____ 视场下，用 _____ 匹配等能光谱所需的 RGB 三刺激值称为 CIE1931RGB 系统标准色度观察者光谱三刺激值。

18. 匹配 500nm 左右的等能光谱时，红刺激出现负值，这说明 _____ 。
    A 三原色光中的红原色光要减少　　　　B 三原色光中的红原色光要加强
    C 要减少所匹配光谱色光的红色成分　　D 应将一定量的红色加到光谱色中去

19. 所有 _____ 的色品点组成的偏马蹄形轨迹称为光谱轨迹，CIE1931RGB 系统的 _____ 和 _____ 出现负值。

20. 关于 CIE1931XYZ 系统，下面说法不正确的是 _____ 。
    A X、Y、Z 是假想三原色，物理上不能实现
    B 由 RGB 系统的光谱三刺激值转换获得
    C 三刺激值和色品坐标没有负值
    D 规定绿刺激 $\bar{y}(\lambda)$ 与明视觉光谱光视效率 $V(\lambda)$ 不相等

21. 从图 4-4 中读出匹配 450nm 的光谱色所需的光谱三刺激值约是红 _____ 、绿 _____ 、蓝 _____ 。

22. 已知光谱轨迹上 560nm 处的色品坐标 x=0.3731 和 y=0.6245，它的标准观察者光谱三刺激值为红 _____ 、绿 _____ 、蓝 _____ 。

23. 已知光谱三刺激值为红 0.0633、绿 0.71、蓝 0.0782，它的色品坐标 x= _____ ，y= _____ 。

24. 在色品图中，围绕白点的不同角度的射线，表示不同 _____ 。

25. 光谱轨迹上的点代表 _____ 的颜色，其 _____ 最高；越近中心，_____ 越低。

26. 下面说法不正确的是 _____ 。
    A 三刺激值中的 Y 既代表亮度（常称亮度因素）又代表色品
    B 绿函数曲线与明视觉光谱光视效率一致
    C Yxy 完整地表示颜色的色度特征
    D 色品图的中心坐标不是（0.33，0.33）

27. 视场大，颜色分辨能力 _____ ；视场小，颜色分辨能力 _____ 。

28. 用下面 _____ 视场观察到的颜色差别最大。
    A 2° 和 10°　　　　B 10° 和 15°　　　　C 10° 和 30°　　　　D 2° 和 5°

29. 是 CIE 在 1964 年采用 _____ 建立了补充标准色度系统，用以适应大于 _____ 视场观察面积的颜色测量。

30. 2° 视场的 CIE 色度系统适合于观察距离为 _____ ，观察面积的直径为 _____ 。

31. 2° 视场与 10° 视场比较，正确的一组说法是度。
    A 色品图的轨迹形状相似，相同波长的光谱色的位置相同，等能白点不重合
    B 色品图的轨迹形状相似，相同波长的光谱色的位置有较大差异，等能白点重合
    C 色品图的轨迹形状相似，相同波长的光谱色的位置有较大差异，等能白点不重合
    D 色品图的轨迹形状相似，2 度视场与 10 度视场光谱三刺激值略有不同，等能白点不重合

32. X、Y、Z 三刺激值的计算式中 k 的作用是 _____ ，可用 _____ 计算而得到。

33. X、Y、Z 三刺激值中，可表示颜色亮度的是 _____ ，称为 _____ 。

34. 三刺激值为 $X=20$、$Y=30$、$Z=20$，该色的色品坐标是 _____ 。
   A（0.286，0.345，0.765）　　　　　B（0.286，0.428，0.286）
   C（0.123，0.865，0.213）　　　　　D（1.202，1.212，0.709）

35. 样品 1 三刺激值总和为 0.48，样品 2 三刺激值总和为 0.12，在 CIE-xy 色品图中画出混合色的色品坐标位置。

36. 已知两种以上色光的三刺激值，其混合色的三刺激值等于各色光三刺激值 _____ 。

37. 已知色光的色品坐标 $x=0.2$，$y=0.5$，和亮度因素 $Y=0.2$，该色的三刺激值为 $X=$ _____ 、$Y=$ _____ 、$Z=$ _____ 。

38. 与样品色具有相同色相的光谱色的波长称为样品色的 _____ 。

39. _____ 与光谱轨迹的两个端点构成的三角形内的颜色没有主波长。将 _____ 与样品色的连线延长到与光谱轨迹相交，交点为样品色的 _____ 。

40. 主波长代表样品色的 _____ 。
   A 亮度　　　　　B 饱和度　　　　　C 明度　　　　　D 色相

41. 样品色可以通过其 _____ 的光谱色与白光按一定比例混合匹配。
   A 色相　　　　　B 纯度　　　　　C 主波长　　　　　D 饱和度

42. 色纯度表示样品色与其 _____ 的光谱色的接近程度，可以表示样品色的 _____ ，样品色越接近 _____ ，其饱和度越高。

43. 500nm 光谱色的色品坐标为 _____ 。

第五章
均匀颜色空间与色差表示

 知识目标

1. 理解视觉颜色宽容量及其在 CIE-xy 色品图中的分布状态；
2. 了解 CIELAB 的转换公式；
3. 了解 CIELAB 与心理颜色三属性的关系；
4. 明确 CIE-a*b* 色品图的意义与作用；
5. 掌握 CIELAB 系统的总色差和各分色差的计算方法；
6. 了解 CIELUV 颜色空间及色品图。

能力目标

1. 熟练使用 CIE-a*b* 色品图表示和评价颜色；
2. 熟练使用色度仪测量 CIELAB 值和色差。

学习内容

1. CIEXYZ 空间的不均匀性；
2. CIELAB 颜色空间及色差计算；
3. CIE-a*b* 色品图及颜色表示；
4. CIELUV 颜色空间及色品图；
5. 物体色的 CIELAB 值的测量；
6. CIELAB 与心理颜色三属性。

重点：物体色的 CIELAB 值的测量和 CIE-a*b* 色品图的应用。

难点：总色差和各分色差的意义。

在评价彩色复制品时，很重要的一个评价指标就是"色差"。所谓色差是指两个颜色样品之间的颜色差别，简单地说就是两个颜色之间的视觉差别的数字表示。通常评价复制品与原稿颜色的一致性采用视觉评价方法，将复制品与原稿并排放着，直接用我们的眼睛观察和比较两者的颜色是否一致。但是，这种视觉方法只能对比较结果进行有限分级，例如两者颜色的一致程度分为 1、2、3、4、5、6 等几个等级，而且不同的人对颜色的感觉也不相同，观察比较的结果也有很大差别。CIE 标准色度系统规定了计算色差的方法，只要已知两个颜色的三刺激值就可以计算它们之间的色差。这是一种客观评价方法，色差大小不再随人眼的不同而变化。但是 CIEXYZ 系统所用的色差计算公式所计算出的色差大小与视觉色差有较大的区别。考虑到计算色差与视觉色差的一致性，CIE 在 CIEXYZ 系统的基础上又发展了 CIELUV 和 CIELAB 标准色度系统，后两个标准色度系统表示的色差在整个颜色空间内都能更好地与视觉色差相吻合，因此常把它们叫做均匀颜色空间。

第一节　CIEXYZ空间的不均匀性

颜色差别量与其他物理量在性质上迥然不同。例如长度这一物理量，人们常常可以任意分割，即使人眼无法分辨的微小长度，还可以借助显微镜和其他物理仪器来测量和观察。但是，对于颜色差别量来说，主要取决于眼睛的判断能力。如果一个眼睛不能再分辨的颜色差别量，就是一个无意义的数值。我们把人眼感觉不出的最大颜色差别量（变化范围）叫做颜色视觉宽容量。

从前一章的知识我们已经知道，一个颜色可以用以下两组值中的任意一组值表示：
① CIE 三刺激值 X、Y、Z，即（X，Y，Z）；
② CIE 色品坐标 x、y 和 CIE 刺激值 Y，即（Y，x，y）。
用这两组值我们便可以评价任意两个颜色是相同还是不相同，但是两个颜色之间的差别究竟有多大，用这两组值评价就不够准确。例如，在孟塞尔系统中的绿色区取两个颜色 $7.5GY8/2$，$7.5GY8/10$，在蓝色区取两个颜色 $2.5B8/2$，$2.5B8/10$。显然绿色区的两个颜色的视觉差与蓝色区的两个颜色的视觉差相同。而 $7.5GY8/2$ 的色品坐标为（0.3194，0.3502），$7.5GY8/10$ 的色品坐标为（0.3463，0.4791），这两个绿色之间的距离为 0.1317。$2.5B8/2$ 的色品坐标为（0.2897，0.3124），$2.5B8/10$ 的色品坐标为（0.2066，0.2839），这两个蓝色之间的距离为 0.0878。这两个绿色之间的距离是两个蓝色距离的 1.5 倍（图 5-1）。这里还只是两对颜色只有彩度差别。如果两对颜色还有明度和色相差别，距离之比还将更大。这个例子说明，相同视觉差，在 CIE-xy 色品图上的不同位置有不同距离。这叫做颜色空间内的色差

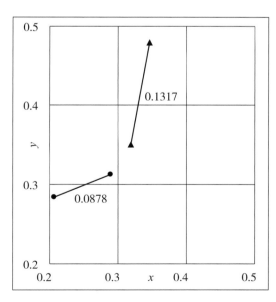

图 5-1　视觉差相同的两对颜色，
xy 色品图中的距离不同

表示的不均匀性，简称颜色空间的不均匀性。

在 CIE-xy 色品图上两个颜色（x_1，y_1）和（x_2，y_2）的色品差就是两个色品点之间的距离，并可用下式计算：

$$d = \sqrt{(x_1 - x_2)^2 + (y_1 - y_2)^2} \qquad (5-1)$$

因为，每种颜色在色品图上是一个点，但从人的视觉来说，当一个颜色的色品坐标位置变化很小时，人眼感觉不出它的变化，仍认为它是原来的颜色。所以，只要一个颜色的色品坐标位置变化不超过颜色视觉宽容量所表示的色差距离，这两个颜色在视觉效果上是等效的。对色彩复制和其他颜色工业部门来说这种位于颜色视觉宽容量范围之内的颜色差别量是允许存在的。

对 CIEXYZ 颜色空间内色差均匀性的深入研究是 1942 年美国柯达研究所的研究人员麦克亚当（D.L.Macadam）进行的。麦克亚当在 CIE-xy 色品图上不同位置选择了 25 个色品点作为中心点，经过每个中心点画 5~9 条不同的直线，用直线上的各色光匹配中心点的色光。由同一位观察者调节所配色

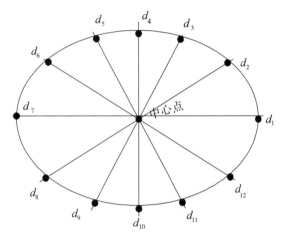

图 5-2　麦克亚当色差均匀性试验

光的比例，确定其颜色视觉宽容量。同一方向通过反复 50 次这种匹配实验后，确定色品点 d_1（图 5-2）的光色是与中心点的光色相互区别的临界点，即这个方向上的颜色视觉宽容量在 CIE-xy 色品图上的距离为 d_1（把 d_1 到中心点的距离也叫 d_1）。重复以上实验，确定其他方向上颜色视觉宽容量在色品图上的距离为 d_2，d_3，……等。在一个理想的颜色空间内，无论在任何颜色区域，颜色视觉宽容量的表示都应该具有相同的几何距离。从中心点出发，各个方向的颜色视觉宽容量都应该相同，即颜色视觉宽容量应构成一个以中心点颜色位置为圆心，以颜色视觉宽容量为半径的圆，而且在整个颜色空间的各个位置以颜色视觉宽容量为半径构成的圆都有相同大小。麦克亚当却发现，围绕中心点的各个不同方向上的颜色视觉宽容量却构成一个椭圆。对 CIE-xy 色品图上所有 25 个中心位置都进行上述实验后，发现所有中心点位置的颜色视觉宽容量都构成椭圆（图 5-3），这说明 CIE-xy 色品图上围绕中心的不同方向的色差表示与人的颜色视觉宽容量不一致。麦克亚当从实验中还发现，不仅围绕各中心点的颜色视觉宽容量构成一个椭圆，而且不同中心点的椭圆的大小也不相同，椭圆的最长轴和最短轴之比是 20∶1。这表明在 CIE-xy 色品图中的不同位置和不同方向上色差表示与颜色视觉宽容量是不相同的。也就是说，相同的颜色视觉宽容量在 CIE-xy 色品图上的不同颜色区域内和不同颜色变化的方向上有着不相同的几何距离。这种颜色空间的色差表示各处都不一致的现象就是该颜色空间的不均匀性。

从麦克亚当的色差均匀性实验可知，在 CIE-xy 色品图中不同位置上相等的空间距离在视觉效果上不是等差的，所以 CIE-xy 色度图不能正确反映颜色差别的视觉效果。如果

用 CIE-xy 色品图上相等的几何距离度量两个颜色之间的感觉差别，就会给我们造成错误的印象，影响到颜色的匹配和色彩复制的准确性，给色彩设计与复制技术增加困难。例如取色差小于等于 4 的几何距离衡量印刷色的复制精度，当绿色的复制刚好位于颜色视觉宽容量范围内时，而蓝色的复制已经远远超过颜色视觉宽容量范围。因此 CIE-xy 色品图不是一个最理想的色度图。同样，在明度轴上也是不均匀的，说明了整个 CIEY-xy 颜色空间的不均匀性。因此，需寻求一种新的颜色空间，使得该空间内的几何距离与视觉上色彩感觉差别成正比，使得颜色视觉宽容量在该空间内的几何距离处处相等。

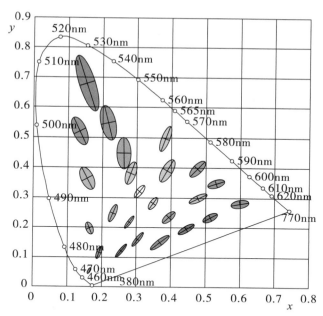

图 5-3 CIE-XYZ 颜色空间的不均匀性

第二节　CIELAB系统

一、CIELAB 颜色空间

为了使色彩设计和复制更精确，减少由于空间的不均匀而带来的复制误差，色彩复制领域一直在不断寻找一种最均匀的颜色空间，把易测的空间距离作为色彩感觉差别量来控制颜色复制精度。1976 年 CIE 推荐了新的颜色空间 CIELAB（或 CIE1976LAB），现在已成为世界各国正式采纳、作为国际通用的标准颜色空间。在这一颜色空间里，色差能较好反映视觉颜色宽容度，所以常把 CIE1976LAB 称为均匀颜色空间。

CIE1976LAB 空间中用 $L*$ 表示颜色的心理明度，$a*$ 和 $-a*$ 表示红绿色相，$b*$ 和 $-b*$ 表示黄蓝色相。所以 CIE1976LAB 空间的构成在理论上与赫林的对立学说相似，所以常把 CIE1976LAB 颜色空间叫做心理颜色空间。$L*$ 相当于对立色黑－白，$a*$ 和 $-a*$ 相当于对立色红－绿，而 $b*$ 和 $-b*$ 相当于对立色黄－蓝。CIE1976LAB 颜色空间是由 CIE1931XYZ 系统转换得到，一个颜色的 $L*$、$a*$、$b*$ 各色值是通过 X、Y、Z 转换得到，转换公式如下：

$$\begin{cases} L^* = 116(Y/Y_n)^{1/3} - 16 \\ a^* = 500\left[(X/X_n)^{1/3} - (Y/Y_n)^{1/3}\right] \\ b^* = 200\left[(Y/Y_n)^{1/3} - (Z/Z_n)^{1/3}\right] \end{cases} \qquad (5\text{-}2)$$

其中，X、Y、Z 是 CIE1931XYZ 系统中的物体色三刺激值；X_n、Y_n、Z_n 为 CIE 标准照明体的三刺激值，标准照明体 D_{50} 和 D_{65} 的三刺激值见表 4–3，L^* 表示亮度，a^*、b^* 为色度。式（5–1）使用的条件是 X/X_n、Y/Y_n 或 Z/Z_n 的值大于等于 0.01（更精确地说是要求这些比值大于 0.008856）。当其中某个比值小于 0.0008856 时，就需使用下面的一般表达式代替式（5–2）：

$$\begin{cases} L^* = 116 f(Y/Y_n) - 16 \\ a^* = 500\left[f(X/X_n) - f(Y/Y_n)\right] \\ b^* = 200\left[f(Y/Y_n) - f(Z/Z_n)\right] \end{cases} \qquad (5\text{-}3)$$

在式（5–2）中，

$$f(t) = \begin{cases} t^{1/3} & t > 0.008856 \\ 7.787t + 4/29 & t \le 0.008856 \end{cases}$$

式（5–2）或式（5–3）将一个颜色的 X、Y、Z 变换为 L^*、a^*、b^*，变换函数式中包含有立方根，经过这种非线形变换后，颜色空间形成类似对立学说的 *CIELAB* 颜色空间。从式（5–2）和式（5–3）可知，明度 L^* 的换算式中仅包含亮度因素 Y，相当于锥状细胞的黑 – 白反应。在 a^* 和 b^* 的换算式中分别包含 X 和 Y，Y 和 Z，相当于

$$X\text{--}Y = a^*$$
$$Y\text{--}Z = b^*$$

$X\text{--}Y$ 是锥状细胞的红 – 绿反应，红占优时 a^* 为正值，绿占优时，a^* 为负值。$Y\text{--}Z$ 是锥状细胞的黄 – 蓝反应，黄占优时 b^* 为正值，蓝占优时 b^* 为负值。在 CIELAB 颜色空间（图 5–4）中，a^* 和 $-a^*$ 构成红 – 绿轴、b^* 和 $-b^*$ 构成黄 – 蓝轴。在红 – 绿轴上，$+a^*$ 值意味着颜色呈红色色相，$-a^*$ 值意味着颜色呈绿色色相。在黄 – 蓝轴上，$+b^*$ 值表示颜色呈现黄的色相，$-b^*$ 值表示颜色的色相呈现蓝。颜色的亮度由 L^* 的百分数来表示，黑色具有最低亮度 0，白色具有最高亮度 100。从式（5–1）或式（5–2）中可知，当颜色的亮度因素 Y 与标准照明体的亮度因素 Y_n 相等时，$L^*=100$。

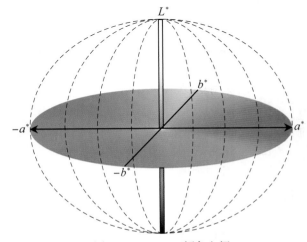

图 5-4　CIELAB 颜色空间

二、CIE-a*b* 色品图

从 CIELAB 颜色空间可知，在由红－绿轴和黄－蓝轴组成的平面直角坐标系上可以直接表示任何颜色的色相和彩度，所以把该平面直角坐标系叫做 CIE-a*b* 色品图（图 5-5）。与其他色品图一样亮度不同而色相和彩度相同的颜色在 CIE-a*b* 色品图中都有相同的色品位置。在 CIE-a*b* 色品图中，红－绿轴和黄－蓝轴的相交点表示中性灰色，是坐标原点，其色品坐标值是 $a*=0$，$b*=0$。从 $a*$ 值和 $b*$ 值的正负号可以判读出颜色的色相。表 5-1 是 $a*$ 和 $b*$ 符号与包含的颜色关系。

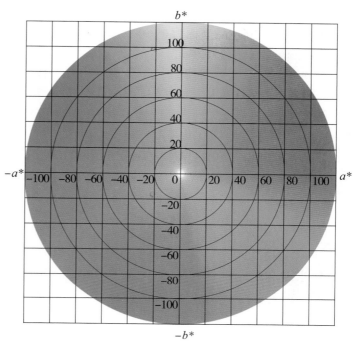

图 5-5　CIE-a*b* 色品图

表5-1　　　　　　　　　　　　　$a*$和$b*$符号与包含的颜色关系

符号		包含的颜色
$+a*$	$+b*$	红 + 黄
$-a*$	$+b*$	绿 + 黄
$-a*$	$-b*$	绿 + 蓝
$+a*$	$-b*$	红 + 蓝

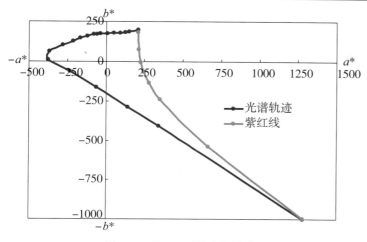

图 5-6　$Y=100$ 时的光谱轨迹

经过非线性变换后，原来位于 CIE-xy 色品图中的马蹄形光谱轨迹，在 CIE-a*b* 色品图中成为不规则的锥形（图 5-6），380nm 附近的蓝色是锥形的锥尖。在 CIE-xy 色品图中连接光谱轨迹两个端点的紫红直线，在 CIE-a*b* 色品图中成为一条向内凹的曲线。从光谱轨迹和紫红线组成的范围可见，CIELAB 颜色空间的表色范围增大许多。在制版印刷行业和设计应用软件中 CIELAB 颜色空间一般使用明度 L^* 的取值范围 0~100，a^* 和 b^* 的取值范围都是从 −120 到 +120。因此，如图 5-5 所示 CIE−a*b* 色品图也使用了从 −120 到 +120 的取值范围。标准照明体的色品坐标位于色品图的中心，其色品坐标为 a^*=0，b^*=0。a^* 和 b^* 的绝对值越大，即颜色离色品中心越远，该颜色的饱和度也越大。

　　例 5-1　在标准照明体 D_{50} 和 2° 视场下，测得某颜色的三刺激值 X=0.5，Y=5.0，Z=40。计算该色在 CIE1976LAB 空间中的 L^*、a^*、b^* 值。

　　解：在 2° 视场下，标准照明体 D_{50} 的三刺激值 X_n=96.42，Y_n=100.00，Z_n=82.49。在式（5-2）中，

　　$Y/Y_n = 5.0/100 = 0.05 > 0.008856$，所以取 $f(Y/Y_n) = (Y/Y_n)^{1/3}$；

　　$X/X_n = 0.5/96.42 = 0.005185 < 0.008856$，所以取 $f(X/X_n) = 7.787(X/X_n) + 4/29$；

　　$Z/Z_n = 40/82.49 = 0.4849 > 0.008856$，所以取 $f(Z/Z_n) = (Z/Z_n)^{1/3}$。

所以，L^*、a^*、b^* 的值分别是：

$$\begin{cases} L^* = 116(Y/Y_n)^{1/3} - 16 = 116(5/100)^{1/3} - 16 = 26.73 \\ a^* = 500[7.787(X/X_n) + 4/16 - (Y/Y_n)^{1/3}] = 500[7.787(0.5/96.42) + 4/16 - (5/100)^{1/3}] = -95.04 \\ b^* = 200[(Y/Y_n)^{1/3} - (Z/Z_n)^{1/3}] = 200[(5/100)^{1/3} - (40/82.49)^{1/3}] = -83.44 \end{cases}$$

三、CIE1976LAB 颜色空间的色差表示

1. CIE1976色差公式

　　如前所述色差是指用数值的方法表示两个颜色给人色彩感觉上的差别。由于我们认为 CIE1976LAB 颜色空间属于均匀颜色空间，所以我们也可认为在 CIE1976LAB 颜色空间中，两个颜色点之间的空间距离就是这两个颜色之间的视觉色差。即，如果两个颜色样品的颜色值分别为（L_1^*, a_1^*, b_1^*）和（L_2^*, a_2^*, b_2^*），则这两个颜色之间的总色差 ΔE_{ab} 用以下公式计算：

$$\Delta E_{ab} = \sqrt{(L_1^* - L_2^*)^2 + (a_1^* - a_2^*)^2 + (b_1^* - b_2^*)^2} \qquad (5-4)$$

明度差 ΔL^* 计算如下：

$$\Delta L^* = L_1^* - L_2^*$$

色度差 Δa^* 和 Δb^* 计算如下：

$$\Delta a^* = a_1^* - a_2^*$$
$$\Delta b^* = b_1^* - b_2^*$$

　　两个颜色之间的总色差常用符号 ΔE 表示。因为有多个不同的均匀颜色空间和不同的色差计算公式，我们都要使用符号 ΔE 表示这些均匀颜色空间中的色差，所以我们通过给 ΔE 加下标表示在一个特定的颜色空间中的色差或用特定计算公式计算的色差，例如在 CIE1976LAB 颜色空间中计算的色差可表示为 ΔE_{ab}，又如用 CIE1994 色差公式计算的色

差，可表示为 ΔE_{94}。可知，色差的计算可以使用多个不同的计算公式，不同的颜色空间色差的计算公式也不相同。

从总色差可以得知两个颜色总体差别，从明度差和色度差可以分析样品色（印刷色）与标准色（如样张色）的色偏。设样品色的色度坐标为 (L_1^*, a_1^*, b_1^*)，标准色的色度坐标为 (L_2^*, a_2^*, b_2^*)，则样品色的色偏如下（借助图 5-5 分析）：

$\Delta L^* = L_1^* - L_2^*$，为正值时，样品色偏浅；为负值时，样品色偏深。

$\Delta a^* = a_1^* - a_2^*$，为正值时，样品色偏红；为负值时，样品色偏绿。

$\Delta b^* = b_1^* - b_2^*$，为正值时，样品色偏黄；为负值时，样品色偏蓝。

例 5-2　在标准照明体 D_{50} 和 2°视场下，某印刷品上测得实地青色的 CIE1976LAB 色度坐标为：L*=56.80，a*=−35.55，b*=−48.72；而标准实地青色的色度坐标为：L*=54，a*=−37，b*=−50；请计算这两个青色之间的色差，分析印刷色相对于标准色的色偏。

解：根据 CIE1976LAB 色差公式（5-3），这两个实地青色的总色差计算如下：

$$\Delta E_{ab} = \sqrt{(56.8 - 54)^2 + [-35.55 - (-37)]^2 + [-48.72 - (-50)]^2} = \sqrt{11.5809} \approx 3.4$$

这两个颜色明度差和色度差分别计算如下：

$\Delta L^* = L_1^* - L_2^* = 56.8 - 54 = 2.8$，因为 ΔL^* 为正值，所以相对于标准色该印刷色偏浅；

$\Delta a^* = a_1^* - a_2^* = -35.55 - (-37) = 1.45$，因为 Δa^* 为正值，所以该印刷色不够绿，即偏红；

$\Delta b^* = b_1^* - b_2^* = -48.72 - (-50) = 1.28$，因为 Δb^* 为正值，所以该印刷色不够蓝，即偏黄。

2. 色差单位

是否也能像表示长度那样用"米"或像表示重量那样用"克"，也给色差一个度量单位呢？美国国家标准局早在 1939 年就采用"NBS"作为色差度量单位。NBS 是 National Bureau of Standard 的简称，即美国国家标准局的简称。NBS 色差单位所涉及的色差计算公式相当复杂而且很少使用。尽管如此，常常还是把它作为一个参考量，亦即 CIELAB 、CIELUV 等色差公式的单位只能说与 NBS 单位大致相同，不能说完全相等。目前，无论用什么公式计算的色差都习惯称为色差，很少叫出 NBS。

美国国家标准局规定以绝对值 1 作为一个单位，称为"NBS 色差单位"。一个 NBS 单位大约相当于视觉色差识别阈值的 5 倍，即人眼在最佳照明条件下能够辨别 0.2 个 NBS 色差。NBS 色差给人眼的感觉程度如表 5-2。

表5-2　　色差颜色差别感觉的大致对应关系

NBS 色差单位 ΔE	人眼的感觉程度
小于 0.2	不可见（小于颜色宽容度）
0.2~1.0	刚可察觉
1.0~3.0	感觉轻微
3.0~6.0	感觉明显
大于 6.0	感觉很明显

CIE1976LAB 颜色空间及其色差计算方法广泛用于印刷行业。对于一般彩色印刷品，把色差控制在 6 个 NBS 色差以下，即控制 $\Delta E_{ab} \leq 6.00$；对于精细印刷品，把色差控制在 4 个 NBS 色差以下，即控制 $\Delta E_{ab} \leq 5$。

3. CIE1976LAB色差公式的均匀性

我们通过把孟塞尔明度值 V 为 5 的各颜色分别表示在 CIE-xy 色品图和 CIE-a*b* 色品图中，分析 CIE1931XYZ 和 CIE1976LAB 颜色空间的均匀性。我们已经知道，孟塞尔颜色立体是一个视觉等差系统，即在孟塞尔颜色立体中所有相邻两色之间都有相同的感觉差别。当我们把孟塞尔明度值 V 为 5 等视觉间隔的色相线（5R，10R，5YR，10YR，……，10RP）表示到 CIE-xy 色品图后，相邻两条色相射线之间的夹角却不相同，且差别较大（图 5-7）。例如，色相射线 10GY 与 5GY、10GY 与 5G 之间的夹角很大，而色相射线 10B 与 5B、10B 与 5B 之间的夹角很小；又当我们把以灰度轴为中心的等视觉间隔彩度圆（彩度 C=2，4，6，……）表示到 CIE-xy 色品图后，等视觉间隔彩度圆不再是呈圆形。例如，在色相射线 10GY 上相邻两色相点之间的距离很大，而在 5RP 上相邻两色相点之间的距离很小。即使在同一色相线上，两相邻颜色之间的距离也不相等，例如在色相射线 5Y 上，靠近色品图中心的间隔大，靠近光谱轨迹的间隔小。

而当我们把孟塞尔明度值为 5 的等视觉间隔的色相线（5R，10R，5YR，10YR，……，10RP）表示到 CIE-a*b* 色品图后，相邻两条色相射线之间的夹角却近似相同，差别较小（图 5-8）。又当我们把以灰度轴为中心的等视觉间隔彩度圆（彩度 C=2，4，6，……）表示到 CIE-a*b* 色品图后，等视觉间隔彩度圆也大致接近同心圆形。

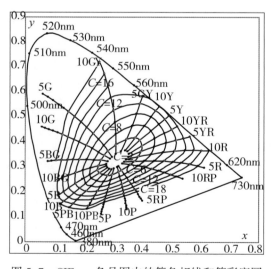 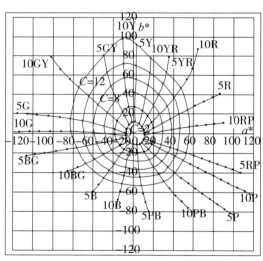

图 5-7　CIE-xy 色品图中的等色相线和等彩度圆　　图 5-8　CIE-a*b* 色品图中的等色相线和等彩度圆

从各级孟塞尔明度测得的亮度因素 Y 和亮度 L^*（表 5-3）也可看到 CIE1976LAB 颜色空间的均匀性。孟塞尔相邻两级明度值之间视觉差相等，但是从孟塞尔明度轴上相邻两级灰色测得的 CIE1931XYZ 亮度因素差 ΔY 相差很大，第二级与第一级的 ΔY=1.21，第九级与第八级的 ΔY=19.56。而在孟塞尔明度轴上相邻两级灰色的 CIE1976LAB 亮度差 ΔL^* 非常接近，都接近于 ΔL^*=10。因此，常把 CIE1976LAB 颜色空间中的亮度称为明度。

表5-3　　　　　　　　　　亮度因素Y和亮度L*的比较

V/	1/	2/	3/	4/	5/	6/	7/	8/	9/
Y	1.21	3.12	6.55	12	19.77	30.05	43.06	59.10	78.66
L*	10.63	20.54	30.77	41.21	51.80	61.69	71.59	81.35	91.08

从以上分析，CIE1976LAB 颜色空间的均匀性优于 CIE1931XYZ 颜色空间，1976 年被国际照明委员会 CIE 推荐为均匀颜色空间。多年来 CIE1976LAB 颜色空间一直被国际标准化组织 ISO 作为印刷技术的国际标准颜色空间，采用式（5-3）计算两颜色之间的色差，其内容包含在标准 ISO12647 中 。我国也引用了该 ISO 标准作为国家标准 GB/T17934。

CIE1976LAB 颜色空间尽管被国际照明委员会推荐为均匀颜色空间，且印前颜色设计、图像复制与印刷等行业普遍用其作为颜色制作、颜色校正、颜色管理、颜色质量控制的颜色空间，但是从图 5-8 不难看出，CIE1976LAB 颜色空间中色差的表示与人眼的颜色感觉还是存在差别：相邻色相射线之间的夹角并不是很均匀，各彩度圈也并不是以中性色度点（a*=0，b*=0）为中心的圆，即在色相上和彩度上都存在不均匀性，采用式（5-3）计算颜色之间的色差还不能完全正确反映人眼的颜色差别。多年来，对 CIE1976LAB 颜色空间并无争论，但是对采用式（5-3）的色差定义有许多新的讨论，其目的是使在 CIE1976LAB 颜色空间内的不同颜色区域的计算色差与人眼感觉差一致。CIE 于 1994 年和 2000 年推荐了另外两个色差公式，它们基于 CIE1976LAB 颜色空间的心理属性，分别称为 CIE94 色差公式和 CIE2000 色差公式。尤其是 CIE2000 色差公式更好地解决了视觉不均匀问题。因为 CIE94 色差公式和 CIE2000 色差公式比较复杂，在此不详细介绍。关于这两个色差计算公式有许多纸质文献和网络文献可供参阅。以上所述 CIE 的三个色差公式都以程序形式存储在颜色测量仪器中，在测量色差时供我们选择。

四、CIELAB 空间的颜色心理三属性

从图 5-5 和图 5-6 可以看出，在 CIE-a*b* 色品图中，光谱色的色品坐标尽管能以 $a*$ 和 $b*$ 表示，但是光谱轨迹不能在 CIE-a*b* 色品图中描绘出来。不能像在 CIE-xy 色品图中那样直接用主波长和补色波长表示颜色的色相，同样也不能借助光谱色色品坐标计算色纯度或彩度。在 CIE1976LAB 颜色空间，与颜色心理三属性对应的三个量分别称为：亮度（$L*$）、彩度（$C*_{ab}$）和色相角（$h*_{ab}$）。亮度 $L*$ 相当于颜色心理三属性中的明度，彩度 $C*_{ab}$ 相当于颜色心理三属性中的饱和度（但不等于饱和度），色相角 $h*_{ab}$ 则与色相对应。一个颜色的亮度、彩度、色相角都依据该色的 CIE1976LAB 颜色空间的 $L*$、$a*$、$b*$ 值按下式计算。

$$\begin{cases} L^* = 116\left(Y/Y_n\right)^{1/3} - 16 \\ C^*_{ab} = \sqrt{(a^*)^2 + (b^*)^2} \\ h^*_{ab} = \mathrm{arctg}\left(\dfrac{b^*}{a^*}\right) \end{cases} \qquad （5-5）$$

在式（5-5）中，色相角 $h*_{ab}$ 的取值范围从 $0° \sim 360°$ ，一个颜色的色相角要根据 $a*$、$b*$ 值的符号确定。

例 5-3   已知某颜色在 D_{50} 照明体下该色的 CIE1976LAB 值分别是 $L*=47$，$a*=-60$，$b*=26$。计算颜色与心理三属性对应的亮度、彩度和色相角，并将该颜色根据心理三属性表示在 CIE1976LAB 颜色空间中。

解：根据式（5-5），该颜色的亮度、彩度和色相角分别为：

$$L^* = 116(Y/Y_n)^{1/3} - 16 = 116 \times \sqrt[3]{\frac{47}{100}} - 16 = 74$$

$$C_{ab}^* = \sqrt{(a*)^2 + (b*)^2} = \sqrt{(60)^2 + (26)^2} = 65$$

$$h_{ab}^* = \mathrm{arctg}\left(\frac{b^*}{a^*}\right) = \mathrm{arctg}\left(\frac{26}{-60}\right) = 180° - 23° = 157°$$

该颜色在 CIE1976LAB 颜色空间中的位置如图 5-9。

也可以计算两个颜色之间的心理属性差：亮度差 $\Delta L*$、彩度差 $\Delta C*_{ab}$、色相角差 $\Delta h*_{ab}$ 和色相差 $\Delta H*_{ab}$。其中色相角差 $\Delta h*_{ab}$ 和色相差 $\Delta H*_{ab}$ 是有区别的，色相角差 $\Delta h*_{ab}$ 就是两个颜色的色相角度之差：

$$\Delta h_{ab}^* = \Delta h_{ab,1}^* - \Delta h_{ab,2}^*$$

而色相差 $\Delta H*_{ab}$ 不是两个颜色的色相角直接相减的结果，是相当于两个颜色的心理色相之差。因为总色差与亮度差、彩度差和色相差符合空间欧几里德定义，所以色相差 $\Delta H*_{ab}$ 应按下面公式计算：

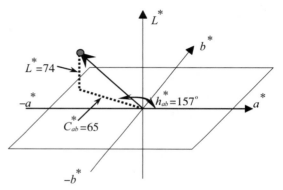

图 5-9   亮度、彩度、色相角在 CIE1976LAB 颜色空间的表示

$$\Delta H_{ab}^* = \sqrt{(\Delta E_{ab})^2 - (\Delta L^*)^2 - (\Delta C_{ab}^*)^2}$$

色相差也有正值和负值的区别，当色相角增加时，色相差以正值表示；当色相角减小时，色相差以负值表示。

例 5-4   两对颜色孟塞尔编号分别为 5Y5/4 和 5Y5/6，5PB5/4 和 5PB5/6，分析这两对颜色的视觉差。又从孟塞尔色谱上用仪器测得这两对颜色的在 CIE1976LAB 值为：5Y5/4（52，1，27）和 5Y5/6（52，2，42），5PB5/4（52，4，-19）和 5PB5/6（52，5，-28），计算这两对颜色各自的彩度差 $\Delta C*_{ab}$，色相角差 $\Delta h*_{ab}$ 和色相差 $\Delta H*_{ab}$，并将彩度差标识在 CIE-a*b* 色品图中。根据孟塞尔彩度差和计算彩度差说明 CIE1976LAB 颜色空间的均匀性。

解：从孟塞尔编号分析这两对颜色的视觉差。这两对颜色的孟塞尔明度值都是 5，即这两对颜色分别都无视觉明度差别；这两对颜色的孟塞尔彩度级差都是 2，那么这两对颜色分别都应有相同的视觉彩度差别；这两对颜色之中的一对都是 5Y 色相，无视觉色相差；另一对都是 5PB 色相，也无视觉色相差。总之这两对颜色分别都只有视觉彩度差别，而且视觉彩度差别应相同。

计算 5Y5/4 和 5Y5/6 的亮度 $\Delta L*_{ab}$ 差、彩度差 $\Delta C*_{ab}$、色相角差 $\Delta h*_{ab}$ 和色相差 $\Delta H*_{ab}$ 如下：

$$\Delta L_{ab}^* = 52 - 52 = 0$$

$$\Delta C_{ab}^* = \sqrt{2^2 + 42^2} - \sqrt{1^2 + 27^2} = 42.05 - 27.02 = 15.03$$

$$\Delta h_{ab}^* = \mathrm{arctg}\left(\frac{42}{2}\right) - \mathrm{arctg}\left(\frac{27}{1}\right) = 82.27° - 87.87° = 82°16' - 87°52' = -5°36'$$

$$\Delta E_{ab} = \sqrt{(L_1^* - L_2^*)^2 + (a_1^* - a_2^*)^2 + (b_1^* - b_2^*)^2} = \sqrt{0^2 + 1^2 + 15^2} = 15.03$$

$$\Delta H_{ab}^* = \sqrt{(\Delta E_{ab})^2 - (\Delta L_{ab})^2 - (\Delta C_{ab}^*)^2} = \sqrt{15.03^2 - 0^2 - 15.03^2} = 0$$

计算 5PB5/4 和 5PB5/6 的亮度 $\Delta L*_{ab}$ 差、彩度差 $\Delta C*_{ab}$、色相角差 $\Delta h*_{ab}$ 和色相差 $\Delta H*_{ab}$ 如下：

$$\Delta L_{ab}^* = 52 - 52 = 0$$

$$\Delta C_{ab}^* = \sqrt{5^2 + (-28)^2} - \sqrt{4^2 + (-19)^2} = 28.44 - 19.42 = 9.02$$

$$\Delta h_{ab}^* = \mathrm{arctg}\left(\frac{-28}{5}\right) - \mathrm{arctg}\left(\frac{-19}{4}\right) = (360° - 79.88°) - (360° - 78.11°) = -1°46'$$

$$\Delta E_{ab} = \sqrt{(L_1^* - L_2^*)^2 + (a_1^* - a_2^*)^2 + (b_1^* - b_2^*)^2} = \sqrt{0^2 + 1^2 + 9^2} = 9.06$$

$$\Delta H_{ab}^* = \sqrt{(\Delta E_{ab})^2 - (\Delta L_{ab})^2 - (\Delta C_{ab}^*)^2} = \sqrt{9.06^2 - 0^2 - 9.02^2} = 0.85$$

将两对颜色的彩度差标识在 CIE–a*b* 色品图（图 5–10）。5Y5/4 和 5Y5/6 的彩度差是过这两个颜色色品点的同心圆之间的距离（图中两条实线同心圆之间的距离 $\Delta C*_{ab}=15.03$），同样 5PB5/4 和 5PB5/6 的彩度差是过这两个颜色点的同心圆之间的距离（图中两条虚线同心圆之间的距离 $\Delta C*_{ab}=9.06$）。需注意的是两个颜色之间的彩度差不等于两个颜色色品点之间的距离。两个色品点之间的距离不仅包含彩度差，还含有色相差。

上述两对颜色的孟塞尔彩度级差都是 2，即他们的视觉彩度差相同。可是从图 5–10 可知，5Y5/4 和 5Y5/6 的彩度差远远大于 5Y5/4 和 5Y5/6 的彩度差，计算彩度差与的孟塞尔（视觉）彩度级差不一致，

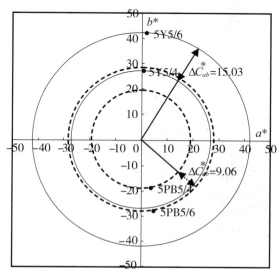

图 5–10　相等的孟塞尔彩度差，而在 CIE1976 LAB 中的彩度差不等

说明 CIE-a*b* 色品图对彩度差的表示不完美，也说明 CIE1976LAB 颜色空间对的色差表示存在缺陷。在这个颜色空间中相同的视觉差，在不同的颜色区域色差也会有所不同，即也存在着一定的均匀性问题。

第三节　CIELUV系统

一、CIELUV 系统的色品图

CIE 在 1976 年不仅推荐 CIELAB 系统，同时还通过修改在 1960 年已经推荐的 CIEUCS 系统的基础上，推荐了 CIELUV 系统。CIELUV 系统内颜色坐标的计算都以 x、y 和 Y 为出发点。在 CIELUV 系统中，色品图的横坐标和纵坐标分别用 u' 和 v' 表示，其计算式如下：

从式（5-5）可知，色品坐标 u' 和 v' 的计算式是 x 和 y 的两个线性方程。这种线性转换使得 CIE-$u'v'$ 色品图（图 5-11）保留着相加混合位于同一直线上的优点，能在这种色品图上直接看到相加混合色和原色之间的色品关系。例如，在多色印刷和彩色显示器的颜色复制范围的描述就需要具有相加混合的色品关系。因此，CIELUV 系统及其计算式在印刷行业也具有重要意义。

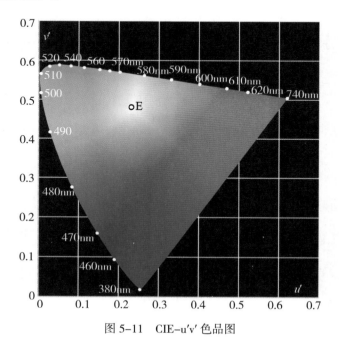

图 5-11　CIE-$u'v'$ 色品图

CIE-u′v′ 色品图的第二个优点是能描绘光谱轨迹，即在 CIE-u′v′ 色品图中能表示现实世界所存在的颜色边界，这在 CIE-a*b* 色品图中做不到。因此，在 CIE-u′v′ 色品图中能描述一个颜色与其最饱和颜色之间的关系。在电视和彩色印刷技术中，需要将自己能复制的最饱和颜色与光谱色进行比较，在 CIE-u′v′ 色品图中能直接显示最饱和颜色与光谱色的接近程度。

CIE-u′v′ 色品图的均匀性用不同方法进行过检验。在把 CIE-xy 色品图中的麦克亚当椭圆换算到 CIE-u′v′ 色品图中后，尽管并不处处都是相同大小的圆，但是，椭圆长轴与短轴之比已经小很多，即 CIE-u′v′ 色品图的均匀性要比 CIE-xy 色品图好得多。瑞士学者 K.Schlaepfer 教授在他的著作中说过，至今还没有哪个颜色空间拥有均匀的色品图，CIELVU 系统算是在这方面做得很好的了。

二、CIELUV 颜色空间及其色差

在 CIELUV 系统中，三维颜色坐标用 L^*、u^* 和 v^* 表示。L^* 表示亮度轴，与 CIELAB 系统中亮度具有相同意义。u^* 和 v^* 与 a^* 和 b^* 有同等意义，也表示色度。u^* 表示红绿轴，u^* 的正值表示红色，u^* 的负值表示绿色；v^* 表示黄蓝轴，正值表示黄色，负值表示蓝色。因此，CIELVU 系统拥有一个以亮度 L^* 为垂直轴、以红绿色品 u^* 和黄蓝色品 v^* 为水平轴的颜色空间。L^* 的计算方法和公式与 CIELAB 系统中的亮度计算相同。u^* 和 v^* 的计算不仅与 $u′$ 和 $v′$ 有关，还要考虑颜色亮度 L^* 和参考光源的色品坐标 $u′_n$ 和 $v′_n$。具体计算公式如下：

$$\begin{cases} L^* = 116(Y/Y_n)^{1/3} - 16 \\ u^* = 13L^*(u′ - u′_n) \\ v^* = 13L^*(v′ - v′_n) \end{cases} \qquad (5\text{-}6)$$

在 CIE-u′v′ 色品图中，坐标原点位于光谱轨迹范围之外。通过把 $u′$、$v′$ 换算成 u^*、v^* 后，u^* 和 v^* 的坐标原点成为标准照明体的色品坐标，即所使用的标准照明体的色品坐标 $u^*=0$、$v^*=0$。

与 CIELUV 颜色空间相同，通过将亮度因素 Y 以立方根方程转换为亮度 L^*，使得均匀的视觉差具有均匀的亮度差值。

在 CIECIELUV 颜色空间中，同样采用两点间的距离公式计算两个颜色样品之间的色差：

$$\Delta E_{uv} = \sqrt{(\Delta L^*)^2 - (\Delta u^*)^2 + (\Delta v^*)^2}$$

因为采用不同的色差公式计算的结果差别较大，所以通常在表示色差时要注明所使用的色差公式或颜色系统，或用下标注明色差计算所处的颜色系统。例如，ΔE_{uv} 表示色差是位于 CIELUV 颜色空间中的色差、ΔE_{ab} 表示色差是位于 CIELAB 颜色空间中的色差等。

三、CIELUV 空间的颜色心理三属性

从 CIELUV 系统的颜色坐标 L^*、u^* 和 v^* 可以计算与颜色心理三属性相当的明度、彩

度、色相角。用符号 C^*_{uv} 表示 CIELUV 颜色空间中某颜色的彩度，是 u^*v^* 平面上颜色点到坐标原点之间的距离，按以下公式计算：

$$C^*_{uv} = \sqrt{(u^*)^2 - (v^*)^2}$$

因为 u^* 和 v^* 的计算式中包含有亮度 L^*，所以彩度是一个受亮度影响的量，也可说是一个受亮度影响的饱和度。因此，可以根据彩度和亮度计算饱和度 s_{uv}：

$$s_{uv} = \frac{C^*_{uv}}{L^*}$$

在坐标 u' 和 v' 的计算中不包含亮度，所以也可根据 u' 和 v' 计算饱和度：

$$s_{uv} = 13\sqrt{(u' - u'_n)^2 + (v' - v'_n)^2}$$

在 u^*v^* 平面上色相则被定义为该颜色点与坐标原点连成的射线与横轴 u^* 轴之间的夹角，具体计算如下：

$$h^*_{uv} = \text{arctg}\left(\frac{v^*}{u^*}\right)$$

色相角也可根据坐标 u' 和 v' 的计算：

$$h^*_{uv} = \text{arctg}\left(\frac{v' - v'_n}{u' - u'_n}\right)$$

如果需要比较两个颜色之间差别，在 CIELUV 系统中除了可计算总色差 ΔE_{uv} 外，也可以计算一系列差值：ΔL^*、Δu^*、Δv^*、ΔC^*_{uv}、Δs、Δh^*_{uv}。此外，还可以根据总色差、彩度差和亮度差计算两个颜色的色相差 ΔH^*_{uv}：

$$\Delta H^*_{uv} = \sqrt{(\Delta E_{uv})^2 - [(\Delta L^*)^2 + (\Delta C^*_{uv})^2]}$$

注意，虽然根据公式计算的色相差只有正值，但是在应用中，还是要使用正负符号表示。当色相角上升时，色相差取正值。当色相角下降时，色相差取负值。色相差 ΔH^*_{uv} 和色相角差 Δh^*_{uv} 是有区别的。如果只考虑颜色之间的差别，色相差 ΔH^*_{uv} 就更具有说服力，因为从计算式中可以看出，色相差 ΔH^*_{uv} 是总色差的一部分。由于在 CIELUV 系统中没有定义色相坐标 H^*_{uv}，所以色相差 ΔH^*_{uv} 也只能作为一个描述量，不能直接在 CIELUV 颜色空间或在 u^*v^* 色品图中表示。

项目型练习

项目一：CIE1976LAB 值测量与色差计算

1. 目的：掌握 $L^*a^*b^*$ 值的测量方法，学会色差计算，学会颜色视觉差分级；了解网点百分比级差所引起的色差大小和视觉差强烈程度。

2. 要求：完成如下表 5-4、表 5-5 的颜色测量和色差计算工作；分析表 5-4 和表 5-5，将分析结果填在表 5-6 和表 5-7 中；根据表 5-4、表 5-5、表 5-6 和表 5-7 回答表 5-7 后面的三个问题。

3. 提示：表 5-4、表 5-5 中的 C25，C26 分别表示青色网点百分比为 25% 和 26%，二者的网点百分比差为 1%。可按表 5-4、表 5-5 中颜色的网点百分比重新在 CorelDraw 中制作表 5-4、表 5-5 并输出作为测量样张。

表5-4 LAB测量与色差计算

表5-5　　　　　　　　　　　　　　　LAB测量与色差计算

$L^*, a^*, b^*, \Delta E_{ab}$			
颜色1			
颜色2			
ΔE_{ab}			

$L^*, a^*, b^*, \Delta E_{ab}$			
颜色3			
颜色4			
ΔE_{ab}			

颜色1　颜色2　　　颜色3　颜色4

C25　C26　　　Y25　Y26

C25　C28　　　Y25　Y28

C25　C30　　　Y25　Y30

C25　C32　　　Y25　Y32

M25　M26　　　K25　K26

M25　M28　　　K25　K28

M25　M30　　　K25　K30

M25　M32　　　K25　K32

颜色1			
颜色2			
ΔE_{ab}			

颜色1			
颜色2			
ΔE_{ab}			

颜色1			
颜色2			
ΔE_{ab}			

颜色1			
颜色2			
ΔE_{ab}			

颜色1			
颜色2			
ΔE_{ab}			

颜色1			
颜色2			
ΔE_{ab}			

颜色3			
颜色4			
ΔE_{ab}			

颜色3			
颜色4			
ΔE_{ab}			

颜色3			
颜色4			
ΔE_{ab}			

颜色3			
颜色4			
ΔE_{ab}			

颜色3			
颜色4			
ΔE_{ab}			

颜色3			
颜色4			
ΔE_{ab}			

表5-6　　　　　　　　　　　　表5-4的测量结果分析

颜色	青				品红				黄				黑			
百分比差	1%	2%	3%	4%	1%	2%	3%	4%	1%	2%	3%	4%	1%	2%	3%	4%
ΔE_{ab}																
感觉差 *																

* 感觉差分四级：感觉极微、感觉轻微、感觉明显、感觉强烈。

表5-7　　　　　　　　　　表5-5的测量结果分析

颜色	青				品红				黄				黑			
百分比差	1%	2%	3%	4%	1%	2%	3%	4%	1%	2%	3%	4%	1%	2%	3%	4%
ΔE_{ab}																
感觉差*																

*感觉差分四级：感觉极微、感觉轻微、感觉明显、感觉强烈。

回答以下问题：

（1）表5-4、表5-5中的颜色1和颜色2，颜色3和颜色4的排列方式有何不同？

（2）颜色的不同排列方式所引起的感觉差和色差 ΔE 有什么关联？

（3）表5-4和表5-5中分别是多大的网点百分比差引起的感觉差等级是感觉轻微和强烈，相应的色差 ΔE 是多少？

项目二：油墨颜色测量与 CIE-a*b* 色品图的应用

1. 要求：按步骤独立完成一份实训报告。

2. 目的：掌握 CIE-a*b* 色品图的表色方法，了解油墨混合影响颜色心理三属性变化的规律。

3. 实训报告应完成以下步骤：

（1）测量油墨三原色青、品、黄及其混合色红、绿、蓝六个实地色的 CIELAB 值，填写到表5-8中。

表5-8　　　　　　　　　　油墨实地色与 L^*、a^*、b^*值

颜色	L^*	a^*	b^*
青（C）			
品红（M）			
黄（Y）			
红（R）			
绿（G）			
蓝（B）			

（2）在 CIE-a*b* 色品图中画出三原色油墨的呈色范围（色域）。

（3）计算三原色青、品、黄及其混合色红、绿、蓝六个实地色的彩度 C^*_{ab}（写出计算过程）。

（4）根据原色与混合色的亮度和饱和度（彩度 C^*_{ab}），在以下空格处填写合适的字或数字。

混合色的亮度＿＿＿＿原色的亮度，这符合减色法混合"越加越暗"的原理。例如：红色由 ＿＿＿ 和 ＿＿＿ 混合，红色的亮度是 ＿＿＿ ，而原色品红和黄的亮度分别是 ＿＿＿ 和 ＿＿＿ 。混合色的饱和度（彩度）＿＿＿＿原色的饱和度，因为色料混合后，混合色的光谱范围变窄。例如，蓝色的饱和度为 ＿＿＿ ，而两个原色的饱和度分别是 ＿＿＿ 和 ＿＿＿ 。

知识型练习

1. 将人眼感觉不到的最大颜色差别量叫_____。

   A 色差　　　　　　B 视觉颜色宽容量　　　C 颜色分辨率　　　D 色度坐标

2. 用数量来表示两个颜色对人眼所引起的颜色差别称为_____，反映在色品图上就是两个颜色点之间的_____。

3. 麦克亚当椭圆在理想的均匀颜色空间的色品图上应该呈_____形状。

   A 正方形　　　　B 圆形　　　　　　　　C 椭圆形　　　　　　D 圆形和椭圆形

4. 麦克亚当椭圆在理想的均匀颜色空间内应该呈_____形状。

   A 正立方体　　　B 圆球体　　　　　　　C 椭圆体　　　　　　D 圆球体和椭圆体

5. 不符合麦克亚当实验结论的是_____。

   A 围绕每个中心色点，各方向上颜色宽容量不同

   B 视觉颜色宽容量轨迹近似一个椭圆

   C 中心色点颜色宽容量的椭圆轨迹的大小不一样，轴长相差 20 倍

   D 视觉上相等的颜色差别，在色品图中的距离也相等

6. CIE1976LAB 颜色空间是为了解决 CIE1931XYZ 的_____问题。

   A 计算　　　　　B 理论基础　　　　　C 颜色宽容量　　　D 色差分布不均匀

7. CIE1976LAB 颜色空间中 $L*$ 为_____轴，$a*$ 为_____轴、$b*$ 为_____轴。

8. 亮度 $L*$ 的换算式中仅包含亮度因素 Y，相当于锥状细胞的_____反应。$a*$ 的换算式中包含 X 和 Y 是锥状细胞的_____反应，$b*$ 的换算式中包含 Y 和 Z 是锥状细胞的黄-蓝反应。

9. CIE1976LAB 系统是_____。

   A 与其他 CIE 系统无关的独立系统　　　B 直接从 CIERGB 系统导出

   C 从 CIE1931XYZ 系统导出　　　　　　D 以上都不对

10. 关于 CIE1976LAB 系统，以下说法正确的有_____。

    A 明度轴 $L*$ 的取值范围从负 100 到正 100

    B 光谱轨迹在 CIE-a*b* 色品图中成为不规则的锥形

    C $a*$ 为负值，颜色偏绿；$b*$ 为负值，颜色偏蓝

    D $a*$、$b*$ 的绝对值越大，颜色的饱和度越高

    E 从孟塞尔明度轴上相邻两级灰色测得的亮度差 $\Delta L*$ 近似相等

11. 在 2° 视场下，标准照明体 D_{50} 的三刺激值 X_n、Y_n、Z_n 分别是_____，而它的 CIE1976LAB 坐标值分别为_____。标准照明体 D_{65} 的 CIE1976LAB 坐标值分别为_____。

12. 已知 $L*$=50，$a*$=30，$b*$=60，该色的心理三属性明度、色相角、彩度分别是_____，该色偏_____色。

13. 在 CIE1976LAB 空间中已知，颜色 1：（50，-2，2），颜色 2：（51，0，-1），这两个颜色的总色差是_____，亮度差是_____，红绿差是_____，黄蓝差是_____。

14. 上题中，颜色 2 与颜色 1 的亮度差 $\Delta L*$、彩度差 $\Delta C*ab$、色相角差 $\Delta h*ab$ 和色相差 $\Delta H*ab$ 分别为_____、_____、_____、_____。

15. 色相角差 $\Delta h^*{}_{ab}$ 和色相差 $\Delta H^*{}_{ab}$ 有区别，色相角差 $\Delta h^*{}_{ab}$ 就是两个颜色的 _____ 之差，而色相差 $\Delta H^*{}_{ab}$ 相当于两个颜色的 _____ 之差。

16. 关于 CIE1976LAB 空间的颜色心理三属性，以下说法正确的有 _____ 。

    A 亮度 L^* 相当于颜色心理三属性中的明度

    B 彩度 $C^*{}_{ab}$ 是从 CIE-a*b* 色品图中心到该色品点之间的距离

    C 色相角 $h^*{}_{ab}$ 则对应于颜色心理三属性中的色相，但色相角 $h^*{}_{ab}$ 有正负之分

    D 色相角 $h^*{}_{ab}$ 要根据 a^*、b^* 值的符号确定

17. 色差 _____ =1 时称为 1 个 NBS。

    A ΔE_{ab} B ΔE_{xy} C ΔE_{uv} D ΔL

18. 亮度差 ΔL^*、彩度差 $\Delta C^*{}_{ab}$、色相角差 $\Delta h^*{}_{ab}$ 和色相差 $\Delta H^*{}_{ab}$，其中 _____ 和 _____ 是有区别的，_____ 就是两个颜色的色相角度之差，_____ 相当于两个颜色的心理色相之差。

19. 一个 NBS 单位相当视觉识别阈值的 5 倍，视觉色差识别阈值约是 _____ 。

20. 精细彩色印刷品的色差一般控制在 _____ 。

    A $\Delta E_{ab} \leqslant 0.2$ B $\Delta E_{ab} \leqslant -4$ C $\Delta E_{ab} \leqslant 4$ D $\Delta E_{ab} \leqslant 6$

21. 在色品图上相加混合色与原色位于同一直线上的色品图是 _____ 。

    A CIE-xy 色品图   B CIE-a*b* 色品图

    C CIE-u′v′ 色品图   D CIE-xy 色品图和 CIE-u′v′ 色品图

22. 在色品图中能直接显示最饱和颜色与光谱色的接近程度的色品图是 _____ 。

    A CIE-xy 色品图   B CIE-a*b* 色品图

    C CIE-u′v′ 色品图   D CIE-xy 色品图和 CIE-u′v′ 色品图

23. 标准照明体（中性灰）的纵、横色品坐标值都为 0.00 的色品图是 _____ 。

    A CIE-xy 色品图   B CIE-a*b* 色品图

    C CIE-u′v′ 色品图   D CIE-xy 色品图和 CIE-u′v′ 色品图

24. 在 CIE-u′v′ 色品图中，E 光源（中性灰）的纵、横色品坐标值 u'= _____ ，v'= _____ 。

25. 关于 CIE-u′v′ 色品图，以下说法正确的是 _____ 。

    A 在色品图上保留着相加混合色位于同一直线上

    B 色品图中能表示现实世界所存在的颜色边界（即光谱轨迹）

    C 从色差均匀性来说，CIE-u′v′ 色品图的均匀性要比 CIE-xy 色品图好得多

    D 光源 E 的色品坐标为 u'=0.00，v'=0.00

26. 坐标原点是标准照明体的色品坐标的色品图有 _____ 。

    A CIE-xy 色品图   B CIE-a*b* 色品图

    C CIE-u′v′ 色品图   D CIE-u*v* 色品图

27. 对于确定的两个颜色，正确的选项是 _____ 。

    A $\Delta E_{ab}=\Delta E_{uv}$ B $\Delta E_{xy}=\Delta E_{ab}=\Delta E_{uv}$

    C $\Delta E_{ab}=\Delta L^*{}_{ab}$ D $\Delta L^*{}_{ab}=\Delta L^*{}_{uv}$

第六章
颜色测量仪器与使用方法

 知识目标

1. 了解 CIE 规定的测量几何条件。
2. 了解测量仪器的结构。
3. 理解密度测量方法和色度测量方法。
4. 掌握四色印刷的密度测量。
5. 掌握网目印刷品的网点百分比的计算公式。
6. 了解测量仪器的维护与校准方法。

能力目标

1. 熟练使用密度仪测量密度和网点百分比。
2. 熟练选择密度测量条件和使用密度类型。
3. 熟练计算网点百分比。
4. 熟练使用分光光度计测量色度。
5. 熟练对测量仪进行校准。

学习内容

1. 颜色测量的几何条件。
3. 彩色密度和密度类型。
3. 网点面积百分比。
4. 分光光度仪和密度仪的基本工作原理。

- **重点**：密度与密度测量条件，网点面积百分比的计算。

- **难点**：网点面积百分比。

  依据前面章节有关颜色感觉产生的物理和生理心理因素、颜色视觉理论，以及 CIE 标准色度系统的理论介绍可知，对于颜色的目视观测要受到诸如光源、环境光、色适应、人眼的视觉响应特点等这些复杂因素的影响，因此要模拟人的颜色视觉系统来测量出真实的颜色感觉是不太容易的事情。但在学习 CIE 标准色度学系统的知识时知道，特定的条件下颜色感觉与光刺激具有对应关系。只要获得 CIE 特定条件下某颜色的光刺激，就可以通过 CIE 标准色度学系统计算光刺激产生的颜色感觉，根据这一原理就可以建立颜色测量的体系。因此，目前的颜色测量方法所测量的都是光刺激的光度特性，通过光刺激的光谱分布计算特定观察条件下的颜色感觉。

　　本章将着重介绍常用的几种颜色测量仪器及其使用方法。在此之前，先介绍一下 CIE 推荐的几种观察颜色和测量颜色时必须遵守的照明和观测条件规定。

第一节　颜色测量的几何条件

　　实际生活中我们有这样的体会，观察物体时，站在不同的角度观察会有不同的颜色感觉，甚至观察角度不合适时还可能出现镜面反射光，产生耀眼的光斑，根本看不清颜色。光与物体表面的相互作用产生了镜面反射和漫反射、定向透射和散射透射以及光吸收。这些现象的特定组合取决于光源、物体表面性能以及它们的几何关系。当我们在看一种均匀有色物体时，我们会注意到它的物体色以及光是如何从表面反射的。从物体表面反射的光产生镜面光泽、纹理等。光源的漫射和定向性能、观察者的观察位置以及光源与样品、样品与观察者之间的特定角度等的不同组合，我们可以突出或削弱物体色、纹理或者光泽。从这些特定关系以及物体表面颜色可以告诉我们物体是否是刷有颜料，是不是塑料、织物、金属等。由此，照明光源、照明光的入射方式和眼睛观察时的观察角度都是颜色感觉的影响因素。所以测量颜色时，被测物体表面和工作标准都必须按某种规定的方式被照明和观测，才能保证测量数据的准确性和一致性。由于样品表面的结构特性不同，同样的物体在不同方向上会产生不同的反射或透射，因此照明的几何状态对颜色测量结果会有很大的影响。同时，照明光束的孔径和测量光束的孔径大小对颜色测量的结果也有影响。为了避免由于照明和观测条件等的不同而引起的测量结果的差异，CIE 推荐了几种照明和观测条件作为颜色测量的标准方式，称为颜色测量的几何条件，以统一颜色测量的标准。任何颜色测量仪器，都必须遵守这一规定，采用一种标准的测量几何条件，这在实际测量时是非常重要的，尤其是当被测物体表面有光泽的时候。下面介绍一下 CIE 规定的颜色测量的几何条件。

　　对于透射样品颜色测量，规定采用垂直照明、透射方向测量（漫透射样品除外），这与实际观察透射样品的条件相一致，如图 6-1 所示。

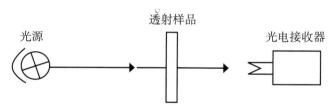

图 6-1　透射样品颜色测量照明与观测条件

对于反射样品（即不透明物体）的颜色测量，CIE 推荐了四种照明和观察条件作为标准，它们是：①45°照明，法线（0°）观测，记作 45/0；②法线（0°）照明，45°观测，记作 0/45；③漫射照明，法线观测，记作 d/0；④法线照明，漫射观测，记作 0/d，这四种几何条件的示意图如图 6-2 所示。严格地说，采用不同几何条件测量出的结果在数值上会有差别，对测量结果的定义也不一样。但在实际应用中，这种测量值的差别一般不会有本质上的差别，往往不加以严格的区分，但必须对测量的条件加以说明。任何测色仪器的设计，都必须满足这四种测量几何条件之一，并且在产品说明书中明确说明。在选择测量仪器时，要根据使用需要选择符合某种几何条件的仪器。例如，在印刷行业一般选择 45/0 或 0/45 几何条件的仪器，因为这种照明和观察条件比较符合实际观察印刷品的情况。

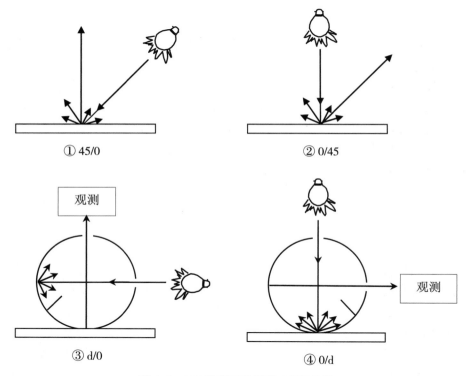

图 6-2　CIE 推荐四种照明 / 观测条件

前两种照明 / 观察条件（45/0，0/45）接近于目视观察条件，叫做双向几何条件。该写法表示照射角度 / 观察角度，可以有效地将样品表面的镜面反射光排除在外。制造满足该标准仪器的最简单的方法就是用一束光照射试样，然而缺点是这类仪器存在光线不足和定向灵敏度的问题，所以后来的研究开发中通过在相反方位角增加一个光源来克服光线不足的问题，测量时沿所有的方位角测量来解决定向灵敏度问题。

而后两种（d/0，0/d）条件下的测量是通过仪器内的积分球实现的，标记为漫射 / 垂直和垂直 / 漫射，积分球是一个直径等于或者大于十几厘米的中空金属球，球内壁涂满全漫反射材料，光线在积分球中经过多次反射后被混合为非常均匀的光，充满积分球，因此可以测得待测样品的全部反射（包括漫反射和镜面反射）特性。这两种测量方法与样品的表面结构无关，这对于有纹理纸张、纺织品颜色的测量尤为重要，可以有效地排除表面结构对测量结果的影响。需要说明的是，0/d 几何条件下的入射光并不是完全垂直的，而是有一个 6°~8° 的小角度。这样设计的原因是可以避免镜面反射光垂直反射回来。在与入射光成镜面反射的位置设计有一个开孔，需要指出的是 CIE 规定积分球的所有开孔总面积不超过积分球表面积的 10%，可根据测量需要分别放置于球内壁相同的材料或者是黑色吸收井，可以反射或吸收镜面反射光。当在吸收井位置放置全漫反射材料时，镜面反射光也会在积分球中反射，接收器接收的光中有镜面反射光的贡献；在吸收井位置放置黑色吸收物质时，可以将镜面反射光吸收掉，接收器接收的光中不包含镜面反射。因此，包含和排除镜面反射光条件下的测量结果会有差别，这种差别反映了被测材料表面的光泽特性。这个功能往往在需要了解样品光泽性的时候非常有用。

所有颜色测量仪器都要符合上述测量方式之一，测色时根据实际需要适当选择，必须在给出测试数据时注明是在何种条件下测得的。由于使用不同测量方式得到的测量结果会有一定差别，因此印刷行业使用的测色仪器多采用 45/0 和 0/45 两种几何条件，以模拟人眼观察的效果。CIE 规定，在 45/0、0/45 和 d/0 三种条件下测量得到的光谱反射率因数也可以称为光谱辐亮度因数，用 $\beta(\lambda)$ 表示，只有 0/d 条件下测量得到的光谱反射率因数才称为光谱反射率 $\rho(\lambda)$，而光谱反射率因数是二者的总称。在实际工业应用要求不十分严格时，经常不严格区分。

色度测量标准化的三要素：照明、观测的几何条件、标准白，是实现色彩测量标准化的三个主要因素。各表色系统中参数值的计算取决于照明种类，A、B、C 和 D_{65} 光源分别是模拟白炽灯、中午时分的日光、阴天的日光或多云的中午日光，特别是 D_{65} 光源，它的辐射分布是对不同时间、不同气候和不同地点的日光光谱作了许多测量之后，经过复杂的求平均值过程得出来的，C 光源和 D_{65} 光源对印刷工业是最有用的。观测的几何条件即指被测物体表面的表面状态、光源的入射角、人眼的观测角度等因素。在测量反射（透射）率参数时，国际照明委员会推荐理想漫反射体作为标准白色，即各向具有相同的发射密度。因此，标准白是一个完全无光泽的白色面，它入射到该面上的光全部反射到空间，因此在可见光谱范围内所有波长的光都不被吸收，而且入射光完全是漫反射地、无光泽地、均匀地朝各个方向散射。

第二节　色度方法与色度仪

色度测量方法按所用的仪器不同分为两种：第一种方法是利用光电色度仪测色彩，光电色度仪通常又称为色差仪，它采用滤色器来校正光源和探测元件的光谱特性，使透过滤色片的光符合标准光源的光谱分布，光电探测元件的光谱特性符合标准色度观察者的光谱特性，于是这类仪器在测量时就相当于人眼在特定光源照明下观察颜色样品，光电探测器转换得到的电流大小直接与三刺激值成正比，即用光电探测器来模拟锥体细胞接收光刺激的过程。由于必须用滤色器对特定光源和特定光电探测器的光谱特性进行校正，使其符合某种 CIE 标准照明体和标准观察者的光谱分布，因此这类仪器只能测量特定光源、特定观察者条件下的颜色。并且由于仪器自身器件及原理方面存在一定的误差，使颜色测量值的绝对精度不够理想。第二种方法是利用分光光度仪测量色彩。分光光度仪把色彩作为一种不受观察者支配的物理现象进行测量，是一种最灵活的色彩测量仪器。分光光度仪可以确定从样品反射出来的各波长范围的光在可见光谱中所占的比例，这样分光光度仪能够提供一个完整的光谱反射率曲线，根据这条光谱反射率曲线就可以计算三刺激值了。下面分别介绍这两种测量仪器。

一、光电色度仪

光电色度仪（简称色度仪）是一类直接测量 CIE 色坐标的仪器。理论上，需要测量的光被 3 个探测系统同时收集，每个探测系统的光谱灵敏度与特定的 CIE 标准观察者的配色函数的灵敏度相同，也即是探测器系统对入射光的反应与标准观察者一致。几乎所有的光电色度仪都与 CIE1931 标准观察者函数相匹配。光电色度仪是一类模拟眼睛感觉颜色机理的测量仪器，由其内部光学模拟积分来获得三刺激值，通常由照明光源、校正滤色片和光电探测器几大部分组成。光学模拟积分式光电色度仪采用校正滤色器来模拟标准照明体和标准观察者系统，以使其光源的光谱分布与标准照明体的光谱分布成比例，使光电探测器的相对光谱灵敏度与标准观察者成比例。由于光电探测器产生的电信号是由各波长的光共同作用的结果，因此利用光电探测器的感光特性就可以实现三刺激值计算的积分过程。根据设计的不同，光电色度仪有两类，一类是为测定光源设计的，一类是为测定材料设计的。在测量材料时，色度仪设计成模拟 CIE 标准照明体，一般为照明体 C 或者 D_{65}，最常用 45/0 几何条件。在测量光源时，色度仪使用色度测量的标准几何条件。当使用色度仪测色时，照明待测样品所用的光源必须是能发出连续光谱的光源，还需要加校正滤色器进行校正，以满足特定标准照明体的光谱分布，如标准照明体 A、B、C、D_{65} 等的光谱分布规定。另外，仪器内部光电探测器的光谱灵敏度也要加校正滤色器进行校正，以与人眼的视觉特性相吻合，即与 CIE 标准色度观察者光谱三刺激值相一致。

通常情况下光电色度仪内部的照明光源是普通的白炽灯或卤钨灯；光电色度仪的探测器为光电池、光电管等。为了要模拟标准观察者在标准照明体照明下观察到的物体颜色情况，光谱光度计的总光谱灵敏度（光谱响应）必须符合卢瑟条件，由下式表示：

$$K_X S_0(\lambda) \tau_X(\lambda) \gamma(\lambda) = S(\lambda) \tilde{x}(\lambda)$$
$$K_Y S_0(\lambda) \tau_Y(\lambda) \gamma(\lambda) = S(\lambda) \overline{y}(\lambda) \qquad\qquad （6-1）$$
$$K_Z S_0(\lambda) \tau_Z(\lambda) \gamma(\lambda) = S(\lambda) \overline{z}(\lambda)$$

式中 $S_0(\lambda)$ 为仪器内部光源的光谱分布；$S(\lambda)$ 为选定的标准照明体光谱分布，如 C 或 D_{65}，为已知数据；$\tau_X(\lambda)$、$\tau_Y(\lambda)$、$\tau_X(\lambda)$ 分别为 X、Y、Z 校正滤色器的光谱透射比；$\gamma(\lambda)$ 为光电探测器的光谱灵敏度，可以通过测量的方法测定，这里假设各通道使用相同的光电探测器，一般情况下各通道探测器的光谱灵敏度函数 $\gamma(\lambda)$ 可能不相同；K_X、K_Y、K_Z 是三个与波长无关的比例常数，即三个通道电路的放大系数，用来定标仪器。等式右边是特定照明条件下仪器测量完全漫反射体 $[\rho(\lambda)=1]$ 应该具有的光谱响应，等式左边

的 $S_0(\lambda)$ 和 $\gamma(\lambda)$ 也是已知参数，由此可确定出仪器校正滤色器的光谱透射比 $\tau_X(\lambda)$、$\tau_Y(\lambda)$、$\tau_Z(\lambda)$：

$$K_X\tau_X(\lambda)=\frac{S(\lambda)\bar{x}(\lambda)}{S_0(\lambda)\gamma(\lambda)}$$

$$K_Y\tau_Y(\lambda)=\frac{S(\lambda)\bar{y}(\lambda)}{S_0(\lambda)\gamma(\lambda)} \quad\quad (6\text{-}2)$$

$$K_Z\tau_Z(\lambda)=\frac{S(\lambda)\bar{z}(\lambda)}{S_0(\lambda)\gamma(\lambda)}$$

卢瑟条件是设计测色仪器的基本关系，理解这个关系对理解颜色的复制原理也很有帮助。光电色度仪符合卢瑟条件的程度越高则测量精度越高，但也受到制造材料和制造工艺的限制通常不能做到完全一致，因此光电色度仪在测量某些颜色时会出现误差。所以使用仪器测量前，要先用它测量已知三刺激值的标准色板或标准滤色片来定标，调整仪器的输出数据与标准值一致。当对测量结果要求较高时，测量前还应使用与待测样品颜色相近的标准色板定标，如测量红样品前用红色标准板定标，测量蓝色前用蓝标准板定标，这样可以一定程度上抵消设计的误差，提高测量精度。

光电色度仪设计的关键在于校正滤色器，它直接关系到测量的准确度和测量的条件。通常可以通过不同滤色片以一定的厚度和面积拼合实现式（6-2）所确定的特定光谱透过函数。光电色度仪的基本原理示意图如图 6-3 所示。

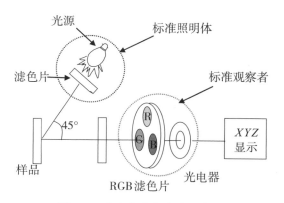

图 6-3 光电色度仪光路示意图

二、分光光度仪

分光光度仪又叫光谱色度仪，是测量物体的反射率或透射率随波长变化的仪器，可以提供一个完整的光谱反射率曲线。分光光度仪除了测色以外还有许多用途，这里仅描述可见光范围的分光光度仪。分光光度仪主要由光源、单色器（如分光棱镜、衍射光栅、干涉滤色片等）、光电探测器和数据处理与输出几部分构成。分光光度仪的光路设计表现为两种形式，其中一种在使用分光光度仪测量时首先由光源发出足够强的连续光谱，先后照在标准样品和待测样品上，经单色器光分解为按波长分布的等间隔（如 $\Delta\lambda=5$、10nm）的单色光，由光电探测器接收并转换为相应的电信号，然后由数据处理部分计算二者的比值进行输出。另一种光路是相反光路设计，光源发出的光先经单色器输出成不同波长的单色光，将单色光同时（将光束一分为二）或先后照射到待测样品及标准样品上，然后用光电探测器接收其反射（或透射）的光能并转变为电能，从而记录和比较光通量的大小，得出样品的光谱反射比（或透射比）。两种设计测量效果相近，各有优缺点。分光光度仪通过测量反射物体的光谱反射率 $\rho(\lambda)$ 和透射物体的光谱透射率 $\tau(\lambda)$ 来测量颜色,如果选择了标准照明体和标准观察者数据,就可以算出相应条件下的三刺激值。

测量透射样品时所选用的标准样品通常为空气,因为空气在整个可见光谱范围内的透射比均为 1(100%)。测量反射样品时用完全反射漫射体作为标准,它在可见光谱范围内的反射比均为 1。而实际上全漫反物体并不存在,只能使用 MgO、$BaSO_4$、白陶瓷板等高反射率材料来替代,要求作为标准反射样品的材料在可见光谱范围内各波长反射比均匀一致,最好均接近于 1,并且要严格对其光谱反射率进行标定。

分光光度仪根据分光系统和光量接受系统的不同分为以下三类。

(1)棱镜分光光度仪 将通过棱镜色散的单色光通过很窄的狭缝后,让光电接收器接收。如图 6-4 所示为棱镜型分光光度仪的工作原理。

(2)干涉滤色片分光光度仪 将样品的反射光线连续地通过一组波长间隔为 10nm 或 20nm 的干涉滤色片,从而使混合光分解为单色光。干涉滤色片由多层薄膜组成,每一层的厚度和选择性吸收、反射、透射性能都不相同,这样能组成各种不同光谱透射性能的薄膜系。如图 6-5 所示为干涉滤色片型分光光度仪的工作原理。

(3)衍射光栅分光光度仪 目前大多数分光光度仪采用衍射光栅分光,将入射狭缝的一束光线投射到有几百条间隔极窄(通常为 1μm)的平行刻线玻璃板上,光发生衍射,在出射狭缝处形成一系列的光谱。如图 6-6 所示为衍射光栅型分光光度仪的工作原理。

分光光度仪是精度非常高的测量仪器,其测量的准确度主要取决于单色器的精度和对不同波长单色光的标定,即对单色光的分辨力。如果单色器能够分解出波长范围非常细的单色光,则仪器的测量精度就高,反之则精度低。一般对于颜色的测量要求单色光的间隔为 10nm 就足够

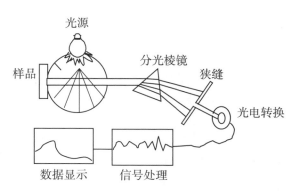

图 6-4 棱镜型分光光度仪光路示意图

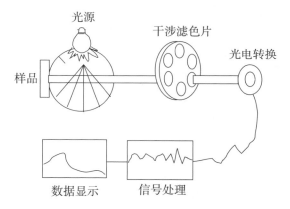

图 6-5 干涉滤色片型分光光度仪光路示意图

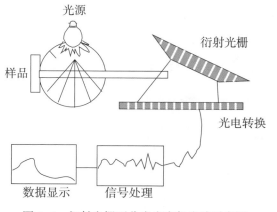

图 6-6 衍射光栅型分光光度仪光路示意图

了，因为绝大部分颜色样品的光谱分布都不会有突变。但如果要测量有荧光的物体则应该使用更细小的波长间隔（如 5nm），因为往往荧光的发射光谱带很窄，波长间隔太大会丢掉细小的光谱辐射的变化信息。

当前使用的分光光度仪大多可以与计算机相连作为数据处理和输出装置，实现了高度的智能化，它能根据所存储的数据 [如标准照明体 $S(\lambda)$、标准色度观察者函数等] 和计算程序，将所测得的 $\rho(\lambda)$ [或 $\tau(\lambda)$] 进行计算，得出三刺激值、色品坐标、色差等结果，并能存储数据，显示、打印各种曲线、图表等，使用非常方便。

分光光度仪测色精度高，但仪器结构复杂，价格昂贵，通常用于颜色的精密测量和理论研究。但随着光学技术的进步和电子元器件集成度的提高、成本的降低与制造技术的提高，市场上出现了一些体积小、价格低的分光测色仪器，如美国的 X–Rite 公司和 Gretag–Macbeth 公司（目前两家公司已经合并）、德国的 Techkon 公司的产品，它们已经很广泛地应用于印刷行业，作为颜色控制、色彩管理的工具，发挥了非常重要的作用。

第三节　密度法与密度仪

一、密度法

前面已经提到密度测量是由被测量样品吸收的光量来决定的，能实现这种从样品中反射回来的光量测量，然后将其与参考标准或承印物在特定光源照射下的反射情况进行比较，从而计算出密度值的测量仪器叫密度仪。密度仪的构造主要由光源、光孔、光学成像透镜、滤色片、光电转换器件（"接收器"/"探测器"）、模数转换器、信号处理和计算部件、显示部件等。如图 6–7 所示为密度仪的基本结构和原理。

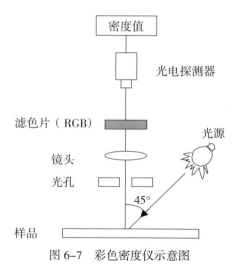

图 6–7　彩色密度仪示意图

光源发出的光线在 45° 方向照射到样品上，在垂直方向测量，有些仪器刚好相反。从样品上透过或反射的光线经过光孔进入密度仪内。需要说明的是，上图简化了从样品收集光的过程。实际上，所有从这个角度反射出来的光都必须收集起来，然后光线经光学透镜成像到达滤色片（红/绿/蓝/视觉校正），透过某种滤色片的光线经过光电转换器件变成模拟电信号。经过模/数转换得到的数字信号经过运算获得密度数据，在显示屏上显示。

前面章节已经讲过密度的概念，对于印刷品来说，墨层越厚，吸收的光就越多，反射的光就越少，印刷品看起来就越暗，视觉密度就大。反之，墨层越薄，吸收的光就越少，反射的光就越多，印刷品看起来就越亮，视觉密度就小。所以墨层厚度与光反射之间是有联系的，如图 6-8 所示。

反射百分比

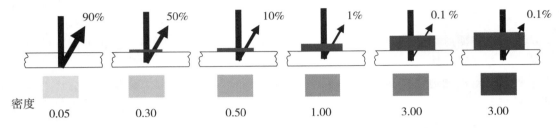

图 6-8　光的反射率、墨层厚度与密度三者之间的关系

光的反射率、墨层厚度与密度之间的关系，还可以用图 6-9 来进行说明，反射率和墨层厚度以及密度的关系，实际上最初随着墨层厚度的增加，反射光量迅速减少，并且减少的速度逐渐慢下来。如果将反射率曲线转换为密度值，就可以得到它与墨层厚度的一个线性关系。但是这种线性关系也是有局限性的，也就是当在墨层厚度小于 1.2μm 时是成立的，当墨层厚度达到一定数值之后，再增加墨层厚度密度值也不会增加。这是因为墨层厚度达到一定之后几乎吸收了所有入射光，致使密度成为了一个恒定的数值。

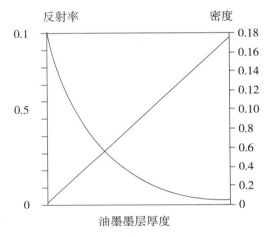

图 6-9　反射率、密度测量与墨层厚度的关系

二、四色印刷的密度测量

对于单色测量来说，单色密度仪的设计，只需使用一个符合明视觉光谱光效率函数 $V(\lambda)$ 滤色片即可，所测密度值为视觉密度。彩色印刷测量的是彩色密度，需要获得图像上某一色相的浓淡层次的定量表示，即颜色的饱和度。由于彩色印刷采用红、绿、蓝的补色青、品红、黄来控制进入眼睛的红、绿、蓝光的数量，用光学密度表示彩色，就是要记录下被测物体对红／绿／蓝三种光线的透过或反射的光量，换算成物体的反射或透射率，取其倒数的负对数，来表示颜色的深浅，反射或透的光量不同，相应的红／绿／蓝密度数据不同。能够实现这种测量的仪器是光学密度仪，称为彩色密度仪。用它可以测量印刷品的分色密度。彩色密度计分为透射密度仪和反射密度仪两类，透射密度仪用于测量胶片上的密度；反射密度仪可以测量的是样品对红、绿、蓝光的吸收量，因此在光电探测器前要分别放置红、绿、蓝（和视觉密度）滤色片，用来分别透过红、绿、蓝光，或者将滤色片置于光源后面，用来产生红、绿、蓝照明光。由于青、品红、黄油墨分别吸收红、绿、蓝光，并且墨层厚度越大，对红、绿、蓝光的吸收就越多。所以，测量经

过油墨吸收后剩余的红、绿、蓝光量，就可以得到油墨的密度值，间接得到墨层的厚度。例如在红滤色片下测量的是青油墨吸收红光的数量，即红光下的密度。对于特定的青油墨来说，对红光吸收量越多，密度值越高，说明青油墨的墨层越厚或彩度越高，反之则说明青油墨彩度低或墨层薄。对其他原色油墨也有类似的关系。

由此可见，彩色密度仪是专门针对减色混色测量而设计的，专门用来测量青、品红、黄油墨对红、绿、蓝光的吸收量，由此来控制印刷油墨的墨量。因此在测量时必须配套使用红、绿、蓝滤色片，得到的测量结果才是符合密度定义的密度值。

彩色密度测量的有史以来，由于不同地区与行业的使用需求和习惯不同，目前对彩色密度有多个测量标准，在 ISO 5-3：1995（E）中有相应的规定。

① 状态 A 密度。用于直接观看彩色照相正片或幻灯片条件下的密度测量，其中的红、绿、蓝滤色片光谱分布与用正片冲洗照片所使用的滤色片接近。

② 状态 M 密度。用于直接观看彩色照相负片或负片原稿条件下的密度测量，其中的红、绿、蓝滤色片光谱分布与用负片冲洗照片所使用的滤色片接近。

③ 状态 T 密度。用于评价印刷品所使用的密度标准，以前多用于美国，现在是 ISO 和我国普遍采用的密度标准，其红、绿、蓝滤色片光谱透射率与光源的乘积曲线见图 6-10 中的实线所示。

④ 状态 E 密度。用于评价印刷品所使用的密度标准，以前多用于欧洲。其红、绿、蓝滤色片光谱透射率与光源的乘积曲线见图 6-10 中的实线所示。状态 E 与状态 T 的差别仅在于蓝滤色片上，状态 E 采用了更窄的蓝滤色片光谱带。

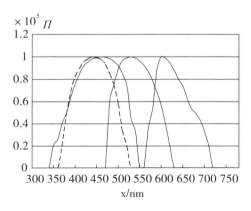

图 6-10　ISO 状态 T 和状态 E 的光谱乘积曲线

四色印刷生产过程中是采用套印的湿压湿印刷，在密度测量中会出现一种"干褪"现象。这是因为湿墨层与干墨层表面反射出来的光是不同的，如图 6-11 所示。当油墨被印刷时，它本身是一个光滑的表面，如图 6-11（a）示，尽管可能是印在表面粗糙的纸张上。光源照射到湿墨层的印刷品上时，一些光透过墨层被纸张反射回来，由于湿油墨层是比较光滑的，同时也有些光是从油墨表面反射回来，表面反射的主要是反射回光源方向，感光器件和人眼接收不到，就会导致测量密度或视觉密度较高。当墨层变干时，由于渗透的作用，它就具有了纸张表面粗糙未涂布的特性，如图 6-11（b）示，因此，表面反射就变得发散。感光器件不可避免能接收到一些表面反射，而其影响的就是降低测量密度，尽管墨层厚度没有变化。这就是为什么油墨未干时要比干燥后看起来更饱和或者密度更高，这就是典型的"干褪"现象。这种现象就会引发一个问题，我们想得到一个指定的干密度值，就必须要考虑干褪，并为它做一个补偿，这依赖于时间和材料，并不容易做到。但是为了使"干褪"现象影响减到最小，可以通过在密度仪中安装偏振滤色片来避免测量中受到表面反射的影响，让湿的印刷品和干的印刷品上测得的密度相同。

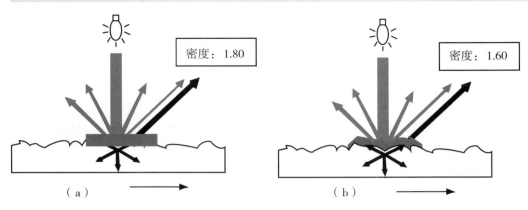

图6-11 不光滑纸张油墨干燥对测量密度的影响

（a）光渗现象 （b）表面反射

　　偏振滤色片的工作原理，如图6-12所示，通常情况下，光是无偏振性的，光波在所有的平面上都是振荡的。在光的传播方向加一个偏振滤色片可以使光波在一个平面上振荡，如果在第一个偏振滤色片的后边再加一个偏振方向与其垂直的，这样就可能完全阻止光线的通过。所以在进行密度测量时，如图6-13所示，改造密度仪，在光源的前边安装一个偏振滤色片，使得光源的光偏振化，被偏振化的光从湿的或干的油墨表面反射后，保持偏振性，无法通过第二个偏振滤色片，也就不能被仪器接收到。然而通过墨层的光将失去偏振性，当被反射后，可以通过第二个偏振滤色片被接收到。这种装置的密度仪无论是油墨是干还是湿，保证测量密度值相同。因此，用带有偏振装置测量的密度值要比没有偏振装置时的测量值更有意义。

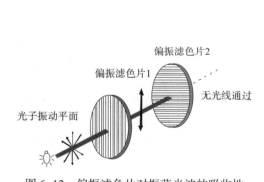

图6-12 偏振滤色片对振荡光波的吸收性

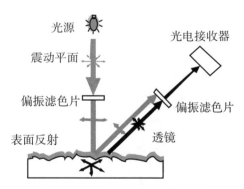

图6-13 加偏振滤色片的密度仪

　　密度测量被广泛应用于彩色网点印刷的质量检测和生产流程的控制。在印刷过程中利用密度仪对印张上附加的测控条进行测量，可以检测黄、品红、青、黑四色的实地密度、网点增大值、相对反差以及叠印率等，利用这些数据可以方便且有效地控制印刷过程中阶调和色彩的再现。密度仪的测量原理是通过测量从待测样品表面反射回来的红、绿、蓝三色光的量来确定印品的色密度。密度仪的红、绿、蓝和视觉滤色片分别和青、品红、黄、黑墨相对应。而专色是指三原色和黑色以外的其他颜色，密度仪中没有与其对应的专色测量的滤色片，所以不能用密度仪来进行专色的色相检验。对于专色的测量一般采用色度计进行。

三、网目密度与网点百分比

密度仪除了可以通过三种彩色滤色片和一个视觉滤色片来测量光学密度以外，其在印刷中还有一个重要的用途，就是测量各色油墨的网点面积率。所谓网点面积率是指单位面积上油墨网点所占的比例。这里所说的密度仪对各色的网点面积率的测量，其实质是通过密度测量值计算得到的。为了能够测量网点面积，需要一个实地区域和一个被评定的网目调阶调值。首先需要测量实地和网目调区域的密度值，然后使用测量值进行网点面的计算。通常使用的网点面积计算公式有 2 个：Murray–Davies 公式与 Yule–Nielson公式。Murray–Davies 公式比较简单，应用也最多，目前最先进的密度仪也采用这个公式进行网点面积的计算。

Murray–Davies 公式的计算原理是，以实地区域吸收部分入射光为前提，网目调区域所吸收光量是实地吸收光量的一部分，所吸收百分比取决于网点覆盖面积。即网点面积率是网目调区域吸收量与实地吸收量的比值，公式的推导过程如下：

这里设定反射（透射）样品的光学反射（透射）率为 ρ，根据定义，密度 D 表示为：

$$D = \lg\left(1/\rho\right) \tag{6-3}$$

为简单起见，首先假设纸张的光学反射率为 $\rho_\mathrm{w}=1$，实地油墨的反射率为 ρ_s，印刷网点面积率为 a（单位面积内油墨所占的面积比），则根据色光相加原理，此时单位面积总的光学反射率为：

$$\rho = \left(1-a\right) \times \rho_\mathrm{w} + a \times \rho_\mathrm{s} \tag{6-4}$$

即总的光学反射率 ρ 等于纸张空白部分的反射率 ρ_w 与油墨印刷部分的反射率 ρ_s 之和。将此关系代入密度表达式后可得此特定阶调（网点面积率）条件下的密度，称为阶调密度，记为 D_T：

$$D_T = \lg\left\{1 / \left[\left(1-a\right) \times \rho_\mathrm{w} + a \times \rho_\mathrm{s}\right]\right\} \tag{6-5}$$

上式还可以表示为：

$$10^{-D_T} = \frac{1}{(1-a) \times \rho_W + a \times \rho_S} \tag{6-6}$$

由于印刷实地密度 $D_\mathrm{s} = \lg\left(1/\rho_\mathrm{s}\right)$，所以 $\rho_\mathrm{s} = 10^{-D_s}$，并注意到 $\rho_\mathrm{w}=1$，代入上式并化简后可得：

$$\alpha = \frac{1-10^{-D_T}}{1-10^{-D_S}} \tag{6-7}$$

式（6-7）即 Murray–Davies 公式的表达式形式，网点面积的取值范围为 0~1。如果希望用百分数来表示，则需要在计算结果上乘以 100%。从上面推导过程可以看出，Murray–Davies 公式没有考虑纸张实际的光学反射率，仅仅是在理想白纸 $\rho_\mathrm{w}=1$ 情况下的计算公式，因此实际计算的误差会很大。若纸张实际的光学反射率不等于 1，设为 $\rho_w \neq 1$，则纸张密度 $D_w = \lg(1/\rho_w)$，按式（6-7）相同的推导方法可得：

$$\alpha = \frac{10^{-D_w} - 10^{-D_T}}{10^{-D_w} - 10^{-D_S}} \qquad (6\text{-}8)$$

若将上式的分子和分母同除以 10^{-D_w}，便得到密度仪测量网点面积时实际使用的 Murray-Davies 公式形式：

$$\alpha = \frac{1 - 10^{-D_t}}{1 - 10^{-D_s}} \times 100\% \qquad (6\text{-}9)$$

式中，$D_t = D_T - D_w$，$D_s = D_S - D_w$，其物理意义是样品密度测量值与纸张密度测量值之差。虽然式（6-7）与式（6-9）形式相同，但指数的意义已经不一样了，式（6-9）中指数是样品相对于纸张的密度值，即将纸张的密度值设定为 0 时的密度值，称之为相对密度值，而将相对于绝对白色测量得到的 D_T、D_S 和 D_w 称为绝对密度值。由式（6-9）可见，油墨的网点面积率 a 是油墨实地的相对密度 D_s 和相对阶调密度 D_t 的函数。

从颜色测量的角度看，绝对密度值是样品相对于理想白的密度，而相对密度则是相对于白纸的密度。也就是说，在进行密度测量时，如果将白纸的密度设为 0，即用白纸定标仪器，所测量得到的密度就是相对密度。因此在用密度仪测量网点面积率时，总是用白纸和空白胶片来定标仪器，将此时的密度设为 0，再进行其他位置测量时得到的就是相对于纸张或胶片的相对密度值。

Murray-Davies 公式计算的网点面积百分比，并不是印刷网点的真正几何区域的测量面积。只有当照射在样品上的光以精确比例反射和吸收时，网点覆盖面积才是真实值。事实上，光在纸张内部发生了散射。因此部分入射纸张的光线会在网点周围散射并且在网点下边重新出现，所以光强会被削弱。这种比例错误使得对已知网点区域的测量密度偏大，所计算的网点面也偏大，称之为光学网点增大。为了解决 Murray-Davies 公式的不准确性，J.A.C.Yule 和 W.J.Nielson 在分析纸张的光渗效应和印刷加网线数等因素的基础上对 Murray-Davies 公式进行了修正，提出了 Yule-Nielson 公式：

$$\alpha = \frac{1 - 10^{-D_t/n}}{1 - 10^{-D_s/n}} \times 100\% \qquad (6\text{-}10)$$

该公式在 Murray-Davies 公式的指数部分增加了一个修正系数 n，n 值的选取取决于纸张的特性、印刷加网线数和印刷方法等多方面因素。实验证明，n 值设置合适就可以改善 Murray-Davies 公式的计算精度。目前的密度仪可以允许操作人员手工设置仪器中的 n 值，以提高网点测量的精度。但实际应用中，n 值不容易确定出具体值，必须通过实验，对印刷样张进行实际测量才能确定，不同印刷条件的 n 值都不相同。这里的 $n=1$ 时，网点面积的计算结果就和 Murray-Davies 公式一样了。Yule-Nielson 公式使用并不广泛，如果在计算时没有说明，它的存在和使用在规范传达时有时会引起混淆。

如果网点面积测量仅用作比较评估，如样张和印刷品之间的比较，或者试印样与正式产品间的比较，那么 Murray-Davies 公式和 Yule-Nielson 公式都是完全适合的。尽管计算得到的实际数值可能有偏差，但还是能够说明两种样张上网点面积是否出现了差别。

可见，彩色密度仪是通过测量三种不同滤色片下的密度值，即补色密度来确定油墨颜色的特征，通过补色密度仪算出各原色油墨的网点面积率。使用彩色密度仪可以在印刷复制过程中评价原稿质量，控制制版、打样质量及印品质量。由于密度仪结构简单，结果直观、轻便，价格便宜，测试光孔小等特点，被印刷行业所广泛使用。但因它不符合 CIE 颜色标准，不能真实反映人眼看到的颜色，仅用来测量和控制印刷油墨的墨量，起到控制印刷品质量的作用。

第四节 测量仪器的校准与使用条件

在实际生产过程中经常要对颜色进行测量，通过测量仪器对彩色复制过程进行控制。不同的仪器具有不同的功能，适合不同的应用场合，因此要针对不同用途选用不同的仪器。印刷复制对颜色色度的评估是在特定的条件下进行的，因此选用仪器时，首要条件是这些仪器要满足特定的 CIE 几何条件。其次在测量仪器选择时，还要考虑是否需要光谱数据，光谱数据能够为原材料提供一致的信息，潜在同色异谱问题，以及计算期望用于照明试样的、每个光源真实的光谱功率分布数据。这时我们选择满足 CIE 测量条件的分光光度仪。如果仅是需要测量色度值，既可以选择分光光度仪，也可以选择光电色度仪。印刷中如果采用的是密度控制法，选择相应的密度仪即可。不管是使用何种测量仪器，为了保证测量的精确度和准确度，测量前都需要对仪器进行校准，保证仪器处于稳定的测量状态。

① 外观及工作正常性检查。密度计应标有下列标志：仪器名称、型号、制造厂名（或商标）、出厂编号。出射光源应正常，不得有影响正常工作的机械损伤，数字显示不得缺画，各调节器或按钮应工作正常。密度计自带校正板应干净整洁。

② 校准前的准备。密度计预热前需观察仪器是否装上偏振装置，如有，须将偏振装置取下，否则会对以下的校准数据造成影响，然后按密度计说明书规定的时间进行预热，仪器预热后，用随机配备的标准板调校仪器，调校完毕后，进入测量状态。

③ 示值误差。将密度计置于标准反射板上，使密度计的探测孔对准标准反射板每一级的标准块的中心处，进行测量。对于彩色密度计，使用标准反射板对密度计进行校准时，密度计的测量状态需选择与标准反射板证书上给予的状态相一致，然后对仪器的 C、M、Y、K 四种颜色通道分别进行测量，对每一级标准块重复读取三次，三次的平均值与标准值之差应在标定范围内。

④ 漂移。将密度计置于标准反射板上，使密度计的探测孔对准标准反射板中间一级的标准块的中心处，每间隔 2min 读取测量一次，记录 10min 内每次测得的密度值。对于彩色密度计，需对仪器的 C、M、Y、K 四种颜色通道记录 10min 内每次测得的四种颜色通道下的密度值，其读数的最大漂移值即为示值稳定性，应满足既定要求。

⑤ 重复性。将密度计置于标准反射板上，使密度计的探测孔对准标准反射板中间一级的标准块的中心处，重复读取六次，记录每次测得的密度值，计算 6 次测量值的标准

偏差，即为黑白密度计的重复性。对于彩色密度计，需对仪器的 C、M、Y、K 四种颜色通道分别进行重复性测量，其测量结果应符合既定要求。

一、色度类测量仪器的校准

测量仪器使用的第一步是打开电源开关，然后预热足够的时间，使仪器达到稳定状态，再校准仪器。校准是指调节仪器，使其读数再现国际或国家标准的过程。对于一般的测色仪器，购买时都会附带一个标准的白板，如图 6-14 所示 X-Rite Swatchbook 分光光度仪。标准白板的作用

图 6-14　X-Rite Swatchbook 分光光度计

是用来标定 100% 反射因数的标准。0 反射因数的标准，用双向几何条件的光泽黑板或者是积分球几何条件的黑色陷阱校准。另外，对于某些特定的仪器，制造商会提供一套白色的传递标准和相应的一套配套数据，校准时要求仪器使用者把仪器放到暗室中，将反射因数设定在 0 处，使用推荐的一套校准程序进行校准。这里提到的校准白是至关重要的，白板一定要保持良好的状态，如清洁、无划痕等，否则它特定的校准数据就会失去意义。如果使用中发现白板受损，那么应该到制造商那里换一块，同时商家还应该提供白板的校准数据。

分光光度仪测量的反射率是波长的函数。是否需要对波长也进行校准呢？大多数仪器制造商不要求使用者进行波长校准。随着分光系统和接受器系统组合的出现，波长标准不需要进行例行地校准。当校准分光光度仪时，利用黑色陷阱（或黑板）和白板校准反射因数标准，式 6-11 表示了校准过程，在此过程中两种材料的输出信号 i 与白板的校准值一起使用，后者的校准值由仪器制造商提供。

$$R_{\lambda} = \frac{i_{\lambda,\,试样} - i_{\lambda,\,黑板}}{i_{\lambda,\,白板} - i_{\lambda,\,黑板}} \times R_{\lambda,\,白板} \qquad (6\text{-}11)$$

二、密度仪的校准与维护

为了使密度仪在测量过程中保持一致性和可重复性，必须注意密度仪的操作和维护。维护的内容包括定时给电源充电以及保持光学镜片的清洁。测量前还需要对密度仪进行校准。正如色度仪器一样，所有的密度仪都会提供一个校准卡，可以实现密度仪的校准。而且使用中应该有规律地进行校准，如每周校准一次。保持校准卡清洁并避免光的直射。如果在同一个车间使用多个同类型仪器，它们就必须都以一个标板来进行校准，这将有助于车间内密度值的对比。一些密度仪为了与其他制造商的仪器读数相匹配，允许适当的调整校准范围。但应该清楚，仪器间的校准只适用于承印物和油墨相似，并且仪器的滤色片响应、偏振滤色片和光学镜片都相似时才有效。

有一些仪器对表面不平的影响很敏感。测量中印刷品应放在表面平坦的平面上，否则将影响到测量过程中仪器的稳定性。并且在测量时，还要考虑底层图像透光的可能性。

如果所测量的印品是单面印刷的，那么在测量时可以在其背后衬垫一些中性色衬纸，而不是放在其他的印刷品上。如果要测量的印刷品是双面有图案的，就可能干扰测量结果，那么就应该在测量样品背后垫一些黑色表面来消除这种影响。在这种情况下，把样品放在黑色表面上对仪器进行调零。

当用分光光度仪测量颜色时，实际是对颜色进行绝对测量，也就是包括纸的颜色在内。在测量密度时，需要在纸上对仪器进行调零。如果不注明这个过程，密度法进行质量控制的交流会产误解与混乱。例如，在美国，通常测量的是绝对密度，但是在欧洲，测量时纸的密度通常要减去，也即是相对密度。

所以，当基纸颜色作为视觉参考时，通常在纸上对仪器进行调零，才可以获得一个与印刷品尽可能匹配的复制。然而，如果要印刷大面积的颜色而根本看不到纸张表面时，就应当测量绝对密度。尤其是在不同的纸张上印刷相同的油墨，同时又要获得相似的视觉外观（亮度）时，应当用绝对密度。

项目型练习

项目名称：测量仪器校准与网点百分比测量

一、测量仪器的校准

① 给仪器充满电，提前打开仪器预热，使仪器达到稳定状态。

② 先用仪器测量已知三刺激值的标准色板（一般是一块标准白板，或内置白板），使仪器的输出值与标准值一致。

二、不同实地密度下的网点百分比

纸张网目密度	D_v=2 时网点百分比	D_v=1.8 时网点百分比	D_v=1.6 时网点百分比	D_v=1.4 时网点百分比	D_v=1.2 时网点百分比	D_v=1.0 时网点百分比
2.0						
1.8						
1.6						
1.4						
1.2						
1.0						
0.8						
0.6						
0.4						
0.2						
0.0						

三、密度和网点百分比测量

胶片网目梯级	密度	测量网点百分比	计算网点百分比

四、网点百分比测量过程

① 选取测量功能：网点面积

② 选取密度标准：ANSI T

③ 选择基准白：PAP

④ 黑纸作衬垫

⑤ 测量纸张白

⑥ 测量实地密度

⑦ 测量网点区密度

⑧ 记录所显示的网点百分比

五、密度测量过程

① 选取测量功能：密度

② 选取密度标准：ANSI T

③ 选择基准白：PAP

④ 黑纸作衬垫

⑤ 测量纸张白

⑥ 测量网点区密度

⑦ 记录所显示的密度值

六、反思与提高

① 胶片网点百分比与纸张网点百分比的差别是什么？为什么？

② 简述测量纸张上的网点百分比的过程。

③ 密度和百分比测量要注意哪些测量条件？

知识型练习

1. 目视测色有什么缺点？为什么要使用目视测色？

2. 颜色测量不能测量样品的 _____ 。

   A 密度　　　　　　　B 三刺激值　　　　　C 光谱反射率　　　D 颗粒度

3. 通过眼睛将调配的颜色与标准样品色在相同的观察照明条件下比较的过程称为 _____ 。

4. 仪器测色是根据 _____ 理论，使用测量仪器来测量颜色的 _____ 。

5. 当入射光投射到 _____ 反射表面后，光线向各个方向以等能量反射，称为 _____ ，其表面 _____ 。

6. 当入射光投射到 _____ 反射表面后，反射光线在某一方向强烈，这种反射称为 _____ 反射，其表面 _____ 。

7. 不属于漫透射的是 _____ 。

   A 滤色片　　　　　　B 毛面薄膜　　　　　C 磨砂玻璃　　　　D 乳白色灯罩

8. 45° /0° 表示以 _____ 光照射，以 _____ 测量出射光。

9. 印刷品的测量几何条件 _____ 或 _____ 。

10. 测色仪器中的漫射照明使用的照明条件是 _____ 。

    A 45° /0°　　　　　B 0° /45°　　　　　C 双向几何　　　　D 积分球

11. d/0° 即以 _____ 光照射物体表面，在 _____ 方向观测和采集光线。

12. 双向几何避开了 _____ ，使测量与视觉观察一致。

13. 积分球可以测得样品的 _____ ，包括 _____ 和镜面反射。

14. 图 6-15 仪器 _____ 能测量样品的全部透射光。三种颜色测量仪器是 _____ 、_____ 、_____ 。

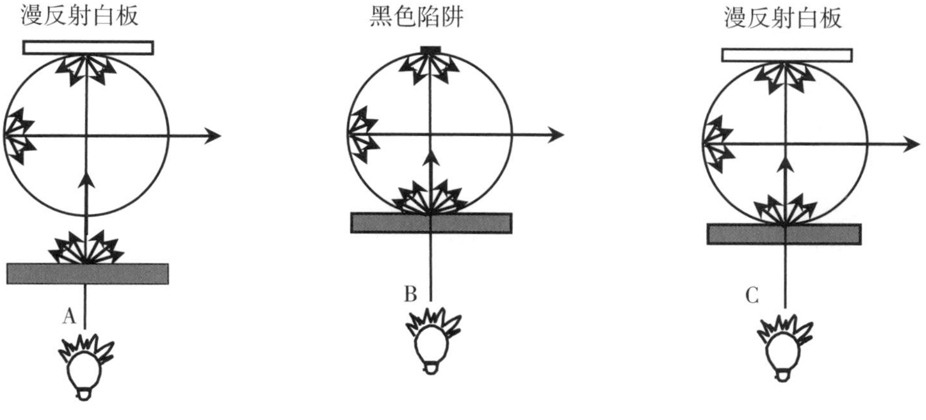

图 6-15

15. 测量反射物体使用 _____ 漫反射体作标准样品，它在可见光谱内的透射比均为 _____ 。

16. 测量透射样品时的标准样品 _____ ，它在可见光谱内的透射比均为 _____ 。

17. 根据下式，仪器测得的物体的反射率实际上是 _____ 与 _____ 的光通量之比。

$$\rho(\lambda_i) = \frac{\varphi(\lambda_i)}{\varphi_o(\lambda_i)}$$

18. 使用色散系统的颜色测量仪器类型是 _____ 。
    A 光电色度仪　　　　B 密度仪　　　　　　C 分光光度仪

19. 能够测得样品光谱反射率的测量仪器类型是 _____ 。
    A 光电色度仪　　　　B 密度仪　　　　　　C 分光光度仪

20. 简述分光光度仪的工作过程。

21. 光电色度仪能直接测得样品的 _____ ，对仪器的要求是光源的光谱分布、滤色片透过率和光电器的灵敏度的乘积应等于 _____ 和 _____ 的乘积。

22. 光电色度仪使用 _____ 测量三刺激值。
    A 灰色滤色片
    B 红绿蓝三滤色片
    C 一组波长间隔为 5、10 或 20nm 的干涉滤色片
    D 衍射光栅

23. 色度仪校准是在测量前先用仪器测量已知三刺激值的 _____ ，使仪器的输出值与 _____ 值一致。

24. 密度表示图像的 _____ 程度，计算式为 _____ ，其中 _____ 是样品的反射率或透射率。

25. 反射率的计算式是 $R = F_R/F_W$，其中 F_R 表示 _____ ，F_W 表示 _____ 的光通量。

26. 印刷中用 _____ 滤色片测量三原色油墨的密度，不使用滤色片测黑色油墨的密度。

27. 青色油墨的密度用 _____ 滤色片测得，品红油墨用 _____ 滤色片测得，黄油墨用 _____ 滤色片测得。

28. 已知胶片上的密度分别为 0.5、1.0、2.0，对应的网目百分比分别是 _____ 、_____ 、_____ 。

29. 测得纸张上某色的实地密度为 1.6，三个网目区的密度分别为 1.3、0.8、0.5，这三个网目区的网目面积百分比分别是 _____ 、_____ 、_____ 。

30. 测得纸张上某色的实地密度为 1.5，三个网目区的网目面积百分比分别为 30、50、80，这三个网目区的密度分别是 _____ 、_____ 、_____ 。

31. 下面的公式 _____ 是用于计算胶片的网点百分比。

    A $F_r = (1 - 10^{-D_r}) \cdot 100\%$　　　　　　B $F_r = \frac{(1 - 10^{-D_r})}{1 - 10^{-D_v}} \cdot 100\%$

32. 下面公式中，D_r 表示 _____ ，D_v 表示 _____ 。

33. 印刷品密度评价时应采用 _____ 密度状态。
    A E 密度状态　　　　B T 密度状态　　　　　C A 密度状态　　　　D M 密度状态

34. 解释印刷品测量中密度的"干褪"现象，如何避免该问题？

35. 如何理解墨层厚度、反射率和密度之间的关系？

第七章
彩色印刷的颜色测量

知识目标

1. 了解油墨标准的含义。
2. 了解实际油墨的缺陷。
3. 掌握颜色油墨的密度评价法和色度评价法。
4. 了解纸张白度与印刷品的关系。
5. 了解纸张白度的评价方法。
6. 了解印刷品主观评价的主要指标。
7. 理解和掌握客观评价的主要指标。
8. 理解实地密度、色差与色域、网目阶调和网点扩大、叠印率、灰平衡等概念。
9. 了解 ISO 标准和企业标准。
10. 了解同色异谱色现象与评价方法。

能力目标

1. 熟练使用密度仪测量密度、网点百分比、网点扩大、叠印率，与 ISO 标准比较评价印刷品层次、颜色的复制效果。
2. 熟练使用分光光度仪测量 $L*a*b*$ 值，与 ISO 标准比较，评价印刷品色差。
3. 熟练地主观判断印刷品和通过仪器测量评价印刷品的灰平衡。

学习内容

1. 实际油墨的缺陷。
2. 原色油墨的密度评价和色度评价。
3. 印刷品主观评价指标。
4. 印刷品的密度评价法。
5. 印刷品的色度评价法。
6. 颜色的同色异谱色评价。

重点：原色油墨的密度评价与色度评价，印刷品的主观评价与客观评价。

难点：原色油墨的密度评价与色度评价，印刷品的主观评价与客观评价。

　　印刷实质上是从事彩色复制的工作，从彩色原稿的扫描、分色制版、打样到印刷，涉及显示器、打样机、印刷机等设备，还要使用各种承印材料，每道工序都要时刻注意观察、分析、比较原稿与印刷品的颜色效果，保证忠实地再现客观的颜色，避免色彩失真，影响产品的质量。然而印刷方法对印刷复制结果有一定的限制，事实上我们不仅要考虑方法，在某种程度上还需要考虑印刷材料，以便能够在图像构建阶段对其中某些需要规范的特性做出补偿性的调整。本章的内容就是学习印刷材料对印刷复制中色彩的影响，以及如何通过测量的方式，去控制印刷复制的质量，保证印刷生产过程质量控制的数字化、规范化和标准化。

第一节　油　墨　标　准

　　标准是进行比较的基础，是评估其他事物的参考点。国际标准化组织（ISO）将"标准"进一步定义为："由人们通过共识而制定的，经由权威机构认可的，可供在大范围内重复使用的文件、规则、指引或者特性；其适用于某些活动或者相应结果，目的在于实现特定环境下的最优秩序"。油墨标准的建立首先是由各个油墨企业牵头组织成立的油墨行业协会统一制定行业标准，而后随着生产技术的需要，许多油墨标准要在全国油墨制造行业和印刷行业之间统一，于是成立了国家标准化技术委员会，并制定相关标准，即国家标准（GB）。美国的 ANSI 标准、日本的 JIS 标准、德国的 DIN 标准、英国的 BS 标准、法国的 NF 标准已被世界上公认为先进标准，并被众多的国家、特别是发展中国家所采用。不仅如此，美国的行业协会标准也在世界上享有很高的知名度。据统计，目前在欧洲贸易活动中使用率最高的标准分别是欧盟（DIN、EN、BS）标准和 ASTM 标准，而我国油墨行业标准在国际上远远没有形成自己的"品牌"。标准是产品进入国际市场的消费导向信息，标准缺乏知名度，必然导致产品在国际上缺少知名度和竞争力。

　　目前国内使用的油墨标准是"凹印复合塑料薄膜油墨行业标准——GB/T 2024—2004"和"胶印单张纸油墨行业标准——GB/T 2624—2003"。相关标准对提高产品质量、促进市场经济和贸易发展、促进科技进步发挥了重要作用，但是对于我国的国际标准化工作来说，主要是以采标、参标为主，因此，标准的独立性较差，导致了我国油墨标准缺乏国际竞争力。并且由于我国技术创新能力不高、技术水平比发达国家相对落后，很多油墨标准缺乏国际竞争力。因此，我们应当积极发动有相对优势的企业参与国际标准的制定。通过有效地参与国际标准的制定，提高我国标准的水平，实现与国际标准接轨，增强我国油墨产品和技术进入国际市场的能力；通过实质参与国际标准制定，使国际标准更多地反映出我国的技术水平，实现以我国油墨行业标准为基础制定国际标准的新突破，使国际标准充分体现我国油墨行业的技术要求和经济利益，确保我国在国际经济竞争中的优势。同时，不断跟踪国外先进油墨标准动态和先进的技术成果及各国技术法规和技术标准，及时调整我国油墨标准的技术指标。

常见原色油墨印刷在某给定了白度的纸张上的颜色值，如表 7-1 分别给出了 SWOP（Coated）油墨颜色、Eurostandard（Coated）油墨颜色、Toyo Inks（Coated）油墨颜色及 AD-LITHO（Newsprint）油墨颜色。

表7-1　　　　　　　　　　　常见几个标准油墨的颜色值

油墨标准	油墨颜色及 CIEL*a*b* 色度值												纸张白度		
	C			M			Y			K			W		
	L*	a*	b*	L*	a*	b*	L*	a*	b*	L*	a*	b*	L*	a*	b*
SWOP	58.3	−28.5	−42.6	44.9	75.2	−2.0	87.6	−13.1	91.6	7.4	1.3	−0.1	93.0	−0.4	1.5
Eurostandard	55.9	−21.9	−47.9	48.4	67.0	−5.4	88.6	−11.8	89.6	14.1	−0.6	−1.6	94.4	0.3	−2.4
Toyo Inks	54.3	−37.4	−50.0	46.8	75.8	−4.3	87.7	−5.4	93.1	12.6	0.4	1.6	93.7	0.7	1.2
AD-LITHO	61.3	−20.1	−23.4	56.8	37.8	−2.7	78.1	−9.4	60.6	31.6	0.1	2.6	82.2	−0.8	3.8

第二节　原色油墨的密度与色度评价

油墨是色彩印刷品色彩的来源，最终的视觉效果是依靠油墨在承印物上的效果来决定的，所以彩色图像印刷要求油墨在满足印刷适性的基础上，能使印刷品色彩鲜艳、明亮。就彩色印刷全过程来说，各个阶段的工作状态虽然都会影响到印刷品的颜色，但是油墨颜色质量的好坏，是影响色彩效果的最重要的条件。如果油墨颜色不好（包括油墨的色相、明度、饱和度），无论采用什么样的先进工艺也印刷不出好的产品出来。所以，我们必须对油墨的颜色质量以及彩色印刷对油墨的要求等方面内容进行分析和研究。

一、影响油墨颜色质量的主要因素

依据色料减色法的理论，油墨必须是黄色、品红色和青色，因此它们分别吸收蓝光、绿光和红光。理想状况下，如图 7-1 理想油墨的反射率曲线，黄油墨应该完全反射 500~700nm 的光，完全吸收 400~500nm 的光；品红油墨应该完全反射 400~500nm 和 600~700nm 的光，完全吸收 500~600nm 的光；青油墨应该完全反射 400~600nm 的光，完全吸收 600~700nm 的光。

理想油墨反射率

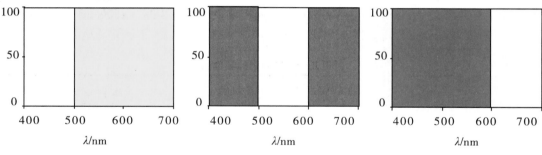

图 7-1　理想油墨的反射率

　　实际上使用的三原色油墨并不理想，如图 7-2 实际油墨的反射与吸收，以青油墨来说，青油墨在 400~600nm 这一段反射不足，在 600~700nm 处吸收不足，故青油墨呈现的颜色中含有一定量的品红色和少量的黄色成分。品红油墨在 400~500nm 和 600~700nm 的反射均不足，在 500~600nm 处的吸收略差，因此品红色中有较重的黄色成分和少量的青色；黄色油墨在三色中较为纯净，黄色油墨在 500~700nm 这一部分反射不足，在 400~500nm 处吸收略差，故黄色呈现少许品红和极少量青色成分。

　　据上述的分析，青色油墨在绿色波段内容都不应该有吸收性，应该全部反射，因而不应该有密度存在，或者说在此区间其密度值应该为 0，所以我们称 400~500nm 和 500~600nm 中的密度为青墨的不该有密度。之所以产生不该有密度，是因为青墨中掺杂有黄色成分，造成他在 400~500nm 区间吸收蓝光，这可用密度计上的蓝色滤色片来测量，以 D_B 表示。又由于青墨中还掺杂有品红的成分，造成它在 500~600nm 区间吸收绿光，产生不该有密度，这可以用密度计上的绿滤色片来测量，以 D_G 来表示。由于油墨存在不应有密度，青墨就有三个密度值：其一是红滤色片测得的 D_R 称之为主密度值；另外两个不应有密度 D_B 和 D_G 称为副次密度。同理对于品红油墨和黄油墨也因颜色不纯净，而用红、绿和蓝三滤色片所测得的密度。表 7-2 为一组青、品红、黄三原色油墨用红、绿、蓝三滤色片所测得密度值。

实际油墨反射率

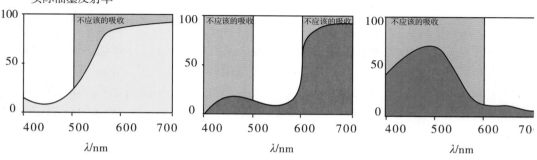

图 7-2　实际油墨反射与吸收情况

表7–2 青、品红、黄三色油墨的三色滤色片密度

色别	红（R）滤色片密度	绿（G）滤色片密度	蓝（B）滤色片密度
青（C）	$D_{CR}=1.23$	$D_{CC}=0.50$	$D_{CB}=0.14$
品红（M）	$D_{MR}=0.14$	$D_{MG}=1.20$	$D_{MB}=0.53$
黄（Y）	$D_{YR}=0.03$	$D_{YG}=0.07$	$D_{YB}=1.10$

从图 7–2 中还可以看到，青墨在 600~700nm 区间对红光吸收不足，密度值不够高。在表 7–2 中的青墨，主密度 $D_{CR}=1.23$，实际吸收红光为 94%；品红油墨主密度 $D_{MG}=1.20$，实际吸收绿光为 93.5%；黄油墨 $D_{YB}=1.10$，实际吸收蓝光为 92%，三者吸收性都不够强，因为在理想的情况下，各原色油墨的主密度值至少达到 2.00 以上，吸收率为 99%，其副次密度应为 0，如表 7–3 所示。由此可见，采用密度测量法评价油墨的颜色质量很方便，也很容易判断。

表7–3 理想青、品红、黄三色油墨的三滤色片密度

色别	红（R）滤色片密度	绿（G）滤色片密度	蓝（B）滤色片密度
青（C）	2.00 以上	0	0
品红（M）	0	2.00 以上	0
黄（Y）	0	0	2.00 以上

二、原色油墨的密度评价法

油墨的颜色有颜料决定，油墨中的青色、品红色及黄色与光学上的青色、品红及黄色差距很大。三原色油墨对光的吸收和反射都不理想，因此必须掌握油墨的颜色特点，进行评价和预测。评价颜色特性有四个方面，包括色强度、色相差、灰度及色效率。这四个特性可以采用密度计的红、绿、蓝三色滤色片密度值计算得到，以此来评价油墨颜色特征的方法，是由美国印刷技术基金会 GATF 推荐的。青、品红、黄与红、绿、蓝互为补色，称这样得到的密度值为补色密度，也即是主密度。用其他非补色滤色片测量青、品红、黄油墨时得到的密度测量值，称为无效密度，又叫副次密度。副次密度值反映的是油墨偏离理想油墨的程度，对印刷墨量控制无意义，对印刷效果起到负面的作用。对于理想油墨，补色密度应该接近无穷大，而无效密度应该为 0。但对于实际油墨的补色密度一般低于 2.0，无效密度也不是 0。如同 CIE 三刺激值一样，将补色密度与无效密度结合在一起也可以用来表示油墨的颜色特性。如表 7–4 示，理想的油墨密度与某品牌实际油墨的密度。

表7–4 某品牌油墨密度值

油墨颜色 / 滤色片	理想的油墨			实际的油墨		
	C	M	Y	C	M	Y
红滤色片	2.0	0	0	1.44	0.36	0.12
绿滤色片	0	2.0	0	0.19	1.40	0.72
蓝虑色片	0	0	2.0	0.02	0.07	0.91

  表 7-4 中每种油墨有三个密度值，其中按密度值的大小分为高、中、低密度。使用补色滤色片测得的最高密度值，用 D_H 表示，另两个密度值中较大的称为中密度，用 D_M 表示；较小的称为低密度，用 D_B 表示。实际测得的密度值可用来定量评价油墨颜色品质。对于纯正的油墨，我们希望只有补色密度，而且补色密度值越高越好，无效密度趋近于零。但由于实际油墨存在色偏，不能正确吸收和通过特定波长的光，总存在无效密度。例如青油墨的补色密度为 1.44D，绿和蓝滤色片下密度分别为 0.19D 和 0.02D，说明除了主要吸收红光外，还吸收了一部分绿光和蓝光。因为品红吸收绿光，黄色吸收蓝光，所以说明青油墨中还包含了一部分品红和黄油墨的成分，且偏向品红比偏黄更严重。

  为了表征油墨的颜色特征，引入色强度、色纯度、色灰度、色偏、色效率这些概念，用来说明油墨的彩色特性和印刷的效果。其计算公式如下：

$$色强度 = D_H \tag{7-1}$$

$$色纯度百分比 = \frac{D_H - D_L}{D_H} \times 100\% \tag{7-2}$$

$$色灰度百分比 = \frac{D_L}{D_H} \times 100\% \tag{7-3}$$

$$色偏百分比 = \frac{D_M - D_L}{D_H - D_L} \times 100\% \tag{7-4}$$

$$色效率 = \frac{(D_H - D_M) + (D_H - D_L)}{2D_H} \times 100\% = \left[1 - \frac{D_M + D_L}{2D_H} \right] \times 100\% \tag{7-5}$$

  色强度，又称油墨强度，指油墨的颜色浓度，色强度决定于油墨中颜料的饱和度，分散程度和含量，并与颜料对选择性反射波长的反射有关。色纯度和色灰是从纯度和灰度这两个侧面反映了油墨的饱和度，且色纯度百分比 + 灰度百分比 =1。灰度表示原色油墨中三色共同作用的量，灰度有消色作用，会影响油墨的明度和饱和度，但不影响色相；灰度越小，油墨的饱和度越高，则颜色较为明亮、干净，如图 7-3 为灰度示意图。色偏，又称色相差，表示原色油墨中含其他颜色成分造成的色相变化程度的量，如图 7-4 为色相差示意图，反映了除去灰色成分后，色调偏离理想色调的程度。例如当 $D_M=0$ 且 $D_L=0$ 时，色偏 =0，并且色灰 =0，说明该油墨非常饱和。若 $D_M - D_L=0$，但 $D_L \neq 0$，则说明色调虽然无偏离，但饱和度不够高。当用密度计测量黑色油墨密度时，必须选用黑通道滤色片好，测量得到的密度称为视觉密度，用 D_V 表示，代表吸收白光的数量。色效率是综合反映油墨选择性吸收和反射色光能力大小的参数，反映油墨接近理想三原色墨的程度。

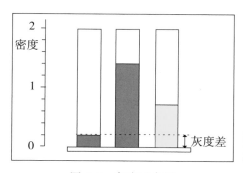

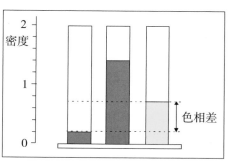

图 7-3 灰度示意图　　　　　　图 7-4 色相差示意图

除了上述使用色相差和灰度值评价油墨颜色质量之外，也可以通过绘制 GATF 色轮图的方式来评价或比较两个过程或者样张与印刷产品之间的色域。GATF 色轮图是以油墨的色相差和灰度两个参量作为坐标，如图 7-5 所示，用油墨三原色 C、M、Y 和三个间色 R、G、B 将圆周分为六个等分：两个颜色之间再等分 10 份，圆周上的数字表示色相误差，理想三原色的色相误差为 0。从圆心向圆周半径方向分为 10 格，每格代表 10%，最外层圆周的灰度为 0（饱和度为 100%），圆心上灰度为 100%（消色，饱和度最低，等于 0）。图 7-5 中蓝线代表理想油墨，红线是基于图中表格的色相差和灰度值绘成。例如对于青色油墨，通过测量主、副密度后计算出色相差为 18、灰度值为 14 后，就可以在色轮图上标注出实际青色油墨的色彩效能情况。首先要清楚 D_M 是哪个滤色片测得的，即可知该油墨色相的色偏方向，本例中青油墨偏蓝色，所以由 Cyan "0" 的位置沿逆时针方向走 1.8 个格，然后再由外向圆心走 1.4 个格，即可确定青色油墨实际坐标位置，可以直观看到青色油墨偏离理想油墨的情况。同理，可确定其他色墨的坐标位置，评价油墨的性能。如果要评价两套油墨的色彩，通过绘制色轮图比较它们面积大小而得知。

油墨色彩效能评价图

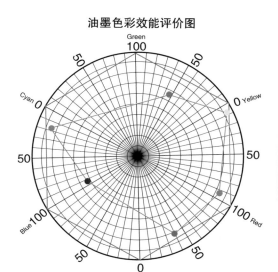

	色相差 Hue error	灰度 Grayness
C	18	14
M	40	17
Y	6	6
R	7	16
G	45	34
B	6	46

图 7-5 GATF 色轮图

三、原色油墨的色度评价法

ISO 2846–1 规定了胶印油墨颜色的检查方法，我国 GB/T 31–1999 等效采用了 ISO 2846 标准。下面我们来阐述一下原色油墨的色度评价方法。这里提到的原色油墨是由黄、品红、青和黑油墨组成的完整油墨组。由该油墨组制备单个印刷色样，若这些色样是按照下属的标准方法制备的，并符合 ISO 2846 标准规定的色度特性，则可称之为标准原色。需要说明的是这里提到的印刷色样是反射样品。

1. 色样的制备与评价标准

每种油墨需要制备多个测试印样，各个印样的墨层厚度均不相同。色样制备时需要明确制备条件，如：环境温度为（24 ± 1）摄氏度，印刷压力为（225 ± 25）N/cm。墨层厚度要求要符合 ISO 2846 标准规定的胶印氧化干燥类型或者渗透型油墨的墨层厚度范围。青、品红和黄油墨的墨层厚度范围：（0.7~1.1）μm；黑油墨的墨层厚度范围：（0.9~1.3）μm。

制作好的试样，待墨层充分干燥后，使用分光光度计或者色度计测量样色样品。色样下应衬垫底衬材料，该材料不随光谱变化而变化，漫反射，并具有国际标准反射密度 1.50 ± 0.20。测量时，底衬放在试样下面，用来消除由被测样品的背面引起的测量值的变化。测量几何条件为 45°/0° 或 0°/45°。

ISO 2846 规定了标准油墨在特定条件下制得色样的色度值范围，如表 7-5 所示。表中以两种形式表示色度，计算方法严格按照 CIE 的标准计算公式，这两种形式视为等效。为了符合颜色规范，应按相关规定的方法，使印样墨层厚度在规定的范围内，同时油墨的颜色应在表 7-5 所中 $L*$、$a*$、$b*$ 数据限定的色差范围内。

表7-5　　　　　　　色度值（0°/45° 几何条件，D_{50} 照明体，2° 视场）

油墨颜色	三刺激值			CIELAB 值			色差			
	X	Y	Z	$L*$	$a*$	$b*$	ΔE_{a*b*}	$\Delta L*$	$\Delta a*$	$\Delta b*$
黄	73.21	78.49	7.40	91.00	−5.08	94.47	4.0			
品红	36.11	18.40	16.42	49.98	76.02	−3.01	5.0			
青	16.12	24.91	52.33	56.99	−39.16	−45.99	3.0	−	−	−
黑	2.47	2.52	2.14	18.01	0.80	−0.56	−	18.0	± 1.5	± 3.0

注：（1）黑油墨的 $L*$ 没有对称误差，只有上限。

　　（2）色度值保留两位小数。

2. 色度检验

评价一种油墨颜色是否符合 ISO 2486 标准，需要制备一些满足上述规定墨层厚度的印样。这些印样可在印刷适性仪上制备。使用量墨工具将一定量的油墨均匀地分布到匀墨器上，调定油墨在匀墨器上的匀墨时间和印版的着墨时间，以保证油墨均匀分布。通常每次匀墨和着墨时间为 30s，挥发性（热固型）油墨，每次匀墨和着墨时间不应超过 20s。在输墨系统上加少量油墨，印刷前称量一下印版的质量，印刷后再称量一下印版的质量，记下质量差。如果已知油墨密度（可以测量已知体积的油墨质量）和印刷面积，就可以根据印版在印刷前后的质量差，计算出墨层的厚度，方法如下：

通过测量印版印刷前后的质量差确定转移到承印物上的油墨量。油墨量 C 用 g/m^2 表示，计算公式如下：

$$C = \frac{m_1 - m_2}{A}$$

（7-6）

式中　C——油墨量，单位 g/m^2

　　　m_1——印刷前已着墨的印版质量，单位 g

　　　m_2——印刷后印版的质量质量，单位 g

　　　A——印刷面积，单位 m^2

用油墨密度，可将油墨量换算为以 μm 为单位的墨层厚度：

$$D = C/P$$

（7-7）

式中　D——墨层厚度，单位 μm

　　　C——油墨量，单位 g/m^2

　　　P——油墨密度

每次打样完成后，清洗输墨装置后，再向输墨装置加入与第一次稍有差别的墨量，重复以上印样制作步骤。多次进行这种测试，每次加入的油墨量都不相同，直到有一定量的印样的墨层厚度符合本标准的规定为止。

印样干燥后，挑出一些符合规定墨层厚度的印样进行颜色测试。测试时，将印样放在三层或四层未印刷的承印物上面，用 2° 观测条件和 D_{50} 照明体，先计算出每种印样和本标准规定的颜色之间的色差，然后将其值作为墨层厚度函数绘制成图。如果该油墨的墨层厚度符合本标准的规定，那么，其色差应低于本标准的规定值。如图 7-6 为某黄色氧化干燥型油墨的色样测试图学，通过描绘色差与墨层厚度曲线可知：曲线 1 为符合本标准的油墨，试样墨层厚度在 0.7~1.1 范围内的色样，色差 $\Delta E_{a*b*} \leq 4$；曲线 2 不符合本标准的要求，试样墨层厚度在 0.7~1.1 范围内的色样，$E_{a*b*} \geq 5$，表示的颜色不对；曲线 3 不符合本标准的要求，虽然颜色符合本标准的规定，但浓度不对，墨层厚度没有符合标准规定。

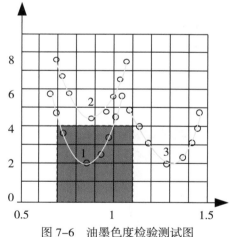

图 7-6　油墨色度检验测试图

第三节　印刷纸张的白度评价

纸张白度（Whiteness，又称亮度）是指纸张的洁白程度，是对可见光在所有波长范围内均匀漫反射的总反射率，即指在一定测试条件下，反射光与入射光的比值。物体的白度取决于其对可见光漫反射的总反射率和各色光反射率的均匀度，而且均匀度往往比总反射率重要。也就是说，真正的白度是亮度和色度的统一，理想的白色应该对各种波长的可见光的漫反射率均为 100%。如果纸张在 360~780nm 的波长范围内反射相等量，我们便可以看到白纸。实际上这种白色是不存在的，氧化镁粉压成薄片对可见光漫反射接近这一理想情况，所以以氧化镁作为白度的标准。ISO 11475 及 ISO 11476 是两个常用的 ISO 标准，ISO白度可以显示荧光剂的多少。较蓝的纸张比较黄的纸张会有较高的纸张白度，因此这个现象可以使我们计算得到荧光物质的量。目前我国较常采用通过测量纸张的白度的方式来反映纸张的洁白程度，GB/T 22879 规定了纸和纸板 CIE 白度的测定。对于印刷来说，纸张的白度直接影响着产品的呈色效果。因此，纸张的白度是纸张性质中备受重视的参数之一。

一、纸张白度与印刷品颜色的关系

白度是各种不同类型的白色纸的一项重要指标，各种纸的白度要求与实际用途有关。白度高的纸张可增强油墨与纸张的对比度，有助于分辨图文。由于印刷品的反差是随纸张白度的增加而增加的，且大多数彩色油墨都是透明或者半透明的，纸面的反射光会通过墨层透射出来，纸张的白度越高，其表面越能使油墨色彩的特性准确表现出来。这是因为白纸要把通过透明墨层减色合成的色光反射回去。所以，白度高的纸张，几乎可以反射全部的色光，使印品墨色鲜艳悦目，视觉效果好。而白度低的纸张，由于只吸收部分色光，既不能如实表现明暗部分的反差，又容易造成偏色。当纸张本身偏色时，纸面上所印的颜色便是油墨和纸张两者综合呈色的效果，这样必然会出现一些偏色情况，基于这一情况，印刷时有必要对纸张的白度和偏色情况对照原稿进行分析，通过采取适当的措施达到纠正偏色的目的。如当纸张色泽偏黄时，就不宜选用深黄、孔雀蓝和大红等色相的油墨印刷，也就是说，应根据纸色特点，正确选用油墨来消除偏色。另一方面，可通过调墨工艺来纠正色偏。但也并不是所有的印刷都应用高白度的纸张，也要考虑印刷品的用途来选择纸张。对于彩色印刷品，对色彩还原情况要求较高，应采用高白度的纸张进行印刷。而对于书刊这类经常阅读的印刷品，高白度反光太厉害，阅读中易导致视觉疲劳，所以这类印刷品白度不必太高。一般印刷书籍正文的凸版纸、胶印书刊纸等不需要很高的白度，一般在 70 度左右为宜。胶版印刷纸和铜版纸必须具有较高的白度，一般在 80 度以上甚至更高，这样才能够保证彩色印刷品的颜色鲜艳。

二、纸张白度检测

对于纸张白度，如果用人眼鉴别无法给出定量数值，而且同样的纸张一个人与另一个人也会得出不同的结论。如果用某种仪器，首先是光源与自然界的白光有区别，其次是测定的数值不可能将其对各种波长的漫反射率都准确反映出来。所以，一般用仪器检测的白度只是某些可见光漫反射率的度量，不可能十分准确地反映纸张的亮度和色度，而是较大程度地反映了亮度。因此目前仅用亮度来表示纸张的白度。对于纸张白度的量化，是以有效波长为 457nm 的蓝光照射到纸张上和照射到完全反射体的相对反射率来表示。这是因为可见光谱蓝紫区上 457nm 的蓝光照射物体时，所测得的光反射率大小与人眼目测白度的高低有很好的相关性，并且纸张在 457nm 的蓝光照射下，所表现出的反射能力也最敏感。所以纸张生产和使用中所说的白度值，正是以 457nm 的蓝光照射到完全反射体（氧化镁板）的反射率为基准，以该种光照射到纸面上其反射率是氧化镁板反射率的百分比来表示的，如式（7-8）。如果某纸张对 457nm 蓝光的反射率是氧化镁板反射率的 80%，则称此种纸张的白度为 80 度。

$$纸张白度 = \frac{纸面反射率}{标准白板反射率} \times 100\% \qquad (7-8)$$

用于测量纸张白度的测量仪器叫白度计，如图 7-7 所示为 WSB-Ⅱ d/0 白度计。目前国际上白度计分为两种，一种是 ISO 规定的埃里弗白度计，该仪器采用了光源积分球方法，另一种是 20 世纪 60 年代开始使用的 45°/0 几何条件的 ZBD，后来为 SBD。两者相比，前者的优点是受试样表面状态的影响较小，没有方向性差异，能够比较真实地测出纸张的白度。我国在 GB/T 7947—1987 中以 D_{65} 光源的蓝光反射因数（R_{457}）表示白度。该标准以 D_{65} 光源、d/0 照明观测条件下纸张对主波长 457nm 蓝光的反射因数（%）表示白度测量结果，对于还有荧光增白剂的纸张，也可测定计算出荧光增白效果，即荧光白度。

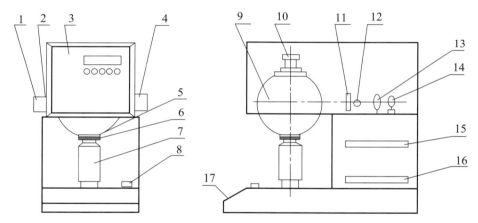

图 7-7　WSB-Ⅱ d/0 白度计

1—2 号滤光片插件　2—2 号光道孔　3—面板　4—1 号滤光片插件
5—测量口　6—试样座　7—滑筒　8—工作键　9—积分球　10—接收器
11—1 号光道孔　12—"UV" 调节孔　13—聚光镜　14—卤钨灯　15—主机板
16—开关电源　17—薄膜开关（键盘）

WSB-Ⅱ d/0 白度仪是利用积分球实现绝对光谱漫反射率的测量，由卤钨灯发出光线，经聚光镜和滤色片合成蓝紫色光线，进入积分球，光线在积分球内壁漫反射后，照射在测试口的试样上，由试样反射的光线经聚光镜、光栏滤色片组后由硅光电池接收，转换成电信号。另有一路硅光电池接收球体内的基底信号。两路电信号分别放大，混合处理，测定结果数码显示。白度仪工作原理主要就是要实现对光谱漫反射率的测量。漫反射是指当一束平行光入射到粗糙的表面时，光线碰到表面进而向四面八方反射，而且没有规则。现实生活中，最典型的漫反射就是电影的荧幕。本文中介绍的 WSB-Ⅱ d/0 白度仪工作原理，从一定程度上就是利用这种漫反射，然后通过测量经过反射后的光线强度，这里光线强度通过硅光电池转化为电信号。因为电信号可以通过仪器，很方便的显示，且为数码显示，便捷准确。

白度有两种不同的测量方式，即 TSO 亮度和 TAPPA 光度，它们都是以测量波长在

457nm（约 380~510nm）为中心的光波照射在试样上的反射值来衡量纸张的洁白程度，两者的主要区别在于测量光线的角度、试样的大小和仪器的准确度。对于特定的纸样，其测量值相差不大，一般在 −2~+2，但二者不可混为一谈。但白度（Brightness）仅用纸张对光波的反射值来衡量，并且考虑眼睛的视觉特性，特别对现在纸张中填料、染料、OBA等化学添加剂的加入，白度（Brightness）的测量已不能确切反映视觉接受的白度，故而国际上较多使用视白度（Whiteness）来衡量纸张的洁白程度。视白度（Whiteness）这个数值是通过测定纸样白色的三原式分量而得到三刺激值 X、Y、Z 后，用公式计算而得，由于视白度（Whiteness）的测量是基于人眼的视觉特性，故更能准确反映纸张的洁白程度，如表 7-6 所示为 ISO 五种典型纸张的色度值与亮度值，可用于纸张白度评价的参考。视白度（Whiteness）与白度（Brightness）作为反映纸张洁白程度的指标，虽然测量结果并无一定的线性关系，但两者关系密切。一般来讲，白度较高，视白度也较高，但也有例外，如纸浆测得的白度较高，但视白度就低于白度，对于现在高档的文化用纸，添加了较多的染料、荧光剂等化学物质，其视白度很高，但白度却变化不大。

表7-6　　　　　　　　ISO五种典型纸张的CIELAB L^*、a^*、b^*值、亮度

	1. 有光涂料纸，无机械纸浆	2. 亚光涂料纸，无机械木浆	3. 光泽涂料卷筒纸	4. 无涂料纸，白色	5. 无涂料纸，微黄色
L^*	93（95）	93（95）	93（95）	93（95）	93（95）
a^*	0（0）	0（0）	0（0）	0（0）	0（0）
b^*	−3（−2）	−3（−2）	−3（−2）	−3（−2）	−3（−2）
亮度 %	89	89	89	89	89

第四节　彩色印刷品的评价

判断印刷品的好坏，一般根据印刷品的用途和该印刷品引起人们视觉的效果来评价。印刷品用途不同，其质量要求也不一样。即便是同一张印刷品，因为观察者对图像的兴趣不同，质量评定的结论也难以统一。普遍认为，印刷品的质量是印刷的各种材料、各种技术以及进行质量评价的人员等与判定质量有关的诸因素的综合结果。然而，由于评价人员的生活环境、文化修养不同，因而对印刷品观赏的水准也不一样，使印刷质量的评定结果有一定的差异。

彩色印刷品质量是彩色印刷品各种外观特性的综合效果，在印刷质量评判中，各种外观特性可以作为综合质量评价的依据，当然也可以作为印刷品质量管理的根本内容和要求。彩色印刷品的质量评价有两种方式，一种是主观评价法，另一种是客观评价法。主观评价是采用目测法进行的，印刷操作者或者质量检查人员凭自己的感觉和经验，以复制的忠实性和真实感为标准，目视印刷品，与原稿或复印稿样对比之后，作出自己的判断，主要考虑印刷品颜色质量达到什么样的程度才会被客户接受。其评价的结果，随

着评价者的身份、性别、爱好的不同而有很大的差别。因此，主观评价方法常受评价者主观因素的影响，很难求得统一的意见。其原因在于主观评价不能客观地反映印刷品的质量特性。影响主观评价的因素还有照明条件、观察条件和环境等。

客观评价法主要采用特定的测量仪器与工具，对与印刷品图像一起印刷的一些标准元素进行测量，以规范化的统一标准公正评价各种印刷品的颜色品质，最终使其符合国际标准、国家标准、行业标准或企业标准、客户要求等。印刷品质量的特性包括图像清晰度、色彩与阶调再现程度、光泽度和质感等各个方面。在这些特性因素中，有一部分是可以用量化指标来规定表示的，如色彩与阶调，有一些技术因素可以用语言来描述。客观评价可以借助利用某些检测仪器，对印刷品的各个质量特性进行检测，用数值表示，如密度检测法和色度检测法等。本节主要讲解印刷品质量评价的客观评价方法。

一、评价的内容与标准

在实际中对彩色印刷品质量进行评价与控制之前，我们需要对印刷品质量评价标准的基本知识有所了解。

1. 彩色印刷品质量评价内容

由于印刷是大量复制的技术，其产品是视觉产品，因此目前普遍认为在对印刷品进行评价时只能从复制效果方面，以印刷品的再现性为中心对其外观的各种特性进行综合评价，印刷品质量评价的内容主要包括以三个方面。① 阶调层次，印刷品的阶调与层次分布在表现图像形象和明暗方面发挥着主导作用。对于图像明暗阶调变化影像的传递特性，一般情况下可以用阶调复制曲线表示。② 色调和色彩，对印刷品色彩的再现进行评价时需要考虑以原稿色彩为基础，对忠实于原稿的部分可以按照客观技术标准来衡量，对不能忠实于原稿的部分则需要结合主观因素来做评价。实际上评价颜色和色调的再现时，对于色彩的组成，用密度计测量；而对于色调的再现通常是用 CIE 测色系统的 X、Y、Z 表示。③ 清晰度，彩色印刷品的清晰度，是图像复制再现的一个重要质量指标。除了一些特殊要求的印刷品为了表现图像的特殊效果外，印刷品（主体或背景）都应该是清晰的。对印刷画面清晰度的评价也有相关内容：图像轮廓的明了性；图像两相邻层次明暗对比变化的明晰度，即细微反差等评价内容。

2. 印刷品质量评价标准

支配印刷品质量的特性是一种对印刷质量的定性描述，这些质量特性很抽象，因此，必须将这种抽象的特性转化为具体的特性。对平版胶印品而言，根据不同类型和要求可分为精细产品和一般产品两种，因此对不同的产品，印刷的质量标准也有所不同。精细产品的质量标准为：① 套印准确，误差应小于两网点之间距离的一半，所以越是精细产品，允许的误差就越小；② 网点饱满，光洁完整；③ 墨色均匀，层次丰富，质感强，实地平服；④ 文字、线条光洁，边缘清晰、完整；⑤ 印张无褶皱、无油腻、无墨皮，正反面无污迹。一般产品的质量标准为：① 画面的主要部位套印准确；② 网点清晰完整；③ 墨色均匀，实地平服；④ 文字、线条清晰完整；⑤ 印张无褶皱、无油腻、无墨皮，正反面无污迹。

3. 标准评价条件

印刷品和其他物体的外观色彩很大程度上受到观察环境的影响。因此，对于色彩的所有判断都必须在可重复的条件下进行，也即是在标准评价条件下进行。所谓评价条件是指评价印刷品时所应具备的照明条件、环境条件、背景条件、观察条件、评价者的心理状态等。因为同一个印刷品在不同的照明条件、不同的环境、不同的背景、不同的观察角度以及不同的心理状态下时，所看到的颜色都会不相同。因此为确保观察者所看到的颜色一致，在ISO3664：2000标准中对观察条件有以下要求：

（1）照明光源　因为印刷品一般属于反射体，因此应采用CIE标准照明体D_{50}，即相关色温5000K的标准光源，显色指数$Ra \geq 90\%$。照度（2000±500）lux，用于评测和比较图像，严格地评测印刷品。

（2）观察环境　环境为孟塞尔明度值N6/~N8/的中性灰，其彩度值越小越好，一般应小于孟塞尔彩度值0.3。观察环境设置中把周围环境干扰减至最少；进入观察环境后，不应立即评判印品，应先进行一段时间的适应；不应有额外的光线进入观察范围（包括反射）；周围不应有强烈的色彩（比如，制服）；观察范围周边应有中性灰色无光、发射率小于60%的色块。

（3）背景条件　观察印刷品时的背景应是无光泽的孟塞尔颜色N5/~N7/，彩度值一般应小于0.3，对于配色要求较高的场合，彩度值应小于0.2。但要注意，在实际工作中，要准确比较两个样品颜色，尤其是面积较小的样品的颜色时，应将两个样品色块拼在一起，中间不留间隙地在看样台上进行观察比较。

（4）观察条件　观察样品时，光源和样品表面垂直，观察角度与样品表面法线成45°角，对应于0/45照明观察条件，或者是45/0照明观察条件，如图7-8所示。

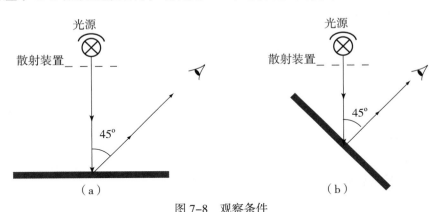

图7-8　观察条件
（a）观察反射样品的首选照明条件　　（b）观察反射样品的替代照明条件

（5）评价者心理和生理状态　评价者的生理状态必须正常，如果评价者长时间对彩色印刷品连续评价，会由于生理上的疲劳给评价结果带来误差。此外，评价者处于狂喜、愤怒、沮丧、悲伤等心理状态时也无法得出对颜色质量的正确评价。

根据ISO3664设计和提供的设备可以满足标准观察条件的要求，如：光源的色彩、光源的强度、光谱反射的影响、环境色、非标准环境光源的影响以及观察者的视觉适应等。如图7-9所示，观察架或者观察台需要定期维护以确保其条件满足要维持的标准。当做如下维护：所有中性色表面、荧光灯管和隔板每月最少清洗一次，所用的清洗材料不能对表面造成破坏，荧光灯管在使用2000h后应当更换。

图 7-9　标准观察台

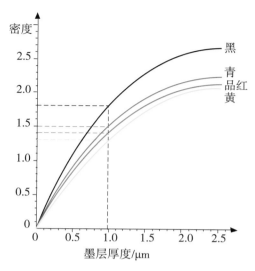

图 7-10　实地密度和墨厚度的关系

二、客观评价参数

上述的主观评价标准是很抽象的，在实际应用中是采用相关参数来表达的。综合客观评价的标准要求，能够反映印刷品质量的客观评价参数主要有实地密度、相对反差、网点扩大、叠印率、色度值和色差值。下面介绍一下这几个参数所表达的含义。

（1）实地密度　是指印刷品中黄、品红、青、黑以 100% 网点印出的颜色所呈现出的密度。实地密度是一个最重要的物理量，是色彩检验的第一步。实地密度可以指示出纸张上油墨可印出的最高色彩的饱和度。在一定范围内，墨层厚，则密度高，墨层薄，则密度低。实际上墨层厚度与反射密度之间的关系比较复杂，当墨层比较薄时存在着这种正比关系，但当墨层达到饱和状态时，这种关系就不成立了，如图 7-10 所示，这就是说密度不是无限地增加的。对密度的测量可使用密度计对印张上附加的控制条中的实地色进行测量。由于实地密度的大小既影响着各原色油墨以及任意两个原色油墨叠加得到的间色再现，也影响着三原色油墨叠加的印刷灰色平衡，甚至影响着四色印刷或更多的印刷整体效果，因此必须控制在一定范围之内，如表 7-7 所示。

表7-7　　　　　　　　　　中国国家标准要求的印刷品实地密度范围

色别	精细印刷品实地密度	一般印刷品实地密度
黄（Y）	0.85~1.10	0.80~1.05
品红（M）	1.25~1.50	1.15~1.40
青（C）	1.30~1.55	1.25~1.50
黑（K）	1.40~1.70	1.20~1.50

实地密度受纸张性能的影响，精细印刷品与一般印刷品实地密度的差别主要是由于用纸的不同，如铜版纸常用于印刷精细产品，其实地密度要高于新闻纸和胶版纸；其次是油墨的性能；此外印刷色序以及印刷时水墨平衡也对实地密度产生影响。

（2）印刷反差　是指实地密度与网目密度75%网点（也有使用70%网点）之差同实地密度的比值，又称K值，用以确定打样和印刷的标准给墨量。印刷反差就是比较每色油墨实地及其75%网点之反光量，如果此反光量差距大，即肉眼能容易分辨出实地及75%网点差异，暗部细节就会表现细致，反之光量差距少，暗部细节则表现不良。这里需要说明的是不需要比较25%和50%等之反差，因为胶印印刷中网点增值虽然在整个阶调出现，但只会令暗调细节因网点变成满版而消失。有较高的印刷反差则意味有较高质量的印刷，原理是高印刷反差必配合饱和的实地密度，使印刷品的暗部有较佳的层次，影响就有跳出纸外的感觉，即所谓立体感强。印刷反差的计算公式：

$$K = \frac{D_s - D_t}{D_s} \times 100\% \qquad\qquad (7-9)$$

其中 D_s 表示实地密度，D_t 表示75%网点密度。K值一般取值范围在0~1，是直接控制中间调至暗调的指标，一般K值偏大，图像中暗调层次好，亮调可能受影响；K值偏小，图像中暗调层次差，亮调层次相对好些。我国对K值的国家标准如表7-8所示。

色别	精细印刷品的 K 值	一般印刷品的 K 值
黄	0.25~0.35	0.20~0.30
品红、青、黑	0.35~0.45	0.30~0.40

表7-8　K值的国家标准

影响K值的因素有很多，如分色制版的层次曲线选择不同，K值不同，选择曲线偏重，则K值相对较小，反之则会相对大些；网线的粗细不同，K值不同，网线粗，K值相对大，网线细，则K值相对小些；晒版是否规范也影响K值大小，如果曝光量偏小，冲洗不足，印刷版相对深，则K值相对小；使用不同的纸张印刷K也有差别，用铜版纸印刷则K值相对大些；给墨量、印刷压力相对大，则K值相对小；不同印刷机型印刷，K值不同，单张纸印刷机K值偏大，轮转机印刷K值偏小；测试部位不同，K值不同，越接近中间调，K值相对大，越接近暗调，K值相对小；不同的色版K值不同，黑版最大，黄版最小，品红版、青版居中；打样样张的K值比印刷品的K值大。如图7-11所示，实地密度与印刷反差的关系曲线。

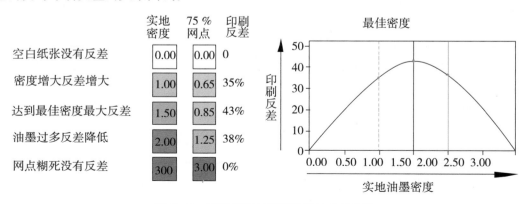

图 7-11　实地密度与印刷反差的关系曲线

（3）网点扩大　是用印刷品上的外观面积减去胶片上的网点面积或数据文件中的网点面积值之差。网点扩大值是反映印刷复制的阶调值变化参数，也即 TVI 曲线（Tone value increase curve）。网点增大通常以百分比表示，但它是简单的面积变化，也就是如果胶片上 50% 的网点，在纸张上印刷得到的外观面积是 67%，那么定义的网点增大即为 17%。在印刷流程中影响色调变化有三个部分：印前（Pre-press）工艺生成网点时的变化，如使用胶片晒版加减时间，网点会变大或变小，激光照排机或者计算机直接制版系统上补偿曲线令网点产生变化；机械网点增大（Mechanical dot gain），它是在印刷过程中所有机械影响致使印于纸上的网点大于印版上的网点之扩大值；光学网点扩大（Optical dot gain），是光在纸表面上产生散射所造成的光学作用，导致相同印点在不同纸张上看似大小不同。

TVI 曲线的测量，可以通过测量印张上附加的阶调控制条来实现。控制条上的网点面积测量，一般只与一个或两个阶调值有关，但在基于校正和评估目的时，就有必要提供整个阶调范围内的测量。这就需要一个 5% 或 10% 递增的完整阶调范围的网目调梯尺，如图 7-12 所示。为了进行评估，可以用测量得到的印张网点百分比与数字文件的网点百分比或 CTP 印版上的网点百分比数据值共同绘制成相关的曲线，从而也就提供了一条印刷特性曲线，如图 7-13 所示。

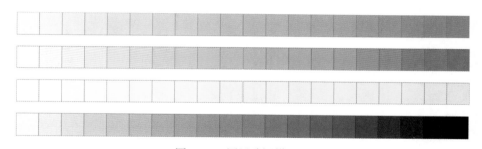

图 7-12　网目阶调梯尺

印刷特性曲线中的对角线表示网点从 CTP 印版或数字文件数据到印刷的传递是线性或一致的。因此，特定阶调值的网点增大可以通过此直线和印刷特性曲线之间的差来确定。表示此信息的另外一种方法则是，直接绘制网点增大与胶片值之间的关系，如图 7-14 所示。

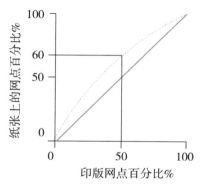

图 7-13　网点百分比曲线

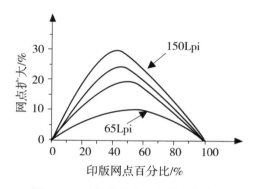

图 7-14　不同线数的网点增大值曲线

网点扩大基于印刷物理特性所导致的工艺现象，虽然不可能使之变成完美的零扩大，但可使用色彩控制条来监控以维持扩大稳定，从而在分色稿中加以补偿，抵消因扩大而产生的问题。色调变化不一定是因网点变化引起的，实际印刷中引起网点扩大的因素很多，印刷压力、橡皮布的硬度、纸张的表面性质以及加网线数等不同，网点的扩大情况也不同。一般说来，印刷压力增大，网点扩大变大；橡皮布硬度小，同样条件下网点扩大相对变大；纸张表面粗糙网点扩大较大；加网线数大，网点扩大也相对较大，如图7-14 所示，65lpi 到 150lpi 的变化情况。表 7-9 是 ISO 12647-2 给定的不同纸张在不同加网线数印刷时，圆形网点在 50% 的控制色块的阶调增加值。

表7-9　　　　　　圆形网点控制条上阶调值为50%的控制色块的阶调增加值

印刷特征	不同网线数下的阶调增加值 /%		
	52 l/cm	60 l/cm	70l/cm
四色连续表格印刷，彩色 b			
阳图型 c 印版，1、2 型纸 a	17	20	22
阳图型 c 印版，4 型纸 a	22	26	
阴图型 c 印版，1、2 型纸 a	22	26	29
阴图型 c 印版，4 型纸 a	28	30	
热固型卷筒纸印刷和商业 / 特种印刷，彩色 b			
阳图型 c 印版，1、2 型纸 a	12	14（A）d	16
阳图型 c 印版，3 型纸 a	15	17（B）d	19
阳图型 c 印版，4、5 型纸 a	18	20（C）d	22（D）d
阴图型 c 印版，1、2 型纸 a	18	20（C）d	22（D）d
阴图型 c 印版，3 型纸 a	20%（C）d	22（D）d	24
阴图型 c 印版，4、5 型纸 a	22%（D）d	25%（E）d	28%（F）d

a 纸张类型是 ISO 规定的 5 种类型纸张。

b 黑版与其他色版相比通常高 0~3%。

c 使用计算机直接制版，对于阶调值类别的选择不是由印版类型决定的，而是由生产实际经验来决定。在一些地区应该选择阳图型印版的阶调增加值作为控制标准，而在别的地区也许应该选择阴图型印版的阶调增加值作为控制标准。

（4）叠印率　　是表示先后印在纸张上的墨膜相叠情况，影响叠印的因素包括墨层厚度、油墨粘性、印刷色序、两色叠印相隔的时间等。对叠印进行测量的目的是对后印油墨上的墨量转移进行量化。油墨叠印现象如图 7-15 所示。可使用密度计对印刷测控条中的叠印对象进行测量。叠印对象包含有三原色色块、三种叠印色块，以及色块叠印信息的测控条。

油墨叠印的计算公式有多个，常用的计算公式是：

$$叠印率（\%）= \frac{D_{1+2} - D_1}{D_2} \times 100\% \qquad （7-10）$$

式中　D_{1+2}——叠印密度

　　　D_1——先印油墨密度

　　　D_2——后印油墨密度

叠印率计算中需要的密度测量如图 7-16 所示。

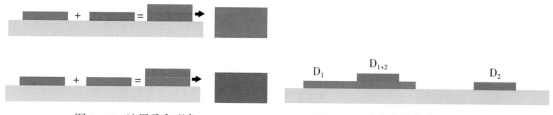

图 7-15　油墨叠印现象　　　　　　图 7-16　叠印率计算中需要的密度测量

测量所有密度时应选择适用于后印色的滤色片，即第二印刷色的补色滤色片。测量值很少为 100%，一般在 70%~90%，叠印率数值越高，叠印效果越好。此公式的计算是以彩色密度保持理想叠加状态为基础的，并不能够提供实际叠印的准确测量值。也就是说，在这种理想状态下，借助已知滤色片测定得到的油墨混合密度等于使用同一滤色片测得的各单色油墨密度值之和。事实上，这个规则是不实际的，因此此公式也被称为外观叠印。加法法则不能实现的原因主要有以下几点：单色和叠印油墨墨层第一表面反射不同；油墨不是完全透明的；光线在纸张内部的反射和散射；密度计的光谱响应。尽管上述的几点都说明了油墨的叠加不能简单用密度的叠加来计算，但是该计算方法足够用于对油墨叠印的控制，适用于大多数控制应用。

（5）灰平衡　所谓灰平衡，就是将青、品红、黄三原色油墨叠印，或者以一定比例的网点面积套印获得中性灰色。据前所述，三原色印刷油墨彼此之间掺杂有另外两种颜色成分，所以等量的三原色不能够得到中性灰色，结果通常是棕色。为了使印刷复制正确的中性灰色，通常让青色的网点大一些，而黄色和品红色的网点稍小一点，由此产生中性灰的感觉。

对印刷控制来说，假设达到中性灰色，依据密度的测量原理可知，密度计中三色滤色片的响应是相同的，那么测得的三色密度也应该是相等的。任何一颜色的供墨发生变化或网点增大，均会导致灰平衡在视觉上和测量上变化。因此，把不同网点组合的灰平衡测试目标印刷出来并进行分析，以确定 CMY 在不同色调区域达到中性灰所需的网点百分比，从而找出中性灰平衡的数值。可使用视觉分析和密度计测量的方法确定，也可以使用分光光度计去测量 $a*$ 和 $b*$ 的值，$a*$、$b*$ 接近于零，便是最佳的灰平衡组合。灰平衡数值对印前分色和印刷偏色调节都有重要的作用。灰平衡控制好了，才能保证彩色的正确还原。对于灰平衡的控制 ISO 12647—2：2004 给出标准参考值，如表 7-10 所示。

表7-10　　　　　　　　　　灰平衡参考值（ISO 12647—2：2004）

阶调划分	C	M	Y
1/4 阶调（25%）	25%	19%	19%
1/2 阶调（50%）	50%	40%	40%
3/4 阶调（75%）	75%	64%	64%

（6）色度值和色差值　是基于 CIE1976L*a*b* 均匀颜色空间的颜色数据，在该系统中 $L*$ 表示明度指数，$a*$ 和 $b*$ 表示彩度指数，ΔE_{a*b*} 表示色差。人们通常分辨不出两个差别很少的颜色，但当色度差增大到某一程度时人们便可分辨出来，这差别的量称之为颜色差的宽容度，用于表达色差的单个数值是 ΔE。自 1976 以来，印刷色彩匹配和评价方法采用 CIELAB，要确定 ΔE，我们需要建立参照色和样本色之间的 $\Delta L*$、$\Delta a*$、和 $\Delta b*$，然后使用以下计算公式：

$$\Delta E^*_{ab} = \sqrt{(\Delta L^*)^2 + (\Delta a^*)^2 + (\Delta b^*)^2} \tag{7-11}$$

对于 ΔE 的含义，可通过表 7-11 进行说明。不同的作业有不同的色差要求。

表7-11　　　　　　　　　典型作业级别的总体色差（ΔE^*_{ab}）

典型作业级别的总体色差（ΔE^*_{ab}）	
色差	描述
ΔE^*_{ab} 0.5~2	严格的色彩匹配，仅仅可以觉察
ΔE^*_{ab} 2~4	对于大多数有比较的复制可以接受
ΔE^*_{ab} 4~8	对于无比较的复制可以接受
ΔE^*_{ab} 8 以上	很大的视觉差别

印刷控制中密度描述的是印刷油墨的特性，实质上是墨层的厚度，而色度描述的是颜色的实际表现，能够按照人眼对颜色的感受特性来描述颜色，比密度值更直观、更准确。色度值的测量可使用色度计或者分光光度计得到。因此，用色度计测量印刷实地色块的色度值对颜色进行评价和规范是目前国际上的一种通用做法。在色度控制中为了保证质量符合要求，不同国家对同一批产品不同印张的颜色误差确定了一个范围。我国的国家标准对于彩色印刷品的同批同色色差规定为：一般印刷品 $\Delta E_{a*b*} \leq 5.00~6.00\text{NBS}$，精细印刷品 $\Delta E_{a*b*} \leq \Delta 4.00~5.00\text{NBS}$。与同批同色色差相近的颜色质量指标还有颜色公差，颜色公差是指客户所能接受的印刷品与原稿或打样样张之间的色差。依据美国、日本及我国某些印刷厂的经验，对于一般印刷品而言，颜色公差 $\Delta E_{a*b*} \leq 6.00\text{NBS}$，精细印刷品的颜色公差 $\Delta E_{a*b*} \leq 4.00\text{NBS}$。表 7-12 是我国国家标准 GB7708—1987 根据印刷产品的同色密度偏差和同批同色色差划分的产品级别。

表7-12　　　　　　　　　国家标准的产品分类指标

指标名称	单位	符号	指标值			
			精细产品		一般产品	
同色密度偏差		D_s	≤ 0.050		≤ 0.070	
同批同色色差	CIE$L*a*b*$	ΔE	$L* > 50.00$	$L* \leq 50.00$	$L* > 50.00$	$L* > 50.00$
			≤ 5.00	≤ 4.00	≤ 6.00	≤ 5.00

综上所述，颜色质量的客观评价就是对不同类别的印刷产品，在印刷过程中分别对反映样张表观质量的参数进行测量，然后对各个参数数值分别参照相关的标准进行比较、分析、判定印刷品的质量，同时也能反映出印刷过程中各个阶段所出现的问题，实现工艺过程控制，从而实现印刷工艺过程的规范化、标准化和质量控制的数字化。

第五节　色彩的同色异谱现象

颜色外貌相同的两种颜色，它们的光谱分布可以相同，也可以不相同。这种光谱组成不同，但可以相互匹配的现象叫做同色异谱现象。这样的两种颜色称为同色异谱色。同色异谱可以简单的定义为眼睛与大脑从两种不同光谱能量分布的颜色样本中得到相同的颜色感觉。换句话说，即使可见光谱中有很多不同的波长，两种刺激物发出的光能也不相同，但是它们给人的感觉是相同的。同色异谱现象建立在眼睛中有三个眼色感受器的颜色基础之上，也就是说，两种颜色匹配的唯一要求是对两种物体发出的光能量对眼睛感受器的颜色刺激一样的。在颜色匹配实验中，待测色与三原色的混合色在达到匹配时两者就是同色异谱色。由三原色形成的颜色的光谱组成与被匹配色光的光谱组成不一定是相同的，这种颜色匹配称为"同色异谱"的颜色匹配对。所以，由三原色混合得到的与之匹配的颜色只代表颜色的外貌，而不能保证其光谱组成都与待匹配色相同。即颜色匹配实验只是外在形式上的相同，而不是本质上的相同。在印刷、印染、绘画、彩色摄影、彩色电视等行业中，经常会遇到匹配色的问题，要求配出的颜色与已有的色样颜色相同。同色异谱在色彩复制工艺中具有非常重要的实际意义。彩色印刷该过程就是建立在三种主色混合来匹配一种颜色的基础之上的。在大多数的情况下，原稿和印刷品的匹配都是同色异谱的。

一、同色异谱条件

在颜色复制或颜色匹配时，最准确的匹配是匹配的颜色和被匹配颜色的光谱功率曲线完全一样。但实际中，要做到这一点是十分困难的。因为要实现这种理想的匹配，所用来匹配的颜色物体材料、光源要和被匹配的颜色完全一样。实践中通常是通过同色异谱来实现颜色的复制或匹配。在同色异谱现象中，关注的是物体间光谱反射率的不同。譬如说，两个具有不同光谱反射率的物体，在指定观察者和指定光源照明的情况下是可以匹配的。如果观察者或照明光源发生变化时，这个匹配关系就可能打破，所以同色异谱色又称之为条件等色，指两个色样在可见光谱内的光谱分布不同，而对于特定的标准观察者和特定的照明具有相同的三刺激值的两个颜色。

从下面的颜色的三刺激值计算公式，我们可以分析一下，要实现两个颜色的光谱匹配需要的条件。

$$X_1 = K \int_\lambda S_1(\lambda)\rho_1(\lambda)\bar{x}(\lambda)\mathrm{d}\lambda$$

$$Y_1 = K \int_\lambda S_1(\lambda)\rho_1(\lambda)\bar{y}(\lambda)\mathrm{d}\lambda \qquad (7\text{--}12)$$

$$Z_1 = K \int_\lambda S_1(\lambda)\rho_1(\lambda)\bar{z}(\lambda)\mathrm{d}\lambda$$

$$X_2 = K \int_\lambda S_2(\lambda)\rho_2(\lambda)\bar{x}(\lambda)\mathrm{d}\lambda$$

$$Y_2 = K \int_\lambda S_2(\lambda)\rho_2(\lambda)\bar{y}(\lambda)\mathrm{d}\lambda \qquad (7\text{--}13)$$

$$Z_2 = K \int_\lambda S_2(\lambda)\rho_2(\lambda)\bar{z}(\lambda)\mathrm{d}\lambda$$

式中 $\rho(\lambda)$ 为物体的光谱反射率，$S(\lambda)$ 为光源的相对光谱功率能量分布，$\bar{x}(\lambda)$、$\bar{y}(\lambda)$、$\bar{z}(\lambda)$ 是 CIE 1931 标准色度观察者光谱三刺激值。

式（7–12）和式（7–13）中 K 和 $\bar{x}(\lambda)$、$\bar{y}(\lambda)$、$\bar{z}(\lambda)$ 是相同的，要实现颜色 1 和颜色 2 的光谱匹配，即 $X_1 = X_2$，$Y_1 = Y_2$，$Z_1 = Z_2$ 则这两个颜色的视觉效果也就是相同的。

① 如果两个颜色具有完全相同的光谱反射（透射）率曲线，即 $S_1(\lambda) = S_2(\lambda)$ 且 $\rho_1(\lambda) = \rho_2(\lambda)$，称这两个颜色为同色同谱。

② 如果两个颜色具有不同的光谱反射率，即 $S_1(\lambda) = S_2(\lambda)$ 且 $\rho_1(\lambda) \neq \rho_2(\lambda)$，但具有相同的三刺激值，则称这两个颜色为同色异谱色。

同色异谱色在彩色复制技术中，具有非常重要的理论和实际意义。可以说没有同色异谱现象的存在，彩色印刷根本不可能实现。同色异谱也是彩色印刷复制的理论基础。因为在实际生产中，复制品所用的色料同原稿颜色的色料不可能完全相同；即使是同一种颜色油墨的同一产品，若先后生产时间不同，则所用的颜色色料与配方往往有很大的差别。用不同色料复制的同样颜色，其光谱反射曲线（透射曲线）几乎不可能相同。例如，多种多样的彩色印刷原稿，有油画、水墨画或者彩色照片等，在印刷品上是用黄、品红、青、黑四种油墨复制，不仅与形成原稿颜色的色料完全不同，而且根据印刷的需要，印刷的原色油墨中添加了黑色，黑色的使用又非常灵活，有底色去除工艺和灰色成分替代工艺，在灰色成分替代工艺中，黑版替代量的大小也可以变化。因此，可以说，彩色印刷中颜色复制的主流是同色异谱复制。

二、同色异谱程度的定量评价

同色异谱颜色只有在特定的照明条件下和特定的标准观察者才能成立，也就是说只要改变了观察者、照明条件中的任何一个或者全部改变，同色异谱的平衡就会打破。为了对颜色的同色异谱程度作出定量的评价，C1E 在 1971 年公布了一个计算"特殊同色异谱指数"的方法，其内容是将在特定的参考光源（推荐用 D_{65}）和标准观察者条件下，具有相同三刺激值的两个颜色（即同色异谱色），换在与特定的参考光源（D_{65}）具有不同的相对能量分布的另一照明光源（推荐用光源 A）下测量两色的色差，在新换光源下测得的根据 CIE 1964 Lab 色差公式计算的两个颜色之间的色差（ΔE），为特殊同色异谱指数

Mt。特殊同色异谱指数越小，说明同色性好，异谱程度低。特殊同色异谱指数大于 3，则表明两物体色的匹配已有一定程度的失配。

下面举例具体说明 CIE 特殊同色异谱指数（改变照明体）的计算方法。设有三种颜色样品，分别为 $\rho_1(\lambda)$、$\rho_2(\lambda)$、$\rho_3(\lambda)$，光谱反射率数值见表 7–13。

表7–13　　　　　　　　　计算三个样品颜色三刺激值的相关参数

波长 /nm	颜色样品			参照光源	GIE1931 标准观察者			测试光源
	$\rho_1(\lambda)$	$\rho_2(\lambda)$	$\rho_3(\lambda)$	$D_{65} S_{65}(\lambda)$	$X(\lambda)$	$Y(\lambda)$	$Z(\lambda)$	A $SA(\lambda)$
400	13.61	9.80	15.48	82.8	0.0143	0.0004	0.6796	14..71
420	14.28	5.42	16.05	93.4	0.1344	0.0040	0.6456	20.99
440	13.94	9.32	15.13	104.9	0.3483	0.0230	1.7471	28.70
460	13.74	15.54	13.90	117.8	0.2908	0.0600	1.6692	37.81
480	13.64	22.00	11.92	115.9	0.0956	0.1390	0.8130	48.24
500	13.56	21.86	8.78	109.4	0.0049	0.3230	0.2720	59.86
520	14.17	15.79	7.84	104.8	0.0633	0.7100	0.0782	72.50
540	16.06	9.85	11.55	104.4	0.2904	0.9540	0.0203	85.95
560	27.78	24.47	31.72	100.0	0.5945	0.9950	0.0039	100.00
580	48.48	52.58	62.26	95.8	0.9163	0.8700	0.0017	114.44
600	62.59	63.87	70.20	90.0	1.0622	0.6310	0.0008	129.04
620	67.17	66.90	55.93	87.7	0.8544	0.3810	0.0002	143.62
640	68.76	69.27	48.46	83.7	0.4479	0.1750	0.0000	157.98
660	69.80	71.20	47.24	80.2	0.1649	0.0610	0.0000	171.96
680	71.11	73.37	47.59	78.3	0.0468	0.0170	0.0000	185.43
700	72.61	75.06	47.82	71.6	0.0114	0.0041	0.0000	198.26

表 7–13 对应的光谱反射曲线如图 7–17 所示，这三个色样对于参照光源 D_{65} 和 CIE1931 标准观察者，是同色异谱色，具有相同的三刺激值，即 $X_1 = X_2 = X_3$，$Y_1 = Y_2 = Y_3$，$Z_1 = Z_2 = Z_3$，它们相互间的色差值都是零，见表 7–14。

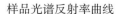

样品光谱反射率曲线

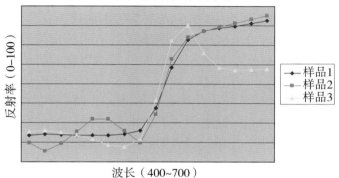

图 7–17　三个颜色物体的光谱反射率曲线

当参照光源 D_{65} 改换为测试光源 A 时，通过计算表明三种颜色样品有不同的三刺激值。计算结果见表 7-14，从表中可以看到，它们相互间的色差也不再等于零。

表7-14　　　　　　　　　　　　　　样品三刺激值及色差

光源	颜色样品	三刺激值			色度坐标		CIE1976 均匀颜色空间及色差			
		X	Y	Z	x	y	L^*	a^*	b^*	ΔE^*_{ab}
参照光源 D_{65}	1	42.73	33.19	15.18	0.4691	0.3643	64.31	36.84	34.77	标准
	2	42.73	33.19	15.18	0.4691	0.3643	64.31	36.84	34.77	0
	3	42.73	33.19	15.18	0.4691	0.3643	64.31	36.84	34.77	0
测试光源 A	1	59.23	40.25	4.95	0.5680	0.3847	69.65	37.79	44.04	标准
	2	60.01	40.23	5.35	0.5680	0.3810	69.63	39.63	41.29	3.31
	3	57.27	40.36	4.78	0.5592	0.3941	69.73	32.91	45.37	5.06

表 7-14 中计算出了各颜色样品的三刺激值，同时计算了它们的色差。根据 CIE 确定同色异谱指数 Mt 的方法，导出（1，2）和（1，3）两对颜色样品的同色异谱指数列于表 7-15 中。表中，同色异谱指数的计算，是以样品 1 为标准样品，样品 2 和 3 为复制品；在 D_{65} 光源下，每一个复制品与标准样品有相同的三刺激值，它们是同色异谱色。但是在测试光源 A 下，它们的颜色产生了差异，三刺激值不再相同，在复制品与标准样品之间产生了同色异谱指数。

表7-15　　　　　　　　　　　　　　样品间的同色异谱指数

颜色样品	同色异谱指数	CIE 1976 ΔE^*_{ab}
（1，2）	MA	3.31
（1，3）	MA	5.06

从上面的分析计算，可以得出两点结论：

① 三刺激值相同、光谱分布不同的颜色样品叫做同色异谱色。而且从光谱分布的差异，可以粗略地判断同色样品的异谱程度。如果复制品与标准样品之间的光谱反射率曲线形状大致相同、交叉点和重合段多，就表明同色异谱程度低、特殊同色异谱指数低（色差值小），如图 7-17 中的光谱反射率曲线（样品 1，样品 2）。相反，如果复制品与标准样品之间的光谱反射曲线形状很不同，交叉点少，那么同色异谱的程度就高。这种根据光谱分布差异来判断同色异谱程度的方法，是一种很有用的定性判断法。

② 史泰鲁斯（Stiles）和维泽斯基（Wyszecki）发现：两个异谱的颜色刺激如要同色，则其光谱反射曲线 $\rho_1(\lambda)$ 与 $\rho_2(\lambda)$ 在可见光谱波段（400~700nm）内，至少在三个不同波长上必须具有相同的数值，也就是两者的光谱反射率曲线至少要有三个交叉点。图 7-17 中的三种颜色样 $\rho_1(\lambda)$、$\rho_2(\lambda)$、$\rho_3(\lambda)$ 的情况，已充分说明了这一结论的正确性。

最后，应该注意：在大多数情况下，精确的同色异谱色匹配（$X_1 = X_2$，$Y_1 = Y_2$，

$Z_1 = Z_2$）是很难做到的，一般只能做到近似的同色异谱匹配。例如，在包装装潢印刷中的由三原色油墨配专色或三原色网点面积率配专色等，都会存在一定色差。在实际生产中，应允许复制品与标准样品（原稿）在做同色异谱色匹配时存在色差，只是应尽量控制复制品与原稿的色差，把它限制在规定的允许范围之内。对于包装装潢印刷，这种色差一般应为 $\Delta E^*_{ab} \leqslant 6$。

项目型练习

项目名称：印刷品的评价

一、印刷品密度法评价

测量条件：abs、ISO 状态 T 反射密度、无偏振片

1. 实地密度评价

（1）在印刷品的控制条上测量不同位置的密度并计算平均密度填写表 7–16。

表7–16　　　　　　　　　　测量密度并计算平均值

青		品红		黄		黑	
ISO 标准	1.52	ISO 标准	1.47	ISO 标准	1.06	ISO 标准	1.62
C1		M1		Y1		K1	
C2		M2		Y2		K2	
C3		M3		Y3		K3	
C4		M4		Y4		K4	
C5		M5		Y5		K5	
平均		平均		平均		平均	

（2）根据上表数据，评价印刷品上着墨均匀性。

（3）与 ISO 标准比较，评定印刷品上各色的实地密度是否符合要求。

2. 网目图像层次评价

（1）测量印刷控制条上的网点百分比，并填写表 7–17。

表7–17　　　　　　　　　　测量网点百分比

C			M			Y			K		
胶片 /%	印品 /%	ΔF	胶片 /%	印品 /%	ΔF	胶片 /%	印品 /%	ΔF	胶片 /%	印品 /%	ΔF
25			25			25			25		
50			50			50			50		
75			75			75			75		

（2）已知 ISO 标准见表 7-18。

表7-18　　　　　　　　　　　　　　　ISO标准

胶片 / %	印品 / %	ΔF
25	37	12
50	67	17
75	89	14

（3）绘制本印刷品的 C、M、Y、K 网点增加曲线（ISO 标准网点增加曲线如图 7-18）。

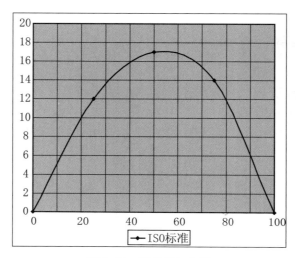

图 7-18　网点增加曲线

（4）与 ISO 标准比较，评价印刷品上各色的层次复制是否符合要求。

3. 暗调部分反差评价（K 值）

（1）测量印刷品上青（C）、品红（M）、黄（Y）和黑（K）的 K 值并填写表 7-19。

表7-19　　　　　　　　　　　　　　　测量K值

颜色	C	M	Y	K
印刷品 K 值				
ISO 标准 K 值	0.40	0.40	0.30	0.43

（2）与 ISO 标准比较，评价印刷品上各色的暗调层次复制是否符合要求。

4. 灰平衡评价

（1）测量印刷品上 CMY40% 色块和 Balance 色块的三色密度并填写表 7-20。

表7-20　　　　　　　　　　　　测量三色密度

	C 密度	M 密度	Y 密度
CMY40% 色块			
Balance 色块			

（2）从感觉上评价 CMY40% 色块与 Balance 色块的接近程度。

（3）从所测得的三色密度来看，CMY40% 色块偏向的颜色是（　　　）。

5．叠印率评价

（1）先按下表测量密度，然后按式（7–10）计算叠印率并填写表 7–21。

表7–21　　　　　　　　　　　　测量密度并计算叠印率

实地色	M	Y	M+Y	C	Y	C+Y	C	M	C+M
D_1									
D_2									
D_{1+2}									
本印品叠印率									
标准叠印率									

（2）与标准叠印率比较，评定本印品叠印率是否符合要求及原因。

二、印刷品色度法评价

测量条件：Abs、D_{50}、2 度视场角、无偏振片

1．实地色值及色域

（1）测量印刷品控制条上实地色的 CIELAB 值，并完成表 7–22。

表7–22　　　　　　　　　　　　测量实地色的CIELAB值

	印刷样品			ISO 标准（Pap Type 3）						
	$L*$	$a*$	$b*$	$L*$	$a*$	$b*$	$\Delta L*$	$\Delta a*$	$\Delta b*$	ΔE
C				55	−36	−44				
M				46	70	−3				
Y				84	−5	88				
R				45	65	46				
G				48	−64	31				
B				21	22	−46				
K				20	0	0				

（2）将印刷样品和 ISO 标准的各实地色 $a*$、$b*$ 值表示在 CIE–a*b* 色品图中。然后评价该印品的色域范围是否符合 ISO 标准。

（3）如果允许 $\Delta E \leqslant 5$，该印刷品上的各实地色是否符合 ISO 标准。

（4）与 ISO 标准比较，印刷品上各色应如何调整：

（例如印刷样品青色 $L*$=53，$a*$=−30，$b*$=−40。应作如下调整：因为需 L 值稍大，$a*$ 过小，$b*$ 稍小，所以可稍增加青色量。）

2．灰平衡评价

（1）测量印刷品上 CMY40% 色块、Balance 色块和白纸的 CIELAB 值并填写表 7–23。

CIELAB 值	$L*$	$a*$	$b*$
CMY40% 色块			
Balance 色块			
白纸			

表7-23　　　　　　　　　测印品的CIELAB值

（2）首先评定印品的偏色情况，然后说明如何调整各原色量才能达到 Balance 色块的外貌。

知识型练习

1. 图 7-19 _____ 表示理想黄油墨的光谱反射率曲线。

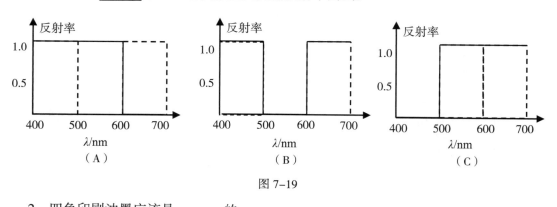

图 7-19

2. 四色印刷油墨应该是 _____ 的。
   A 透明　　　　　　　B 不透明　　　　　　C 半透明

3. 三色油墨达到灰平衡，青油墨的密度应 _____ 品红和黄的密度。
   A 大于　　　　　　　B 小于　　　　　　　C 等于

4. 三色油墨达到灰平衡，青油墨的网点百分比一般应 _____ 品红和黄的网点百分比。
   A 大于　　　　　　　B 小于　　　　　　　C 等于

5. 青油墨上叠印品红油墨所呈现的颜色是 _____，青油墨反射 _____ 和吸收 _____。

6. 品红墨上叠印黄色油墨所呈现的颜色是 _____，黄色油墨吸收 _____。

7. 三原色油墨吸收各自的 _____ 色光，反射 _____ 色光。

8. 三原色油墨都有 _____ 和 _____ 两大缺陷。

9. 图 7-20 是 _____ 油墨的反射率曲线，它在 _____ 和 _____ 的副吸收过量。

10. 品红油墨的主吸收区是 _____ 区，两个副吸收区

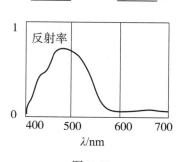

图 7-20

分别是 _____ 和 _____ 区。

11. 黄油墨的主吸收区是 _____ 区，两个副吸收区分别是 _____ 和 _____ 区。

12. R，G，B 表示滤色片，某种油墨的三滤色片的密度分别为：$D_R = 0.05$，$D_G = 0.2$，$D_B = 1.20$，该油墨是 _____ 色油墨，该油墨的灰度为 _____ ，该油墨的主密度为 _____ ，该油墨的两个副吸收区是 _____ 区和 _____ 区。

13. 印刷品上的网点扩大指 _____ 的百分比与 _____ 百分比之差。

14. 通过调节油墨的网点面积率复制原稿的 _____ ，网点面积率越高颜色的 _____ 越高。

15. 如果三原色油墨叠印达到中性灰，则称三原色油墨达到了 _____ ，简称 _____ 。

16. 一个 NBS 单位相当视觉色差识别阈值的 5 倍，视觉色差识别阈值约是 _____ 。

17. 印刷品色差一般控制在 _____ 的范围内。

   A $\Delta E_{ab} \leq 0.2\text{~}1.0$ B $\Delta E_{ab} \leq 1.0\text{~}3.0$

   C $\Delta E_{ab} \leq 3.0\text{~}4.0$ D $\Delta E_{ab} \leq 4.0\text{~}5.0$

18. 同色异谱是指两个 _____ 完全相同，而它们的 _____ 不同的颜色。

19. 两个异谱的颜色要同色，它们的光谱分布曲线在可见光谱内至少要有 _____ 交点。

   A 一个   B 两个   C 三个   D 四个

20. 如何评价两个同色异谱色的同色异谱程度？

21. 两个颜色在 D_{50} 光源下，测得的三刺激值相同，都是（X、Y、Z）=（65，45，35），在 D_{65} 光源下，测得的这两个色的三刺激值分别是（63，43，37）和（63，40，34），两个色的同色异谱指数是 _____ 。

   A 0   B 3.46   C 5.48   D 4.24

22. 下面两个颜色是同色异谱色，错误的表示是 _____ 。

$$\begin{cases} X_1 = K \int S_1(\lambda)\rho_1(\lambda)\tilde{x}_1(\lambda)\mathrm{d}\lambda \\ Y_1 = K \int S_1(\lambda)\rho_1(\lambda)\tilde{y}_1(\lambda)\mathrm{d}\lambda \\ Z_1 = K \int S_1(\lambda)\rho_1(\lambda)\tilde{z}_1(\lambda)\mathrm{d}\lambda \end{cases} \qquad \begin{cases} X_2 = K \int S_2(\lambda)\rho_2(\lambda)\tilde{x}_2(\lambda)\mathrm{d}\lambda \\ Y_2 = K \int S_2(\lambda)\rho_2(\lambda)\tilde{y}_2(\lambda)\mathrm{d}\lambda \\ Z_2 = K \int S_2(\lambda)\rho_2(\lambda)\tilde{z}_2(\lambda)\mathrm{d}\lambda \end{cases}$$

   A $X_1 = X_2$ B $S_1 = S_2$ C $\rho_1 = \rho_2$ D $\tilde{x}_1 = \tilde{x}_2$

23. 根据图 7-21 中两曲线，最不正确的说法是 _____ 。

   A 它们的反射率不同

   B 可能是同色异谱色

   C 可能有相同色相

   D 不可能是相同颜色

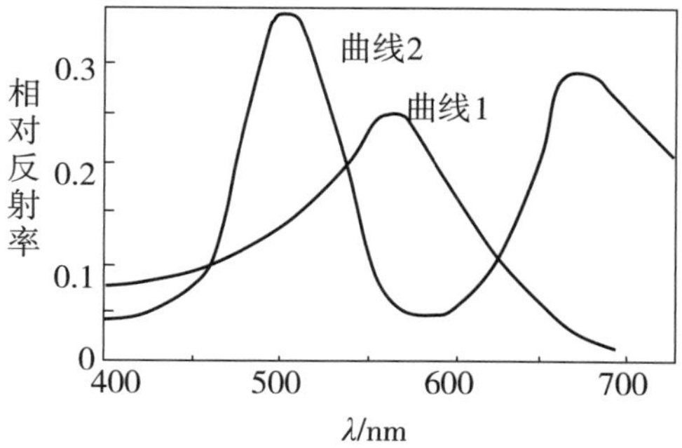

图 7-21

24. 印刷品的测量几何条件是 _____ 或 _____ 。

   A 45°/0°   B 0°/45°

   C 双向几何   D 积分球

25. 某一色样用红滤色片测得的密度是 0.08，用绿滤色片测得的密度是 0.13，用蓝滤色片测得的密度是 1.07，不用滤色片测得的密度是 0.05，该色样的油墨色相

是 _____ 。

  A 青色   B 品红   C 黄色   D 黑色

26. 测得纸张上某色的实地密度为 1.6，三个网目区的密度分别为 1.3、0.8、0.5，这三个网目区的网目面积百分比分别是 _____ 、_____ 、_____ 。

27. ISO 2846 标准规定的胶印氧化干燥类型或者渗透型油墨的墨层厚度范围。青、品红和黄油墨的墨层厚度范围：_____ μm；黑油墨的墨层厚度范围：_____ μm。

28. 目前对纸张白度的量化，是以有效波长为 _____ nm 的蓝光照射到纸张上和照射到完全反射体的相对反射率来表示。

29. 彩色印刷品的质量评价有两种方式，一种是 _____ ，另一种是 _____ 。

30. 印刷品质量评价的内容主要包括以三个方面，分别是 _____ 、_____ 、_____ 。

31. 中国国家标准要求精细印刷品青色的实地密度范围为 _____ 。

  A 0.85~1.10   B 1.25~1.50   C 1.30~1.55   D 1.40~1.70

32. 中国国家标准要求一般印刷品青色的实地密度范围为 _____ 。

  A 0.80~1.05   B 1.15~1.40   C 1.25~1.50   D 1.20~1.50

33. K 值是反映印刷反差的客观参数，是直接控制中间调至暗调的指标，一般 K 值偏大，图像暗调层次就 _____ ；K 值偏小，图像中暗调层次就 _____ 。

34. 一般说来印刷网点扩大的影响因素很多，印刷压力增大，网点扩大 _____ ；橡皮布硬度小，同样条件下网点扩大 _____ ；纸张表面粗糙网点扩大 _____ ；加网线数大，网点扩大 _____ 。

35. 我国国家标准对于彩色印刷品同批同色色差规定为：一般印刷品 ΔE_{ab} _____ NBS；精细印刷品 ΔE_{ab} _____ NBS。

36. 简述纸张白度与印刷品的关系。

37. 简述印刷品评价的标准环境要求。

38. 试论述如何进行印刷工艺控制可获的最佳印刷反差。

第八章
色彩管理

 知识目标

1. 色彩管理的概念。
2. 色彩管理系统的构成和应用。
3. 颜色空间的转换。

能力目标

1. 掌握扫描仪和数码相机特性文件的生成和使用方法。
2. 掌握显示器特性文件的生成和使用方法。
3. 掌握打印机和印刷机特性文件的生成和使用方法。

学习内容

1. 色彩管理的必要性。
2. ICC 色彩管理系统的构成。
3. 色彩管理的实施步骤。
4. 颜色特性文件的分类和作用。
5. 不同设备颜色特性文件的生成。
6. 色彩管理系统中的颜色转换过程。
7. 色彩管理系统的应用。

重点：设备颜色特性文件的生成与使用。

难点：生成特性文件的质量参数。

随着数字式、开放式图像复制系统的应用日益广泛，输入、处理和输出软硬件的不断多样化，如何保证颜色信息在不同种类、不同厂家的各种软硬件之间以及不同部门之间正确传递就变得越来越重要。

色彩管理就是在图像复制系统中使用相关的软硬件和方法在不同的设备间控制和调整颜色，使颜色在整个复制流程中不同的设备和介质上能够得到一致、稳定的结果。

色彩管理的应用在与颜色复制相关的领域中日益重要，这些领域包括印刷、摄影、纺织、颜料制造、网络出版等。色彩管理的使用可以让高质量的颜色复制变得"傻瓜化"，缺乏经验和某些技能的使用者可以大幅提升颜色复制质量，有经验的、高技能的人员会提高工作效率。

第一节　色彩管理的必要性

在图像复制过程中，颜色数据在不同的设备间传递，这些设备既包括加色法呈色的扫描仪、数码相机和显示器，也包括减色法呈色的打样机、印刷机等，它们的呈色原理不同、介质不同，不可避免地会对颜色复制产生影响。换句话说，颜色复制过程中所使用的设备及其介质都有不同的"个性"。

一、扫描仪的特性

原稿经过扫描仪的扫描分色，形成 RGB 模式的图像文件。同一幅原稿在不同的扫描仪上扫描会得到不同的数据文件。

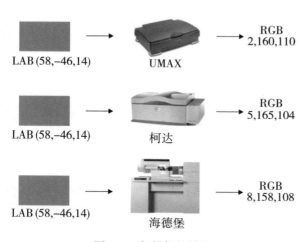

图 8-1　扫描仪的特性

如图 8-1 所示，一个 CIELAB 值为（58，–46，14）的绿色块分别在 UMAX、柯达和海德堡的扫描仪上进行扫描，得到的 RGB 值分别为：（2，160，110）、（5，165，104）和（8，158，108）。它们扫描得到的结果确实是"绿"色块，但三个结果却有明显差异，这是由这三个扫描仪的"个性"不同造成的。扫描仪的不同的"个性"主要由它们所使用的滤色片、光学系统形成。

当扫描完成，将数据送给计算机显示的时候，如果计算机不了解这三台扫描仪各自的"个性"，势必会显示出三个不同的绿色块，随后的输出（印刷）结果也会不同，无法与原稿匹配。

为了在不同设备上得到一致的颜色复制结果，必须掌握不同设备复制颜色的"个性"，并记录到一个称为颜色特性文件的文件中，供颜色转换时使用。

二、显示器的特性

同样的 RGB（184，43，43）数据送给两台不同的显示器显示，如图 8-2 所示，一台是三星 CRT 显示器，另一台是苹果液晶显示器，两个显示效果有明显差异。原因是这两台显示器的原理不同，红绿蓝原色差别较大，各有特性。

三、打印机／印刷机的特性

当我们把同样的 CMYK 数据送给不同的打印机或印刷机输出时，输出设备会根据这组数据所代表的青、品红、黄和黑的量决定转移到承印物上墨水／油墨的量。由于不同输出设备的输出原理不同，比如，有喷墨原理的爱普生打印机，静电复制原理的惠普打印机，油墨压力转移原理的海德堡印刷机，它们使用的材料（墨水和纸张）也各不相同，最后得到的印刷品颜色会由于它们各自的特性而有较大差异（图 8-3）。

图像复制的整个流程中涉及众多的设备，扫描仪、数码相机、显示器、打印机、打样机、印刷机等协同工作。这些设备在不同的环节再现图像，由于硬件、介质和工艺等方面的差异，它们对同一图像会复制出不同的结果。因此，必须采用有效的色彩管理，使图像在不同的设备和介质上的复制结果能够保持一致和稳定。

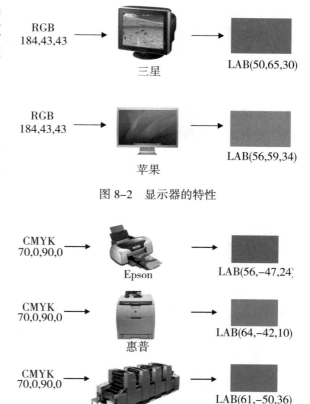

图 8-2 显示器的特性

图 8-3 打印机／印刷机的特性

第二节 ICC色彩管理系统

一、闭环色彩管理

在开放式桌面出版系统出现之前，印刷颜色复制工作需要在昂贵、大型、专有的设备上才能完成，比如专业的扫描仪（或电分机）、图像处理系统、打样机等。世界上只有几个公司能够提供这些设备，如英国的 Crosfield、德国的 Hell、日本的 Dainippon Screen。采购这些设备的专业印刷厂会从输入到输出采用同一厂商的硬件和软件产品，这些产品的"个性"为系统掌握。全部的设备由同一供应商提供，设备固定，颜色复制特性已知，这种系统称为闭环系统。

采用闭环系统时，原稿总是在固定的扫描仪上扫描、在固定的显示器上显示、在相对固定的印刷机上印刷，所以在有经验、高技能人员的操作下，比较容易得到一致、稳定的复制结果。

在闭环系统中得到好的复制结果有两个条件：熟练的操作员和固定的工作流程。熟练的操作员可以掌握所用设备的"个性"，比如偏色情况、阶调补偿需要等。由于设备被调整到对应于某种固定的工作流程输出最好效果的状态，所以一旦流程有所改变，比如换了一台印刷机，所有的工作就得重新来过。

在 20 世纪 90 年代中期，开放式的桌面出版系统出现后，越来越多的不同厂商的设备加入到图像处理流程中来，比如说通用的个人计算机取代了专用系统中的计算机，喷墨打印机用于数码打样等。如果仍然采用闭环的颜色管理，意味着操作员要靠经验去熟悉设备之间颜色转换的特性。假设引入一台新的计算机及显示器，它显示的效果与原先闭环系统中的那台显示器有明显差异，印刷厂必须请有经验的操作员去测试并掌握这种显示结果与打样稿、印刷品及原稿的差异，也就是说找到显示器与印刷机、与打样机、与扫描仪之间的颜色转换特性。

只要在闭环系统中加入一台设备，或者某台设备重新做了校准，就得考察它与其他所有设备之间的颜色转换关系。这意味着，设备之间的连接关系是一对多的，如果工作流程中涉及多种多台设备，它们互相之间的连接关系就会非常多，形成一个如图 8-4 所示的不便于管理的网状结构。如果一个系统中有 n 个设备，那么需要建立的连接关系个数会多达 n^2 个。因此闭环系统在涉及少量设备时是有效的，但随着开放系统的应用，必须引入其他的色彩管理机制。

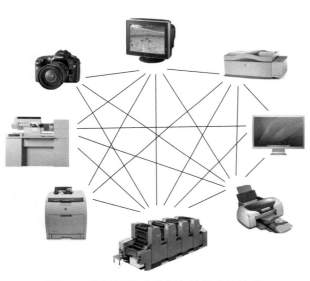

图 8-4　闭环系统中的颜色转换连接关系

二、开放式的色彩管理

开放式的色彩管理不需要建立图像复制系统中所有设备两两之间的颜色转换关系。它采用了一种"集线器"的结构，即指定一种颜色空间作为设备特性连接空间（Profile Connection Space，PCS），设备之间不进行直接的颜色转换，而是通过连接空间进行转换，如图 8-5 所示。

这种色彩管理系统与航线管理很相像。如果一个城市新通航，比如拉萨，其他城市去往拉萨并不需要都增加到拉萨的航班，可以借助航空枢纽城市北京来中转。采用这种枢纽系统的方法可以大大减少覆盖整个地域的航线数量。多加一个城市结点，只需安排一个航班到枢纽城市，即可将这个目的地连接到航线网络当中。

　　一个设备要与其他设备之间进行颜色转换，必须建立这个设备和"枢纽"——即 PCS 之间的转换关系，这个转换关系记录在一个称为颜色特性文件（Profile）的文件中。每个设备都必须有特性文件，否则无法进行颜色转换。色彩管理的一条黄金规则是：图像＋颜色特性文件。

　　颜色的转换从起点通过 PCS 到达终点。比如在打印机上打印一幅数码相机拍摄的图像，需要将数码相机拍摄的颜色转换到 PCS，再从

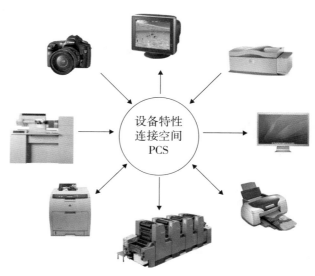

图 8-5　开放式色彩管理系统中的颜色转换连接关系

PCS 转换到打印机所需的颜色数据。这里的图像来自于数码相机，数码相机的颜色特性文件为源特性文件，图像最后用打印机输出，打印机的特性文件就是目的特性文件。在色彩管理中，我们必须了解每个图像从哪里来（采用哪个源特性文件），最后到哪里去（采用哪个目标特性文件）。色彩管理的另一条黄金规则是：颜色特性文件—PCS—颜色特性文件。

　　采用了开放式的色彩管理系统后，往图像复制流程中增加新的设备变得简单了。只要建立了这个设备的特性文件，也就是建立了这个设备的颜色到连接空间的转换关系，它的颜色特性也就为系统中其他设备所了解。如果一个系统中有 n 个设备，那么需要建立的连接个数也为 n 个，即每个设备与 PCS 之间的连接。

三、ICC 色彩管理系统

　　为适应开放式印刷系统及电子出版网络出版的需求，1993 年由奥多比、爱克发、苹果、柯达、FOGRA、微软、SGI、太阳微系统、Taligent 共 8 个计算机和彩色出版行业的公司发起成立了国际色彩联盟（International Color Consortium），简称 ICC（图 8-6）。ICC 的目标是创建、促进并鼓励开放式的、中立的、跨平台的色彩管理系统体系和结构，致力于建立贯穿整个复制过程的可靠而且可重复的色彩管理技术。ICC 于 1994 年签订了一个开发色彩管理系统软硬件产品应遵循的开放性的框架。ICC 色彩管理框架由三个部分组成：参考颜色空间（Reference Color Space）、颜色特性文件（Profile）和色彩管理模块（Color Management Module）。

图 8-6　ICC 的标志

1. 设备无关颜色空间，也称为参考颜色空间

在第一节的例子中，一个 RGB 值为（184，43，43）的色块，在两台显示器上显示出来的颜色不同。类似的情况还出现在输出过程中，CMYK 值为（70，0，90，0）的色块送往三个不同的输出设备，得到了三个颜色不同的复制结果。RGB 或 CMYK 的各项数值仅仅是用来告诉特定设备输出某种原色的量的多少，而不是描述确切物理和视觉上的某种色彩。由此可见，用 RGB 或 CMYK 数据描述的颜色外貌不是唯一确定的，它与再现这个颜色的设备有关，这种颜色空间称为设备相关颜色空间（Device dependent color space）。

CIE 标准色度系统是建立在人眼颜色视觉基础上的，它以加法混色的方法，用三原色的数量或比例来表示颜色。用 CIELAB 或 CIEXYZ 表示的颜色对应着唯一的颜色外貌，与再现设备无关，这种颜色空间称为设备无关颜色空间（Device independent color space）。

CIE 标准色度系统能够描述自然界所有的颜色，具有最大的色域空间，任何设备呈现的颜色都可以映射到其中，并且它有完善的定义和研究基础，因此 ICC 选择 CIELAB 和 CIEXYZ 作为色彩管理参考颜色空间。参考颜色空间也称为设备特性连接空间（Profile Connection Space），简称 PCS。

2. 颜色特性文件

颜色特性文件，即 Profile，包含了从设备空间到标准空间（即 PCS）的转换数据，是色彩管理系统中进行颜色空间转换的依据。

20 世纪 90 年代初期，几个开发图像处理相关软件的领先企业为了能够在自己的产品中实现色彩管理，分别制定了各自的色彩管理机制和颜色特性文件格式，如柯达公司的 Precision Transforms、苹果公司的 ColorSync、EFI 公司的 EFI Color 以及奥多比公司的 PostScript CSA/CRD 和 PDF CalRGB。为了建立一个开放的、通用的色彩管理系统，ICC 在 ColorSync 的基础上，制定了颜色特性文件格式的规范，并在其网站 www.color.org 上公布。目前最新版本为 ICC.1：2004–10（Version 4.2.0.0），它已经在 2005 年被采纳为国际标准，即 ISO 15076–1：2005。

3. 色彩管理模块

色彩管理模块，简称 CMM，用于解释设备特性文件并根据特性文件所描述的设备颜色特性进行不同设备间的颜色数据转换。

苹果机操作系统的色彩管理由 ColorSync 执行，可选用海德堡、爱克发或柯达等公司的 CMM。PC 机系统级的色彩管理由 ICM（Integrated Color Management）执行。某些应用程序中还有自带的一些 CMM，比如 Photoshop 中的内置 CMM（Built–in CMM），即 Adobe CMM。

色彩的管理和控制由最初的闭环系统发展到基于 ICC 规范的开放式的系统，设备制造商、软件开发商和用户都在 "ICC 色彩管理系统" 的框架下进行色彩管理工作，ICC 为色彩沟通建立了标准的色彩管理协议，创建了标准的特性文件格式，以及一套色彩转换机制。

四、色彩管理系统的 3C

色彩管理的实施分为三个步骤：校准（Calibration）、特性化（Characterization）和转换（Conversion）。因为这三个词的第一个字母都是 C，因此简称为色彩管理系统的 3C。

校准是指将设备调整到一个最佳或标准的并且是可重复的状态。色彩管理能够成功实施的前提是设备、材料以及其他条件的稳定性和可重复性。对于显示器而言，校准就是将显示器的亮度和对比度调整到最佳状态，并设定正确的白点、伽马值等；对于印刷机而言，校准就是在某种油墨和纸张的条件下，将印刷机的实地密度和网点扩大等工艺参数调整到标准值。

特性化是指在对设备进行了校准的前提下，通过各种软硬件工具测量设备复制的颜色数据，并生成设备的颜色特性文件，以记录设备的颜色复制特性和色域范围。有关特性化的具体方法请参考第三节。

转换是利用色彩管理模块 CMM 读取颜色特性文件，实现设备相关颜色空间（CMYK、RGB）和设备无关颜色空间（CIELAB 或 CIEXYZ）之间的互相转换，从而实现设备颜色之间的转换。有关颜色转换内容请参考第四节。

第三节　颜色特性文件

颜色特性文件包含了设备空间和标准空间（即 PCS）之间的转换数据。根据 ICC 规范，目前共有 7 种颜色特性文件：

① 输入设备颜色特性文件（Input device profile），如扫描仪、数码相机等。

② 输出设备颜色特性文件（Output device profile），如打印机、印刷机、胶片记录仪等。

③ 显示设备颜色特性文件（Display profile），如液晶显示器、CRT（阴极射线管）显示器、投影仪等。

④ 设备链接颜色特性文件（Device Link profile），专用于设备之间的链接，如打样机和印刷机之间。

⑤ 颜色空间特性文件（Color Space Profile），如 sRGB，CIE XYZ，CIE L*a*b* 等。

⑥ 理论特性文件（Abstract profile），如不同 PCS 之间的转换。

⑦ 命名颜色特性文件（Named Color profile），如 Pantone®，Truematch® 等。

在实际应用中，输入、显示和输出设备特性文件最为常用。

一、颜色特性文件的结构简介

按照 ICC 规范，无论是什么类型的特性文件，都由描述头（Profile Header）、标签表（Tag Table）和元素数据（Element Data）三大部分组成（图 8-7）。

（1）特性文件描述头　为固定的 128 个字节，给出了正确查询、检索此 ICC 特性文件的信息，包括特性文件尺寸、CMM 类型、特性文件版本、特性文件/设备类型签名、数据所用颜色空间、特性文件连接空间（PCS）等信息。

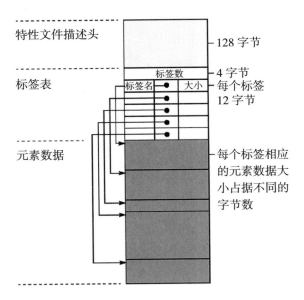

图 8-7　颜色特性文件的结构

（2）标签表　标签表中前 4 个字节给出特性文件所拥有的标签数，其后 12 个字节说明了所用标签的标签名、此标签相应的元素数据的偏移地址及大小。

（3）元素数据　给色彩管理模块（CMM）提供了在 PCS 与设备颜色空间之间进行转换所需的数据和信息，它们是特性文件的核心，记录了颜色转换关系。

二、设备颜色特性文件的生成

为了进行色彩管理，生产系统中的所有设备都要有自己的特性文件，这些特性文件可能来自设备生产厂商，也可能来自第三方软件商，大多数情况下需要使用者根据设备当前的状态、使用的介质等条件自己创建设备的特性文件。ICC 特性文件中的信息和数据为颜色空间之间的转换提供了重要的依据，它的准确性至关重要。

不管是哪种设备，颜色特性文件的生成过程都是建立在设备相关数据描述（RGB 或 CMYK）和设备无关数据描述（CIELAB）之间的映射关系。这样，生成特性文件之前，必须拥有这两组数据，然后由特性文件生成软件计算并储存它们之间的映射关系。

目前世界上比较著名和常用特性文件生成软件有爱色丽的 ProfileMaker 和 Monaco、爱克发的 ColorTune、海德堡的 ColorOpen 等。

需要注意的是，特性文件实际上只能反映这个设备在生成特性文件时所处的状态对颜色复制或表现的特性，因此创建特性文件时，必须要进行设备校准（Calibration）。校准的目的是使每台设备都工作在正常状态或最佳状态，这样建立的特性文件才有意义。有的设备，比如印刷机，根据使用的油墨、纸张的不同，要建立多种条件下的特性文件。

1. 输入设备特性文件的生成

（1）在特性化一台输入设备时，以扫描仪为例，首先扫描输入符合 ISO IT8 规范的透射（IT8.7/1）或反射（IT8.7/2）色标（图 8-8）。

目前，较为常用的有柯达、爱克发和富士公司生产的 IT8 色标，它们都有 ISO IT8 规定的 228 个颜色块和一个 22 级灰梯尺。在这些色块中，分别有表现暗调、中间调、亮调、黄品青黑梯尺、红绿蓝梯尺的色块。这几种色标的不同在于 A20~L22 可选色块区，柯达的 Q60 放置了一些肤色色调色块和一幅人物肖像。

随着这些色标都附有一张含有色块颜色测量值文件的软盘，文件以文本格式存储，称为"IT8 数据参考文件"（图 8-9）。这些测量值一般是一批 IT8 产品出厂时颜色的平均值。为了得到较为精确的结果，应该对使用的 IT8 上的每个色块作单独的测量，用测量得到的数据生成"IT8 数据参考文件"。

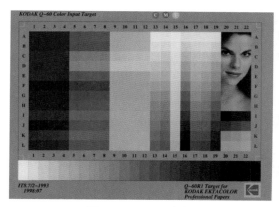

图 8–8　IT8.7/2 色标

RK2003-05-12.txt - 记事本

文件(F)　编辑(E)　格式(O)　查看(V)　帮助(H)

```
IT8.7/2
ORIGINATOR "Eastman Kodak Company"
DESCRIPTOR "Q60R1, IT8.7/2 Data Files, 5x7 inch Ektacolor"
CREATED  "MAY 12, 2003"
MANUFACTURER " Eastman Kodak Company"
PROD_DATE "2003:05"
SERIAL  "2003:05 BATCH AVERAGE DATA"
MATERIAL "Ektacolor Product Family"
KEYWORD "MEAN_DE" # Mean Delta E of samples compared to batch average
#
# STDEV_DE in this data set is the average of the standard deviations of
# L*, a* and b*.  It is used to derive an estimate of the chi-squared
# parameter which is recommended as the predictor of the variability of
# deltaE.  See file on this disk called chi-sq.*
#
NUMBER_OF_FIELDS 12
BEGIN_DATA_FORMAT
SAMPLE_ID XYZ_X XYZ_Y XYZ_Z LAB_L LAB_A LAB_B STDEV_X STDEV_Y STDEV_Z
    MEAN_DE STDEV_DE
END_DATA_FORMAT
NUMBER_OF_SETS  264
BEGIN_DATA
```

#ID	X	Y	Z	L	A	B	S_X	S_Y	S_Z	M_DE	S_DE
A01	3.58	3.01	1.77	20.09	11.18	6.68	0.1	0.07	0.05	0.44	0.27
A02	4.6	3.11	1.48	20.47	24.17	10.56	0.11	0.07	0.04	0.46	0.28
A03	5.73	3.32	1.29	21.27	34.45	14.24	0.11	0.06	0.03	0.44	0.27
A04	6.25	3.44	1.15	21.72	38.28	16.96	0.11	0.06	0.03	0.4	0.25
A05	12.32	10.79	6.87	39.22	13.8	7.86	0.21	0.17	0.15	0.43	0.27
A06	15.32	11.39	6.09	40.23	28.45	13.05	0.23	0.17	0.14	0.42	0.26
A07	18.9	12.08	5.42	41.35	43.26	18.18	0.21	0.14	0.14	0.37	0.24
A08	20.2	11.85	4.69	40.98	51.38	21.32	0.18	0.12	0.12	0.37	0.23
A09	40.99	40.24	29.19	69.64	6.81	6.19	0.38	0.34	0.33	0.37	0.23
A10	43.55	40.37	27.8	69.73	14.11	8.63	0.36	0.33	0.35	0.35	0.22

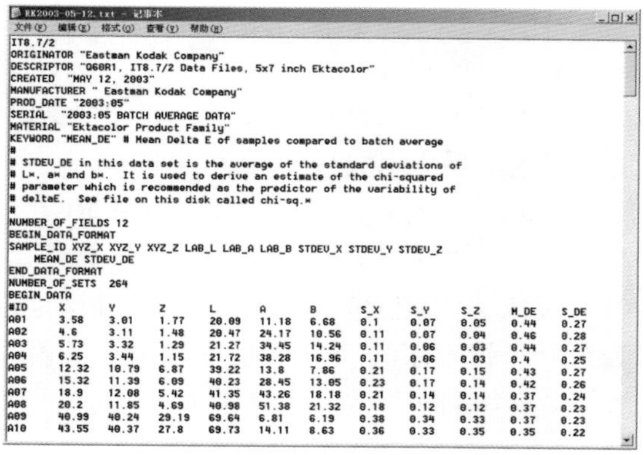

图 8–9　IT8 数据参考文件

（2）特性文件生成软件将扫描得到的图像与色标的“IT8 数据参考文件”对比分析，从而生成该输入设备的特性文件。图 8–10 是目前较常用的特性文件生成软件 Profilemaker 制作扫描仪特性文件时的界面。

第一节的有关扫描的例子中，一个 CIELAB 值为（58，–46，14）的绿色块分别在 UMAX、柯达和海德堡的扫描仪上进行扫描，得到了不同的 RGB 值（图 8–11），它们分别是：（2，160，110）、（5，165，104）和（8，158，108）。假设我们已经为这三台扫描仪准确地创建了特性文件，那么色彩管理系统会分别从它们的特性文件中找到 RGB 值到 CIELAB 值的映射关系，最终从这三组不同的 RGB 值得到相同的 CIELAB 值，即（58，–46，14），后续的处理就会基于这组与设备无关的数据进行，保证了颜色的一致性和准确性。

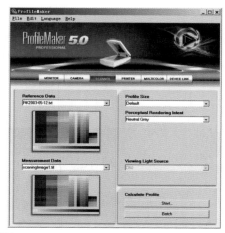

图 8-10　Profilemaker 制作扫描仪特性文件

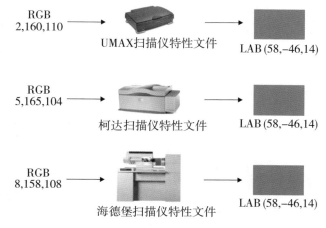

图 8-11　扫描仪特性文件的作用

2. 显示设备特性文件的生成

（1）对显示器进行色度测量　显示设备特性文件生成软件用不同 RGB 值的组合驱动显示器顺序显示出不同的色块，同时，与计算机相连的测色仪器对这些色块进行测量，测量值会自动传送回生成软件。

目前主要的显示器色度测量设备（图 8-12）有爱色丽的 Eye-One Display pro、Eye-One Pro 和 Datacolor 的 Spyder 等。

（2）显示设备特性文件生成软件根据测得的数据，找到与显示时驱动显示器的 RGB 值之间的关系，生成特性文件。

在第一节的有关显示的例子中，RGB 值为（184，43，43）的色块分别在两个显示器上显示（图 8-13），得到的显示结果用 LAB 表示分别为（50，65，30）和（56，59，34）。如果我们已经为这两台显示器准确地创建了特性文件，并且已知 RGB 源特性文件，那么色彩管理系统会分别从显示器的特性文件中找到正确显示这个色块的设备 R'G'B' 值，最终得到同样的显示结果。

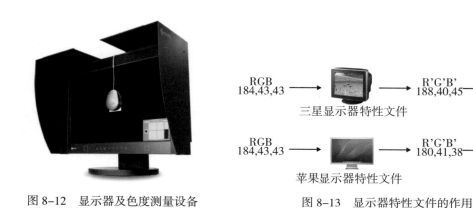

图 8-12　显示器及色度测量设备　　　　图 8-13　显示器特性文件的作用

3. 输出设备特性文件的生成

（1）用输出设备输出一份色标的硬拷贝　用于输出设备的色标一般是 RGB 或 CMYK 模式的 TIFF 或 PS 文件，分别适用于 RGB 和 CMYK 类型的输出设备。色标包含数百或上千个色块（图 8-14），目前比较通用的主要有 ISO IT8.7/3、ISO IT8.7/4 以及 ECI2002，另外还有一些是厂商私有的色标格式，比如柯达的 ColorFlow 和 ICS 的 basICColor 都有自己的色标，只能用于自己的特性文件生成软件。

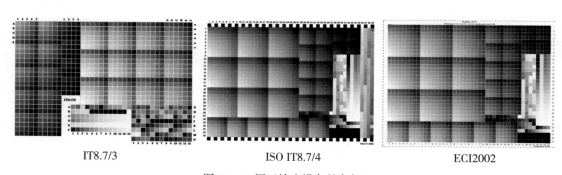

IT8.7/3　　　　　　　ISO IT8.7/4　　　　　　ECI2002

图 8-14　用于输出设备的色标

以 ISO IT8.7/3 为例，它是一个 CMYK 模式的文件，含有 928 个色块，每个色块的 CMYK 值都是已知的。这些色块中，有用于检查油墨叠印效果的油墨总量大的叠印区；不含黑版的饱和色色块区；含 20% 黑版的饱和色色块区；用于检查实地密度的黄品青色块；暗调色块区；检查网点扩大的黄品青黑梯尺；检查灰平衡的黄品青叠印区。

　　生成硬拷贝的过程所需的时间主要与设备种类有关。如果是彩色喷墨打样机，只需要喷墨打印一份色标，耗时不多。但是如果要对印刷机做特性化，则需要将色标文件输出到印版上，然后上机印刷，需要的时间就会较长，而且要消耗一定的印刷材料。

　　（2）在输出设备得到硬拷贝之后，用色度计或分光光度计测量色标上各色块的色度值。目前主要色度测量仪器有爱色丽的 SpectroScan、DTP70 和 DTP41（图 8-15）等。

SpectroScan　　　　　　DTP70　　　　　　DTP41

图 8-15　用于输出设备色标测量的色度测量仪器

　　（3）输出设备特性文件生成软件将测得的数据与色标文件原始数据进行分析计算（图8-16），生成特性文件。在计算之前，往往需要用户设定一些参数，比如黑版生成方式（GCR 或 UCR）、黑版生成量等。

　　在第一节的有关输出的例子中，CMYK 值为（70，0，90，0）的色块分别在三台不同的输出设备上打印 / 印刷（图 8-17），得到的印刷品上的颜色以 LAB 值表示分别为（56，-47，24）、（64，-42，10）和（61，-50，36）。如果我们已经为这三台输出设备准确地创建了特性文件，并且已知 CMYK 源特性文件，那么色彩管理系统会分别从这三个输出设备的特性文件中找到正确复制这个色块的设备 C'M'Y'K'值，最终得到同样或近似的印刷结果。

图 8-16　Profilemaker 制作打印机 / 印刷机特性文件

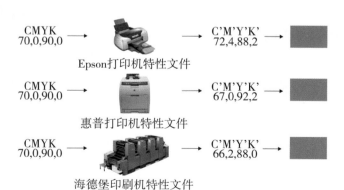

CMYK
70,0,90,0　→　Epson打印机特性文件　→　C'M'Y'K'
72,4,88,2

CMYK
70,0,90,0　→　惠普打印机特性文件　→　C'M'Y'K'
67,0,92,2

CMYK
70,0,90,0　→　海德堡印刷机特性文件　→　C'M'Y'K'
66,2,88,0

图 8-17　打印机 / 印刷机特性文件的作用

第四节　色彩管理系统中的颜色转换

一、色彩管理系统中颜色转换的基本过程

色彩管理有一条黄金规则是：颜色特性文件—PCS—颜色特性文件。它意味着颜色在不同的设备上再现时，需要色彩管理系统借助设备无关的颜色空间进行转换。转换的基本过程是：由 CMM 根据源设备的特性文件将源设备颜色空间数据转换成 PCS 数据，然后根据目的设备的特性文件将 PCS 数据转换成目的设备颜色空间数据，从而使得同一个颜色在不同的设备上呈现出同样或近似的颜色效果。这个过程如图 8-18 所示。

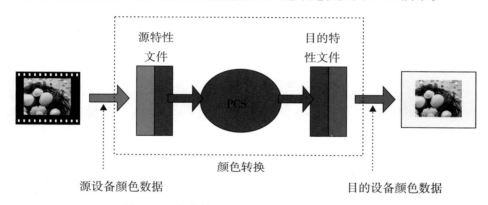

图 8-18　色彩管理系统中颜色转换的基本过程

颜色转换的过程就好像语言翻译。不同国家来的人都有自己的语言，互相无法沟通，如果有一个懂得这些语言的人当翻译，每个人都可以借助他来互相传递信息。在色彩管理系统中，不同的设备就像讲不同语言的人，只有借助 PCS 这个翻译才能实现色彩信息的正确传递。

二、色域（Gamut）

色域就是指某种表色模式所能表达的颜色构成的范围区域，也指具体设备，如显示器、打印机等印刷复制所能表现的颜色范围。

自然界中可见光谱的颜色组成了最大的色域空间，该色域空间中包含了人眼所能见到的所有颜色，可以用 CIELAB 颜色空间来表示。设备的色域空间大小与设备、介质和观察条件有关。设备的色域空间越大，表明能够再现的颜色越多。

图 8-19 是用 CIELAB 三维坐标图表示出的两个不同颜色空间和设备的色域范围大小。一个是代表典型显示器和扫描仪再现范围的 sRGB 颜色空间的色域，另一个是美国轮转胶印 SWOP（Specifications Web Offset Publications）的色域。从图中可以看出，sRGB 的色域范围大于 SWOP 的，意味着显示器上能显示出来的某些颜色不能通过印刷复制出来。但是，印刷能够复制的一些蓝绿区域和黄区域的颜色落在了 sRGB 的色域外面，也就是说这些颜色是 sRGB 显示器无法显示出来的。

三、复制方案（Rendering Intent）

不同设备的色域范围不同，在进行颜色转换时，经常会遇到色域范围不匹配的问题，需要我们对超出源色域空间的颜色进行处理，处理的方法不同会导致不同的转换结果。ICC 规定了四种不同的处理方法，称为复制方案（Rendering Intent），我们可以根据复制的内容和要求，进行适当选择。CMM 在进行颜色转换时，会根据不同的复制方案进行设备色空间之间的映射（图 8-20），复制方案决定了色域映射（Gamut mapping）方法。

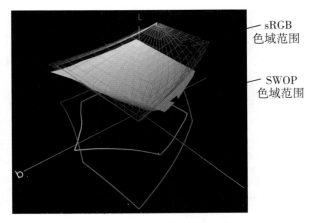

图 8-19 色域范围的比较

ICC 的四种复制方案（或称表现意图）分别为感性压缩（或称等比压缩）、饱和度优先、相对色度匹配和绝对色度匹配。

（1）感性压缩（Perceptual）

从一种设备空间映射到另一种设备空间时，如果图像上的某些颜色超出了目的设备空间的色域范围，这种复制方案将原设备的色域空间压缩到目的设备空间。

这种收缩整个颜色空间的方案会改变图像上所有的颜色，包括那些位

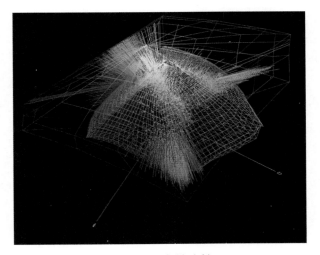

图 8-20 色域映射

于目的设备空间色域范围之内的颜色，但能保持图像中相邻色彩的相对关系，从而保留画面的整体色彩感观。它适用于有大量颜色溢出的摄影类原稿的复制。

（2）饱和度优先（Saturation）

当转换到目的设备的颜色空间时，这种方案主要是保持图像色彩的相对饱和度。溢出色域的颜色被转换为具有相同色相但刚好落入色域之内的颜色。

它适用于那些颜色之间的视觉关系不太重要，希望以亮丽、饱和的颜色来表现内容的图像的复制，比如饼图等彩色商业图表。

（3）相对色度匹配（Relative Colorimetric）

采用这种方案进行色空间映射时，位于目的设备颜色空间之外的颜色将被替换成目的设备颜色空间中色度值与它尽可能接近的颜色，位于目的设备颜色空间之内的颜色将不受影响。采用这种复制方案可能会引起原图像上两种不同的颜色在经转换之后得到的图像上颜色一样。这就是所谓颜色"裁剪"。它适用于颜色溢出不多的图像的复制。

（4）绝对色度匹配（Absolute Colorimetric）

这种方案在转换颜色时，精确地匹配色度值，不做会影响图像明亮程度的白场、黑场调整。

绝对色度匹配不做白场映射，可以把纸张的影响考虑进去，所以主要用于打样时的色彩转换，也用于要求颜色非常准确的标志等类图像的复制。

图 8-21 是图像处理软件 Photoshop 颜色转换的设定界面，可以看到几个必备的元素：源设备特性文件、目的

图 8-21　Photoshop 中颜色转换的设定界面

设备特性文件、CMM 及复制意图。不同软件中的翻译方法各有不同，与本书也有差异。Photoshop 中的配置文件就是设备特性文件，引擎是 CMM。

四、典型应用

在图像输入到输出的整个流程中，颜色的转换无处不在，下面以三个典型的应用为例，更为具体地解释色彩管理系统中颜色的转换过程。

1. 分色过程中的颜色转换

图 8-22　表示出 RGB 到 CMYK 的颜色转换过程，即分色的过程。

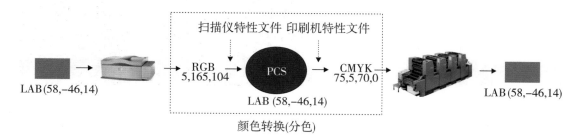

图 8-22　分色过程中的颜色转换

2. 屏幕显示中的颜色转换

图 8-23 表示出 RGB 图在屏幕上进行显示时所需的颜色转换过程。

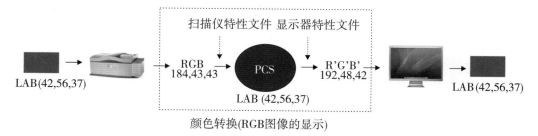

图 8-23　屏幕显示中的颜色转换

3. 数码打样中的颜色转换

图 8–24 表示出 CMYK 图进行数码打样时所需的颜色转换过程。

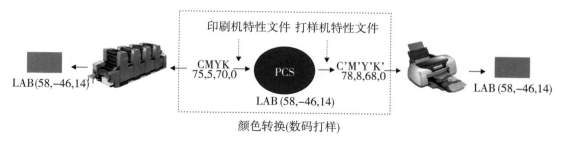

图 8–24　数码打样中的颜色转换

项目型练习

项目一：输入设备特性文件的生成和使用

1. 目的

掌握扫描仪（或数码相机）校正的方法和步骤；掌握扫描仪（或数码相机）特性化的方法；学会使用扫描仪（或数码相机）的特性化文件。

2. 步骤和要求

① 校正扫描仪。

② 用扫描仪对色标进行扫描。

③ 制作扫描仪的特性化文件。

④ 将特性化文件应用到扫描图像中，从色标中选取五个色块，记录这五个色块在色标上的 LAB 值、扫描得到的 RGB 值、转换得到的 LAB 值，填入下表。

⑤ 比较色块在色标上的 LAB 值和转换得到的 LAB 值，算出色差，填入表 8–1。

表8–1　　　　　　　　　　　　　　色块LAB值并算色差

色块号	扫描后的 RGB 值			扫描并转换后的色度值			色标上的色度值			色差
	R	G	B	L	A	B	L	A	B	

⑥ 结合上表中的数据思考扫描仪特性文件在上述转换过程中的作用。

项目二：显示设备特性文件的生成和使用

1. 目的

掌握显示器校正的方法和步骤，掌握显示器特性化的方法；学会使用显示器的特性化文件。

2. 步骤和要求

① 校正显示器的白场、对比度和亮度。

② 制作显示器的特性化文件。

③ 将特性化文件应用到系统中，记录"输入设备特性文件的生成和使用"项目中所选的五个色块转换得到的 LAB 值、没有应用显示器特性文件进行显示的色度值以及应用显示器特性文件进行显示的色度值，填入下表。

④ 计算转换得到的色度值与应用显示器特性文件进行显示的色度值之间的色差，填入表 8–2。

⑤ 结合上表中的数据思考显示器特性文件在上述转换过程中的作用。

表8–2　　　　　　　　　　　　　　色度值和色差

色块号	扫描并转换后的色度值			没有应用显示器特性文件进行显示的色度值			应用显示器特性文件进行显示的色度值			色差
	L_1	A_1	B_1	L_2	A_2	B_2	L_3	A_3	B_3	

项目三：输出设备特性文件的生成和使用

1. 目的

掌握输出设备校正的方法和步骤，掌握输出设备特性化的方法；学会使用输出设备的特性化文件。

2. 步骤和要求

① 校正输出设备（喷墨打印机）。

② 制作输出设备（喷墨打印机）的特性化文件。

③ 将特性化文件安装到系统中。

④ 将"输入设备特性文件的生成和使用"项目中所选的五个色块应用相应的特性化文件，并用输出设备（喷墨打印机）输出此色标，测量这些色块的 LAB 值，填入下表。

⑤ 计算打印输出样张上指定色块的 LAB 值和色标文件上 LAB 值之间的色差，填入表 8–3。

表8-3　　　　　　　　　　　LAB值和色差

色块号	原色标上的色度值			应用扫描仪特性文件的色度值			打印输出样张上的色度值			色差
	L_1	A_1	B_1	L_2	A_2	B_2	L_3	A_3	B_3	

⑥结合上表中的数据思考输出设备特性文件在上述转换过程中的作用。

知识型练习

一、问答题

1. 请举例说明色彩管理的必要性。
2. 什么是开放式的色彩管理系统？
3. 什么是与设备相关的颜色空间？什么是与设备无关的颜色空间？
4. 什么是实施色彩管理的三个步骤？
5. 简述生成扫描仪特性文件的过程。
6. 简述生成显示器特性文件的过程。
7. 简述生成印刷机特性文件的过程。
8. 请举例说明色彩管理系统中颜色转换的基本过程。

二、选择题（含多选）

1. ICC 色彩管理框架由 _____ 组成。
   A 参考颜色空间　　　　　B ICM　　　　　　　　C 颜色特性文件
   D 色彩管理模块 CMM　　　　　　　　　　　　　E RGB
2. ICC 选择了 _____ 作为色彩管理参考颜色空间。
   A CIELAB　　　　　　B CIEXYZ　　　　　　C RGB
   D CMYK　　　　　　　E Grayscale
3. ICC 组织定义了 _____ 标准。
   A ICC 文件　　　　　　B PCS 空间　　　　　C IT8 色表
   D PDF 规范　　　　　　E TIFF 格式
4. ICC 标准的复制方案有 _____ 。
   A 感性压缩（或称等比压缩）　　　　　B 饱和度优先
   C 相对色度匹配　　　D 色相优先　　　　　E 绝对色度匹配

5. ICC 标准所指定的参考颜色空间有 _____ 和 _____ 。

    A CIERGB   B CIEXYZ   C CIELAB

    D CMYK   E CMYKOG

6. 用于输出设备特性化的色标 IT8.7.3 一共包含 _____ 个色块。

    A 210   B 840   C 928   D 1028

7. IT8.7/3 色标中含有 182 个基本油墨色块与 746 个扩展油墨色块，分别以 _____ 数值表示颜色。

    A LAB   B RGB   C CMYK   D XYZ

8. 显示器以 _____ 来确定红、绿、蓝三原色的单位刺激值。

    A 亮度   B 颜色位数   C 色温   D 灰度值

9. 利用 Photoshop 软件中的图像模式将 RGB 图像转换为 CMYK 图像，色彩转换将以（   ）为目标。

    A ICC 文件色彩空间   B RGB 工作空间   C CMYK 工作空间 D LAB

10. 一个设备所能再现的颜色范围称为设备的 _____ 。

    A 色差   B 色域   C 色谱   D 色量

11. 一般来说，显示器的色域 _____ 印刷机的色域。

    A 大于   B 小于   C 等于   D 无法确定

12. 复制方案采用饱和度优先的方式时可使色彩的饱和度 _____ 。

    A 变小   B 不变   C 变大   D 无法确定

13. 绝对色度转换图像色彩时可保证图像的 _____ 不变化。

    A 饱和度   B 色相   C 黑白场   D 亮度

三、判断题

1. ICC 组织所定义的参考颜色空间 PCS 是与设备相关的颜色空间。（   ）

2. ICC 特性文件应该包含从设备颜色空间向参考颜色空间 PCS 转换的数据，还包含从参考颜色空间 PCS 到设备颜色空间的转换数据。（   ）

3. CIE 标准色度系统能够描述自然界所有的颜色，具有最大的色域空间，任何设备呈现的颜色都可以映射到其中。（   ）

4. 色彩管理系统中的"三 C"指"Calibration–Characterization–Conversion"。（   ）

5. 色彩管理模块 CMM 的功能是制作设备特性文件。（   ）

6. IT8.7/2 与 IT8.7/3 标准色标所包含的色块数量一样。（   ）

7. IT8.7/3 色标是一种标准的电子色标，其颜色模式为 RGB。（   ）

8. IT8.7/2 标准色标应该避光保存，并注意及时更新。（   ）

9. 在计算机操作系统中采用白点（White Point）表示显示器的色温。（   ）

10. 采用色彩管理系统的图像处理软件将 RGB 图像转换为 CMYK 图像时采用 Lab 图像模式作为中间模式。（   ）

11. Lab 图像转换为 RGB 图像后颜色不出现失真。（   ）

12. Lab 图像转换到 CMYK 图像的效果由 CMYK 工作空间的参数决定。（   ）

13. 采用相对色度匹配的复制方案可能引起原图像上两种不同颜色在经过转换后得

到一样的色彩，从而使颜色失去原有的对比关系。(　　)

14. Photoshop 软件中缺省的复制方案为感性压缩，这种复制方案会造成色彩"裁切"的现象。(　　)

15. 复制方案选择饱和度优先的方式可保证色彩转换后的饱和度达到最大值。(　　)

参 考 文 献

[1] K. Schlaepfer. Farbmetril in der Reproduktionstechnik und im Mehrfarbendruck[M]. St. Gallen：UGRA，2002.

[2] Davia S. Falk，Dieter R. Brill，David G. Stork. Seeing the Light[M]. New York：Jone Wily，1986.

[3] Gunther Wyszecki，W. S. Stiles. Color Sciece：Concepts and Methods，Quantitative Data and Formulae[M]. New York：John Wiley & Sons，2000.

[4] 郑光哲. 光学计量[M]. 北京：原子能出版社，2002.

[5] 吴晓红，郑丹. 光学基础教程[M]. 武汉：华中科技大学出版社，2012.

[6] 赵海生等. 数字化印前技术[M]. 北京：中国轻工业出版社，2011.

[7] 新闻出版总署科技发展司，新闻出版总署图书出版管理司，中国标准出版社. 书刊印刷常用标准及规范（第二版）[M]. 北京：中国标准出版社，2003.

[8] 中国轻工业联合会综合业务部. 中国轻工业标准汇编油墨卷[M]. 北京：中国标准出版社，2007.

[9] Helmut Kipphan. Handbook of Print Media[M]. Heidelberg：Springer，2000.

[10] Georg A. Klein. Farbenphysik fuer industrielle Anwendungen[M]. Berlin：Springer，2004.

[11] 武兵. 印刷色彩[M]. 北京：中国轻工业出版社，2002.

[12] Roy S. Berns. 李小梅 等译. 颜色技术原理[M]. 北京：化学工业出版社，2002.

[13] 王强. 印前图文处理[M]. 北京：中国轻工业出版社，2006.

[14] 刘浩学. 印刷色彩学[M]. 北京：中国轻工业出版社，2008.

[15] 周世生. 印刷色彩学（第二版）[M]. 北京：印刷工业出版社，2008.

[16] 刘真，蒋继旺，金杨. 印刷色彩学[M]. 北京：化学工业出版社，2007.

[17] 刘武辉，胡更生，王琪. 印刷色彩学[M]. 北京：化学工业出版社，2009.

[18] 彭策. 印刷品质量控制[M]. 北京：化学工业出版社，2004.

[19] 陈永常. 纸张、油墨的性能与印刷适性[M]. 北京：化学工业出版社，2005.

[20] Kelvin Tritton[英]. 印刷色彩控制手册[M]. 易尧华，译. 北京：印刷工业出版社，2006.

[21] 全国颜色标准化技术委员会. GB/T 3978—2008 中国标准书号[S]. 北京：中国标准出版社，2008.

[22] 全国颜色标准化技术委员会. GB/T 7922—2008中国标准书号[S]. 北京：中国标准出版社，2008.

[23] 全国颜色标准化技术委员会. GB/T 3979—2008中国标准书号[S]，北京：中国标准出版社，2008.

[24] 全国颜色标准化技术委员会. GB/T 3977—2008中国标准书号[S]，北京：中国标准出版社，2008.

[25] 全国印刷标准化技术委员会. GB/T 18722—2002中国标准书号[S]，北京：中国标准出版社，2002.

[26] 全国油墨标准化技术委员会. GB/T 14624. 1—2009 中国标准书号[S]，北京：中国标准出版社，2009.

[27] 全国颜色标准化技术委员会. GB/T 5702—2003 中国标准书号[S]. 北京：中国标准出版社，2003.

[28] ISO 2846—1：2006 Graphic technology -- Colour and transparency of printing ink sets for four-colour printing -- Part 1：Sheet-fed and heat-set web offset lithographic printing.

[29]　ISO 3664：2009 Graphic technology and photography －－ Viewing conditions.

[30]　ISO 12647—1：2004 Graphic technology －－ Process control for the production of half-tone colour separations，proof and production prints －－ Part 1： Parameters and measurement methods.

[31]　ISO 12647—2：2004 Graphic technology －－ Process control for the production of half-tone colour separations，proof and production prints －－ Part 2： Offset lithographic processes.

[32]　中华人民共和国新闻出版行业标准. CY/T 2—1999 印刷产品质量评价和分等导则.

[33]　中华人民共和国新闻出版行业标准. CY/T 31—1999四色油墨颜色和透明度.

[34]　中华人民共和国新闻出版行业标准. CY/T 5—1999平版印刷品质量要求及检验方法.

[35]　田全慧. 印刷色彩管理[M]. 北京：印刷工业出版社，2011.

[36]　A. Sharma，T. D. Learning. Understanding Color Management[M]. New York：Cengage Learning，2003.

[37]　Bruce Fraser，Chris Murphy，Fred Bunting. Real World Color Management[M]. Berkeley：Peachpit Press，2003.

[38]　Jan-Peter Homann. Digital Color Management[M]. Berlin：Springer，2009.

印刷包装专业 新书/重点书

本科教材

1．**印后加工技术（第二版）**——"十三五"普通高等教育印刷专业规划教材 唐万有 主编 16开 48.00元 ISBN 978-7-5184-0890-0

2．**印刷工程导论**——"十三五"普通高等教育印刷工程专业规划教材 曹从军 主编 16开 39.80元 ISBN 978-7-5184-2282-1

3．**颜色科学与技术**——"十三五"普通高等教育印刷工程专业规划教材 林茂海 等编著 16开 45.00元 ISBN 978-7-5184-2281-4

4．**印刷设备**——"十三五"普通高等教育印刷工程专业规划教材 武秋敏 武吉梅 主编 16开 59.80元 ISBN 978-7-5184-2006-3

5．**印刷原理与工艺**——普通高等教育"十一五"国家级规划教材 魏先福 主编 16开 36.00元 ISBN 978-7-5019-8164-9

6．**印刷材料学**——普通高等教育"十一五"国家级规划教材 陈蕴智 主编 16开 47.00元 ISBN 978-7-5019-8253-0

7．**印刷质量检测与控制**——普通高等教育"十一五"国家级规划教材 何晓辉 主编 16开 26.00元 ISBN 978-7-5019-8187-8

8．**包装印刷技术（第二版）**——"十二五"普通高等教育本科国家级规划教材 许文才 编著 16开 59.00元 ISBN 978-7-5184-0054-6

9．**运输包装**——教育部高等学校轻工类专业教学指导委员会"十三五／十四五"规划教材 王志伟 编著 16开 58.00元 ISBN 978-7-5184-3229-5

10．**金属包装设计与制造**——中国轻工业"十三五"规划教材 吴若梅 主编 16开 59.80元 ISBN 978-7-5184-3362-9

11．**包装机械设计**——浙江省普通高校"十三五"新形态教材 张炜 主编 16开 69.80元 ISBN 978-7-5184-2904-2

12．**包装机械概论**——普通高等教育"十一五"国家级规划教材 卢立新 主编 16开 43.00元 ISBN 978-7-5019-8133-5

13．**数字印前原理与技术（第二版）**——"十二五"普通高等教育本科国家级规划教材 刘真 等著 16开 44.00元 ISBN 978-7-5184-1954-8

14．**包装机械（第二版）**——"十二五"普通高等教育本科国家级规划教材 孙智慧 高德 主编 16开 59.00元 ISBN 978-7-5184-1163-4

15．**数字印刷**——普通高等教育"十一五"国家级规划教材 姚海根 主编 16开 28.00元 ISBN 978-7-5019-7093-3

16．**包装工艺技术与设备**——普通高等教育"十一五"国家级规划教材 金国斌 主编 16开 44.00元 ISBN 978-7-5019-6638-7

17．**包装材料学（第二版）（带课件）**——"十二五"普通高等教育本科国家级规划教材 国家精品课程主讲教材 王建清 主编 16开 58.00元 ISBN 978-7-5019-9752-7

18．**印刷色彩学（带课件）**——普通高等教育"十一五"国家级规划教材 刘浩学 主编 16开 40.00元 ISBN 978-7-5019-6434-7

19．**包装结构设计（第四版）（带课件）**——"十二五"普通高等教育本科国家级规划教材国家精品课程主讲教材 孙诚 主编 16开 69.00元 ISBN 978-7-5019-9031-3

20．包装应用力学——普通高等教育包装工程专业规划教材　高德　主编　16 开　30.00 元　ISBN 978-7-5019-9223-2

21．包装装潢与造型设计——普通高等教育包装工程专业规划教材　王家民　主编　16 开　56.00 元　ISBN 978-7-5019-9378-9

22．特种印刷技术——普通高等教育"十一五"国家级规划教材　智文广　主编　16 开　45.00 元　ISBN 978-7-5019-6270-9

23．包装英语教程（第三版）（带课件）——普通高等教育包装工程专业"十二五"规划材料　金国斌　李蓓蓓　编著　16 开　48.00 元　ISBN 978-7-5019-8863-1

24．数字出版（第二版）——中国轻工业"十三五"规划教材　司占军　顾翀　主编　16 开　49.80 元　ISBN 978-7-5184-2927-1

25．数字媒体技术——中国轻工业"十三五"规划教材　司占军　主编　16 开　49.80 元　ISBN 978-7-5184-2775-8

26．柔性版印刷技术（第二版）——"十二五"普通高等教育印刷工程专业规划教材　赵秀萍　主编　16 开　36.00 元　ISBN 978-7-5019-9638-0

27．印刷色彩管理（带课件）——普通高等教育印刷工程专业"十二五"规划材料　张霞　编著　16 开　35.00 元　ISBN 978-7-5019-8062-8

28．印后加工技术——"十二五"普通高等教育印刷工程专业规划教材　高波　编著　16 开　34.00 元　ISBN 978-7-5019-9220-1

29．包装 CAD——普通高等教育包装工程专业"十二五"规划教材　王冬梅　主编　16 开　28.00 元　ISBN 978-7-5019-7860-1

30．包装概论（第二版）——"十三五"普通高等教育包装专业规划教材　蔡惠平　主编　16 开　38.00 元　ISBN 978-7-5184-1398-0

31．印刷工艺学——普通高等教育印刷工程专业"十一五"规划教材　齐晓堃　主编　16 开　38.00 元　ISBN 978-7-5019-5799-6

32．印刷设备概论——北京市高等教育精品教材立项项目　陈虹　主编　16 开　52.00 元　ISBN 978-7-5019-7376-7

33．包装动力学（带课件）——普通高等教育包装工程专业"十一五"规划教材　高德　计宏伟　主编　16 开　28.00 元　ISBN 978-7-5019-7447-4

34．包装工程专业实验指导书——普通高等教育包装工程专业"十一五"规划教材　鲁建东　主编　16 开　22.00 元　ISBN 978-7-5019-7419-1

35．包装自动控制技术及应用——普通高等教育包装工程专业"十一五"规划教材　杨仲林　主编　16 开　34.00 元　ISBN 978-7-5019-6125-2

36．现代印刷机械原理与设计——普通高等教育印刷工程专业"十一五"规划教材　陈虹　主编　16 开　50.00 元　ISBN 978-7-5019-5800-9

37．方正书版／飞腾排版教程——普通高等教育印刷工程专业"十一五"规划教材　王金玲　等编著　16 开　40.00 元　ISBN 978-7-5019-5901-3

38．印刷设计——普通高等教育"十二五"规划教材　李慧媛　主编　大 16 开　38.00 元　ISBN 978-7-5019-8065-9

39．包装印刷与印后加工——"十二五"普通高等教育本科国家级规划教材　许文才　主编　16 开　45.00 元　ISBN 7-5019-3260-3

40．药品包装学——高等学校专业教材　孙智慧　主编　16 开　40.00 元　ISBN 7-5019-5262-0

41．新编包装科技英语——高等学校专业教材　金国斌　主编　大 32 开　28.00 元　ISBN 978-7-5019-4641-8

42．物流与包装技术——高等学校专业教材　彭彦平　主编　大 32 开　23.00 元　ISBN 7-5019-4292-7

43．绿色包装（第二版）——高等学校专业教材　武军　等编著　16 开　26.00 元　ISBN 978-7-5019-5816-0

44．丝网印刷原理与工艺——高等学校专业教材　武军　主编　32 开　20.00 元　ISBN 7-5019-4023-1

45．柔性版印刷技术——普通高等教育专业教材　赵秀萍　等编　大 32 开　20.00 元　ISBN 7-5019-3892-X

46.印刷材料（第二版）（带课件）——教育部高职高专印刷与包装专业教学指导委员会双元制示范教材　艾海荣 主编　16开　48.00元　ISBN 978-7-5184-0974-7

47.印前图文信息处理（带课件）——教育部高职高专印刷与包装专业教学指导委员会双元制示范教材　诸应照 主编　16开　42.00元　ISBN 978-7-5019-7440-5

48.包装印刷设备（带课件）——教育部高职高专印刷与包装专业教学指导委员会双元制示范教材　国家精品 课程主讲教材　余成发　主编　16开　42.00元　ISBN 978-7-5019-7461-0

49.包装工艺（带课件）——教育部高职高专印刷与包装专业教学指导委员会双元制示范教材　吴艳芬　等编著 16开　39.00元　ISBN 978-7-5019-7048-3

50.包装材料质量检测与评价——教育部高职高专印刷与包装专业教学指导委员会双元制示范教材　郑美琴 主编　16开　28.00元　ISBN 978-7-5019-9338-3

51.现代胶印机的使用与调节（带课件）——教育部高职高专印刷与包装专业教学指导委员会双元制示范教材 周玉松　主编　16开　39.00元　ISBN 978-7-5019-6840-4

52.印刷包装专业实训指导书——教育部高职高专印刷与包装专业教学指导委员会双元制示范教材　周玉松 主编　16开　29.00元　ISBN 978-7-5019-6335-5

53.包装生产线设备安装与维护——"十三五"职业教育国家规划教材　刘安静　编著　16开　49.80元　ISBN 978-7-5184-2731-4

54.印刷概论——"十二五"职业教育国家规划教材　国家精品课程"印刷概论"主讲教材　顾萍　编著　16开 34.00元　ISBN 978-7-5019-9379-6

55.印刷工艺——"十二五"职业教育国家规划教材　国家级精品课程、国家精品资源共享课程建设教材 王利婕　主编　16开　79.00元　ISBN 978-7-5184-0598-5

56.印刷设备（第二版）——"十二五"职业教育国家级规划教材　潘光华　主编　16开　39.00元 ISBN 978-7-5019-9995-8

57.印前图文信息处理实务——高等教育高职高专"十三五"规划教材　魏华　主编　16开　39.80元　ISBN 978- 7-5184-1930-2

58.印前处理与制版——高等教育高职高专"十三五"规划教材　李大红　主编　16开　49.80元　ISBN 978-7- 5184-2125-1

59.印品整饰与成型——高等教育高职高专"十三五"规划教材　钟祯　主编　16开　32.00元　ISBN 978-7- 5184-2039-1

60.印刷色彩——高等教育高职高专"十三五"规划教材　李娜　主编　16开　49.80元　ISBN 978-7-5184-2021-6

61.丝网印刷操作实务——高等教育高职高专"十三五"规划教材　李伟　主编　16开　49.80元　ISBN 978-7- 5184-2283-8

62.Aquafadas数字出版实战教程——全国高等院校"十三五"规划教材　牟笑竹　编著　16开　33.00元 ISBN 978-7-5184-2561-7

63.3D打印技术——全国高等院校"十三五"规划教材　李博　主编　16开　38.00元　ISBN 978-7-5184-1519-9

64.印刷色彩控制技术（印刷色彩管理）——全国高职高专印刷与包装专业教学指导委员会规划统编教材　国 家精品课程主讲教材　魏庆葆　主编　16开　35.00元　ISBN 978-7-5019-8874-7

65.运输包装设计——全国高职高专印刷与包装专业教学指导委员会规划统编教材　曹国荣　编著　16开 28.00元　ISBN 978-7-5019-8514-2

66.印刷质量检测与控制——全国高职高专印刷与包装专业教学指导委员会规划统编教材　李荣　编著　16开 42.00元　ISBN 978-7-5019-9374-1

67.食品包装技术——高等教育高职高专"十三五"规划教材　文周　主编　16开　38.00元　ISBN 978-7- 5184-1488-8

68.3D打印技术——全国高等院校"十三五"规划教材　李博　编著　16开　38.00元　ISBN 978-7-5184-1519-9

69.包装工艺与设备——"十三五"职业教育规划教材　刘安静　主编　16开　43.00元　ISBN 978-7-5184-1375-1

70.印刷色彩——全国高职高专印刷与包装类专业"十二五"规划教材　朱元泓　等编著　16开　49.00元 ISBN 978-7-5019-9104-4

71．现代印刷企业管理——全国高职高专印刷与包装类专业"十二五"规划教材　熊伟斌　等主编　16 开　40.00 元　ISBN 978-7-5019-8841-9

72．包装材料性能检测及选用（带课件）——全国高职高专印刷与包装专业教学指导委员会规划统编教材　国家精品课程主讲教材　郝晓秀　主编　16 开　22.00 元　ISBN 978-7-5019-7449-8

73．包装结构与模切版设计（第二版）（带课件）——"十二五"职业教育国家级规划教材　国家精品课程主讲教材　孙诚　主编　16 开　58.00 元　ISBN 978-7-5019-9698-8

74．印刷色彩与色彩管理·色彩管理——全国职业教育印刷包装专业教改示范教材　吴欣　主编　16 开　38.00 元　ISBN 978-7-5019-9771-9

75．印刷色彩与色彩管理·色彩基础——全国职业教育印刷包装专业教改示范教材　吴欣　主编　16 开　59.00 元　ISBN 978-7-5019-9770-1

76．纸包装设计与制作实训教程——全国高职高专印刷与包装类专业教学指导委员会规划统编教材　曹国荣　编著　16 开　22.00 元　ISBN 978-7-5019-7838-0

77．数字化印前技术——全国高职高专印刷与包装专业教学指导委员会规划统编教材　赵海生　等编　16 开　26.00 元　ISBN 978-7-5019-6248-6

78．设计应用软件系列教程 IllustratorCS——全国高职高专印刷与包装专业教学指导委员会规划统编教材　向锦朋　编著　16 开　45.00 元　ISBN 978-7-5019-6780-3

79．包装材料测试技术——全国高职高专印刷与包装专业教学指导委员会规划统编教材　林润惠　主编　16 开　30.00 元　ISBN 978-7-5019-6313-3

80．书籍设计——全国高职高专印刷与包装专业教学指导委员会规划统编教材　曹武亦　编著　16 开　30.00 元　ISBN 7-5019-5563-8

81．包装概论——全国高职高专印刷与包装专业教学指导委员会规划统编教材　郝晓秀　主编　16 开　18.00 元　ISBN 978-7-5019-5989-1

82．印刷色彩——高等职业教育教材　武兵　编著　大 32 开　15.00 元　ISBN 7-5019-3611-0

83．印后加工技术——高等职业教育教材　唐万有　蔡圣燕　主编　16 开　25.00 元　ISBN 7-5019-3353-7

84．印前图文处理——高等职业教育教材　王强　主编　16 开　30.00 元　ISBN 7-5019-3259-7

85．网版印刷技术——高等职业教育教材　郑德海　编著　大 32 开　25.00 元　ISBN 7-5019-3243-3

86．印刷工艺——高等职业教育教材　金银河　编　16 开　27.00 元　ISBN 978-7-5019-3309-X

87．包装印刷材料——高等职业教育教材　武军　主编　16 开　24.00 元　ISBN 7-5019-3260-3

88．印刷机电气自动控制——高等职业教育教材　孙玉秋　主编　大 32 开　15.00 元　ISBN 7-5019-3617-X

89．印刷设计概论——高等职业教育教材 / 职业教育与成人教育教材　徐建军　主编　大 32 开　15.00 元　ISBN 7-5019-4457-1

中等职业教育教材

90．印刷色彩基础与实务——全国中等职业教育印刷包装专业教改示范教材　吴欣　等编著　16 开　59.80 元　ISBN 978-7-5184-2403-0

91．印前制版工艺——全国中等职业教育印刷包装专业教改示范教材　王连军　主编　16 开　54.00 元　ISBN 978-7-5019-8880-8

92．平版印刷机使用与调节——全国中等职业教育印刷包装专业教改示范教材　孙星　主编　16 开　39.00 元　ISBN 978-7-5019-9063-4

93．印刷概论（带课件）——全国中等职业教育印刷包装专业教改示范教材　唐宇平　主编　16 开　25.00 元　ISBN 978-7-5019-7951-6

94．印后加工（带课件）——全国中等职业教育印刷包装专业教改示范教材　刘舜雄　主编　16 开　24.00 元　ISBN 978-7-5019-7444-3

95．印刷电工基础（带课件）——全国中等职业教育印刷包装专业教改示范教材　林俊欢　等编著　16 开　28.00 元　ISBN 978-7-5019-7429-0

96．印刷英语（带课件）——全国中等职业教育印刷包装专业教改示范教材　许向宏　编著　16 开　18.00 元　ISBN 978-7-5019-7441-2

97．印前图像处理实训教程——职业教育"十三五"规划教材　张民　张秀娟　主编　16 开　39.00 元
ISBN 978-7-5184-1381-2

98．方正飞腾排版实训教程——职业教育"十三五"规划教材　张民　于卉　主编　16 开　38.00 元
ISBN 978-7-5184-0838-2

99．最新实用印刷色彩（附光盘）——印刷专业中等职业教育教材　吴欣　编著　16 开　38.00 元　ISBN 7-5019-5415-5

100．包装印刷工艺·特种装潢印刷——中等职业教育教材　管德福　主编　大 32 开　23.00 元　ISBN 7-5019-4406-7

101．包装印刷工艺·平版胶印——中等职业教育教材　蔡文平　主编　大 32 开　23.00 元　ISBN 7-5019-2896-7

102．印版制作工艺——中等职业教育教材　李荣　主编　大 32 开　15.00 元　ISBN 7-5019-2932-7

103．文字图像处理技术·文字处理——中等职业教育教材　吴欣　主编　16 开　38.00 元　ISBN 7-5019-4425-3

104．印刷概论——中等职业教育教材　王野光　主编　大 32 开　20.00 元　ISBN 7-5019-3199-2

105．包装印刷色彩——中等职业教育教材　李炳芳　主编　大 32 开　12.00 元　ISBN 7-5019-3201-8

106．包装印刷材料——中等职业教育教材　孟刚　主编　大 32 开　15.00 元　ISBN 7-5019-3347-2

107．印刷机械电路——中等职业教育教材　徐宏飞　主编　16 开　23.00 元　ISBN 7-5019-3200-X

研究生

108．印刷包装功能材料——普通高等教育"十二五"精品规划研究生系列教材　李路海　编著　16 开　46.00 元
ISBN 978-7-5019-8971-3

109．塑料软包装材料结构与性能——普通高等教育"十二五"精品规划研究生系列教材　李东立　编著　16 开
34.00 元　ISBN 978-7-5019-9929-3

科技书

110．中国包装行业品牌发展研究　谭益民　等著　异 16 开　88.00 元　ISBN 978-7-5184-3419-0

111．运输包装（国外包装专业经典教材）　陈满儒　译　异 16 开　88.00 元　ISBN 978-7-5184-2695-9

112．纸包装结构设计（第三版）　孙诚　主编　16 开　58.00 元　ISBN 978-7-5184-0449-0

113．科技查新工作与创新体系　江南大学　编著　异 16 开　29.00 元　ISBN 978-7-5019-6837-4

114．数字图书馆　江南大学著　异 16 开　36.00 元　ISBN 978-7-5019-6286-0

115．现代实用胶印技术——印刷技术精品丛书　张逸新　主编　16 开　40.00 元　ISBN 978-7-5019-7100-8

116．计算机互联网在印刷出版的应用与数字化原理——印刷技术精品丛书　俞向东　编著　16 开　38.00 元
ISBN 978-7-5019-6285-3

117．印前图像复制技术——印刷技术精品丛书　孙中华　等编著　16 开　24.00 元　ISBN 7-5019-5438-0

118．复合软包装材料的制作与印刷——印刷技术精品丛书　陈永常　编　16 开　45.00 元　ISBN 7-5019-5582-4

119．现代胶印原理与工艺控制——印刷技术精品丛书　孙中华　编著　16 开　28.00 元　ISBN 7-5019-5616-2

120．现代印刷防伪技术——印刷技术精品丛书　张逸新　编著　16 开　30.00 元　ISBN 7-5019-5657-X

121．胶印设备与工艺——印刷技术精品丛书　唐万有　等编　16 开　34.00 元　ISBN 7-5019-5710-X

122．数字印刷原理与工艺——印刷技术精品丛书　张逸新　编著　16 开　30.00 元　ISBN 978-7-5019-5921-1

123．图文处理与印刷设计——印刷技术精品丛书　陈永常　主编　16 开　39.00 元　ISBN 978-7-5019-6068-2

124．印后加工技术与设备——印刷工程专业职业技能培训教材　李文育　等编　16 开　32.00 元　ISBN 978-
7-5019-6948-7

125．平版胶印机使用与调节——印刷工程专业职业技能培训教材　冷彩凤　等编　16 开　40.00 元　ISBN 978-
7-5019-5990-7

126．印前制作工艺及设备——印刷工程专业职业技能培训教材　李文育　主编　16 开　40.00 元　ISBN 978-
7-5019-6137-5

127．包装印刷设备——印刷工程专业职业技能培训教材　郭凌华　主编　16 开　49.00 元　ISBN 978-7-5019-
6466-6

128．特种印刷新技术　钱军浩　编著　16 开　36.00 元　ISBN 7-5019-3222-054

129．现代印刷机与质量控制技术（上）　钱军浩　编著　16 开　34.00 元　ISBN 7-5019-3053-8